炼油企业检修管理指南

中国石油化工股份有限公司炼油事业部　编

U0264107

中国石化出版社

内 容 提 要

本书系统地阐述了炼油装置停工检修的主要内容和工作要点,主要分为:概述、检修策划、检修准备、检修实施、检修后期管理等五个章节,涵盖了停工计划、管理目标、管理体系、任务安排、检修计划、设计、物资采购、承包商、项目交底、人员与工机具、施工方案、预制、停开工、HSE、质量、进度、文明施工、费用控制、项目变更、后勤保障等方面内容。书中还附有炼化企业装置停工检修工作立本模放和表格,供读者参考。

本书可供炼油企业检修管理人员、技术人员使用,也可供参与炼油企业检修工作的承包商、专业技术人员参考。

图书在版编目(CIP)数据

炼油企业检修管理指南/中国石油化工股份有限公司
炼油事业部编. —北京:中国石化出版社,2016.5(2024.4 重印)
ISBN 978 - 7 - 5114 - 4047 - 1

Ⅰ.①炼…　Ⅱ.①中…　Ⅲ.①石油加工厂 - 设备 - 维
修 - 指南　Ⅳ.①TE682 - 62

中国版本图书馆 CIP 数据核字(2016)第 116611 号

未经本社书面授权,本书任何部分不得被复制、抄袭,或者以任何形式或任何方式
传播。版权所有,侵权必究。

中国石化出版社出版发行

地址:北京市东城区安定门外大街 58 号
邮编:100011　电话:(010)57512500
发行部电话:(010)57512575
http://www.sinopec-press.com
E-mail:press@sinopec.com
北京捷迅佳彩印刷有限公司印刷
全国各地新华书店经销

*

787×1092 毫米 16 开本 22.25 印张 576 千字
2016 年 7 月第 1 版　2024 年 4 月第 4 次印刷
定价:70.00 元

编 委 会

编 委 会 主 任：王妙云

编委会副主任：朱晓东　　王建军

编 委 会 委 员：魏　鑫　　汪剑波　　任　刚　　沈永淼

张立群　　朱　强　　陈向东　　陆树新

蔡书东　　郭　建　　蔡隆展　　尹志刚

李春树　　栗雪勇　　丘学东　　徐际斌

汤国铭　　胥晓东　　王百森　　董雪林

陈文成　　叶方军　　叶国庆　　庄晓峰

范根芳　　王路军　　杜博华

目　录

1 概述

随着中国石化生产经营规模不断扩大,生产装置日趋大型化,部分原料不断劣质化,装置运行高负荷、高苛刻度,检修周期不断延长。如何通过检修改造工作消除装置瓶颈、治理隐患、优化流程、提升智能化水平已经成为确保设备安全可靠、性能优良、装置稳定运行、实现整体效益最大化的前提条件,已经成为企业生产经营、设备管理的重要环节。

装置停工检修改造是一项复杂的系统工程,面临时间紧、任务重、交叉作业多、作业空间受限、短期资源需求量大等诸多困难。各企业对检修改造工作必须切实增强责任感和使命感,进一步提高检修管理重要性认识,转变管理思维,调动可用资源,采取必要措施,全面提升检修改造管理水平,做到"应修必修不失修,修必修好不过修",为装置安全、平稳、高效、长周期运行保驾护航。

停工检修改造工作要紧紧围绕"安全、环保、优质、高效、准时"目标,按照"八分准备、二分实施"的原则,做细做实各项准备工作;高度重视"停工交付检修,检修交付开工"两个界面中安全环保等措施的落实;重点抓好"计划优化、组织协调、承包商监管"三个方面的管理;科学把握"常规大修和技改,质量和成本及进度,专业管理和综合管理、具体工作和总结分析"之间的关系,确保组织体系运转高水准,确保施工方案编制高水准,确保物料和公用工程系统平衡高水准,确保大修和开停工过程控制高水准。

2 检修策划

各企业要建立健全检修改造管理制度,采用先进的管理模式和装备技术,提高检修管理专业化程度,提升检修改造信息化水平,持续完善检修管理。

检修改造遵循早策划、早准备原则。综合考虑装置正常检修周期、催化剂更换周期、装置改造、隐患缺陷处理、市场需求、法律法规规定等因素,围绕强化设备本质安全、优化装置运行指标、提升公司盈利能力这一目标来确定检修时间,根据检修时间的安排适时启动检修策划工作。

策划内容主要涵盖装置停工计划、管理模式、各阶段工作节点和与检修同步实施其他项目应具备的条件等内容。

2.1 科学决策停工计划

停工计划是否科学合理直接关系到装置的安全运行,关系到企业的经济效益,因此制定停工计划,必须及早启动,充分酝酿,科学决策。

各企业一般要提前 1.5~2 年启动停工检修安排工作。计划部门根据原料、产品库存、市场情况及新装置开工情况,生产部门根据催化剂寿命、各装置物料、公用工程之间的前后关联情况,发展部门根据拟实施的运行优化提升、产品质量升级、节能等改造项目情况,设备部门根据装置检修周期、设备存在的缺陷、隐患、特种设备整体检验周期情况和其它法律、法规的要求,安环部门根据装置安全环保方面存在的隐患情况,分别提出停工装置、停工时间、项目计划、检修工期等意见。企业决策层组织召开专题会,充分听取各部门意见,反复酝酿讨论,不断完善优化,最终确定装置停工计划和停工检修工作安排。

2.2 制定检修管理目标

检修改造工作的成败事关生产经营目标完成和企业有效发展,要高度重视、充分准备、狠抓落实,确保实现"安全、环保、优质、高效、准时"的检修改造总体目标。

2.2.1 HSE 目标

不发生一起事故,不报一次火警,不发生一次环境污染事件,火炬不冒一次黑烟。

2.2.2 质量目标

(1)施工质量优良,检修项目验收一次合格率95%以上,重点检修项目验收一次合格率98%以上,运行半年内无返修。

(2)装置气密一次成功,投料开车一次成功。

(3)确保装置安全可靠、平稳高效运行到下一个检修周期。

2.2.3 长周期运行目标

常减压、连续重整、催化裂化、延迟焦化、加氢精制、加氢裂化等六大类主要装置"四年一修",烧焦、催化剂更换或撇头、停工待料等情况不计入在内;润滑油系统"五年一修";新建成投产装置至少"三年一修"。

全厂性或单系列装置争取实现"四年一修"以上运行目标。

2.2.4 进度目标

按照"装置停开工总体网络"的节点安排,在确保安全、质量的前提下,准点完成各装置检修改造任务。

主要装置常规检修时间见表1。

表1　主要装置常规检修时间

检修装置	净检修工期/天
催化裂化	22～25
常减压蒸馏	20～22
柴油加氢	20～22
延迟焦化	20～22
加氢裂化	22～25
连续重整	22～25
汽油加氢	20～22
航煤加氢	20～22
蜡油加氢	20～22

检修装置	净检修工期/天
渣油加氢	25～28
润滑油加氢	22～25

注:①企业可根据装置规模、检修力量总体平衡、停开工顺序等因素,检修周期可适当调整,全厂检修时间可适当延长。
②安排检修计划时,应充分考虑满足停开工安全环保、时间要法度。
③有重大检修或技改项目时,以关键路线确定检修工期。

2.2.5　费用控制目标

科学安排,精打细算,审核预算,控制决算。

2.3　建立检修管理架构

2.3.1　管理模式

各企业应根据自身特点、装置检修规模等情况,建立相适应的检修改造管理模式。大规模装置检修的企业,管理模式宜采用总指挥部＋分指挥部管理模式。

指挥部一般在装置停工前1年成立。

2.3.1.1　指挥部由公司领导任总指挥,负责公司装置停开工、检修、改造的总体统筹,负责重大问题的决策、指挥、调度,负责各阶段工作的组织协调管理。

2.3.1.2　分指挥部由二级单位领导任指挥,设备或工程管理部门的科室长任副指挥,电气、仪控、设计、物资、生产、安环、后勤等部门的专业工程师及承包商项目经理为成员。

分指挥部的职责:

(1)全面负责授权范围内的检修管理工作。

(2)分解检修任务,落实成员责任,按照授权协调解决问题。

(3)控制检修费用和各类变更。

(4)总体统筹技措、改造、隐患、更新、大修等各类项目,避免重复或遗漏。

2.3.2　组织架构

对于全厂大修或分系列检修,设立机构宜包括但不限于如下:领导小组、停开工总指挥部、检修改造总指挥部、分指挥部以及负责项目前期统筹及设计方面管理工作的前期统筹及设计管理组、负责生产平衡统筹方面管理工作的生产平衡统筹组、负责现场检修改造施工实施等方面管理工作的施工计划组、负责检修期间安全、环保以及气防和消防等方面管理工作的安全环保消防组、负责检修改造项目质量方面管理工作的质量控制组、负责检修改造所需物资保障方面管理工作的物资供应组、负责党风廉政建设方面管理工作的专项保廉组、负责检修期间宣传鼓动工作的宣传报道组、负责后勤治安保卫等方面管理工作的后勤治安保卫组、负责检修改造现场劳动竞赛方面管理工作的劳动竞赛组、负责检修期间技术攻关方面管理工作的技术攻关组等。

对于单套或几套装置检修,可由运行部根据自身实际情况组织成立以分指挥部为核心的组织体系并明确成员组成,有序统筹组织分指挥部的会议及正常运作。

2.3.3 协调机制

主要协调内容包括：检修改造项目统筹协调和专业技术协调。应采取专题会议、信息沟通、会后处理等方式实现分层次分专业、多方位协调，及时解决问题。

2.3.3.1 准备阶段（装置停工检修之前阶段）。总指挥部协调会及分指挥部协调会在成立时即启动。总指挥部协调会每月至少召开 1 次，对各分指挥部及其他单位反映的需总指挥部协调的问题落实解决方案，明确牵头部门，限定完成时间。分指挥部协调会，根据检修装置数量、需协调问题数量以及停工大修时间的临近等因素确定会议频次，每半月至少召开 1 次，安排落实总指挥部的决定，协调解决存在的问题，对分指挥部无法协调的问题提交总指挥部协调。

2.3.3.2 实施阶段（装置停工实施检修阶段）。装置停工检修改造实施期间，检修改造协调机制按三个层面开展，一是公司层面的总指挥部定期召开检修协调会，每周 1 次；二是各分指挥部层面的检修协调会，每周至少 2 次；三是专题协调会，根据需要不定期召开。

公司总指挥部成员根据工作需要参加分指挥部会议，以加强对相关分指挥部检修协调力度，提高协调解决问题的时效性、针对性。

2.3.4 项目管理手册

为了严格遵守检修改造的管理规定，全面抓好投资、进度、质量、安全和合同五大控制，实现"安全、环保、优质、高效、准时"的检修改造目标，各企业应在策划的过程中编制或修订《装置停工检修改造管理手册》，并在检修改造管理中予以认真执行。检修结束后各级指挥部应根据《装置停工检修改造管理手册》的执行情况，在检修总结中提出对《装置停工检修改造管理手册》内容的评价以及补充和修改建议，供下次修订时参考。

检修改造管理手册一般分为综合篇、HSE 篇、生产篇、检修篇和工程篇。各篇主要内容见以下附件：

    附件 1.1 检修改造管理手册目录（综合篇）
    附件 1.2 检修改造管理手册目录（HSE 篇）
    附件 1.3 检修改造管理手册目录（生产篇）
    附件 1.4 检修改造管理手册目录（检修篇）
    附件 1.5 检修改造管理手册目录（工程篇）

2.4 确定各部门任务

各企业要对检修改造各阶段主要工作进行分解，落实责任主体，明确完成时间，形成工作计划，并按照"装置停工检修改造各阶段工作节点图"（见附件 1.6）的要求进行跟踪落实，根据完成情况进行考核，确保各项工作有序推进。

    附件 1.6 装置停工检修改造各阶段工作节点图

2.5 建立监督考核机制

各企业要根据检修改造实际情况建立监督考核机制，加强过程控制，对停工检修改造项目进度的每一节点实行定期跟踪和到期提前预警，并对超期未完成工作的责任单位进行实时考核(见附件1.7)。

附件1.7　装置停工检修改造专项考核方案

3　检修准备

检修准备工作是检修成功的关键因素,工作量约占检修工作量的80%。

3.1　计划管理

3.1.1　计划编制原则

3.1.1.1　装置长周期运行原则。

3.1.1.2　"应修必修不失修,修必修好不过修"原则。

3.1.1.3　三结合原则:大修装置与技术改造相结合、与安全环保隐患治理相结合、与产品质量升级达标相结合。

3.1.1.4　检修计划动态滚动优化原则。

3.1.2　计划编制要点

3.1.2.1　消除隐患缺陷。根据日常巡检、定期检查、状态监测和故障修理记录所积累的设备状态信息,结合年度设备检查、检验的结果,对技术状态劣化、存在缺陷的设备,列入检修计划;

3.1.2.2　使用寿命到期。按照预防性检修策略确定的使用寿命已到期时,应将需更换部件的设备列入检修计划;

3.1.2.3　政策法规规定。根据国家和有关主管部门的安全与环境保护、节能等要求,对安全防护装置不符合规定的设备,对因性能下降导致排放的气体、液体、粉尘等污染环境的设备,以及高能耗设备,列入检修计划。

3.1.2.4　法定检验要求。对本次检修或下次检修之前已到法定检验时间的设备和管道等特种设备及计量器具,列入检修检验计划。

3.1.2.5　恢复设备性能。对塔、换热器、反应器、容器等设备内部因内构件损坏、结焦、积垢等原因造成运行状况恶化,列入检修计划。

3.1.2.6　长周期运行需要。设备存在无法安全稳定运行到下一个检修周期的问题,列入检修计划。

3.1.2.7　注重检修前测评,科学降低开盖率。通过采用加热炉测评、机组状态监测、腐蚀监测、红外检测等状态监测手段和风险分析技术的应用,以降低开盖率。一般装置开盖率应低于65%,相关要求见附件1.8。

3.1.2.8　鼓励在稳妥情况下采用新的检修技术,提高检修效率和检修质量。

3.1.2.9　对装置运行期间能检修的项目,原则上不列入停工检修计划(相关内容见附件1.9～附件1.12)。

附件1.8　装置停工检修设备开盖率管理要求

附件1.9　停工检修计划编制要求

附件1.10　部分设备检修工序参照表

附件1.11 装置停工检修计划模版
附件1.12 检修计划编制策略

3.1.3 计划编制时间

检修计划一般包括:基本计划、补充计划和隐蔽计划,与检修同步进行的技改技措等其他项目实施计划。

1)停工检修基本计划在装置停工前9个月完成编制并下达。

2)停工检修补充计划在装置停工前3个月完成编制并下达。

3)停工检修隐蔽计划在装置交付检修后3~5天完成编制。

4)与检修同步进行的技改技措等项目第一批实施计划,应在装置停工前6个月完成编制并下达。最终计划下达时间应能满足与检修项目同步实施的条件。

长周期物资采购计划下达应满足物资采购周期要求。

3.1.4 计划审核

对运行部申报的检修计划,设备管理部门应从以下几个方面做好计划的审核工作:

(1)项目的合规性。审核检修项目是否符合《中国石化修理费使用管理规定》,严禁不符合管理规定的项目列入检修计划;

(2)项目的必要性。本着"应修必修不过修"的理念,对项目的必要性进行审核,避免过修现象;

(3)内容的准确性。检修计划的项目及物资提报是否准确,是否符合编制的原则和要点的要求;

(4)项目的完整性。审核计划项目是否有遗漏,避免因失修造成装置非计划停工或影响装置长周期运行;

(5)费用的合理性。对检修计划的材料费用、施工费用合理性进行认真审核,力求计划费用合理,以避免结算费用与计划费用出现大的偏差,造成修理费失控。

为使检修计划更加完善,在内部审核的基础上,对于重要装置检修或新装置首次检修,建议邀请总部及兄弟单位的专家对检修深度、检修计划、检修方案等进一步审核优化。

3.2 设计管理

3.2.1 设计单位选定

根据总部及各企业相关管理制度要求,采用招标方式或协商发包方式确定设计单位,原则上尽量采用原设计单位进行设计。

3.2.2 明确设计需求

设计单位确定后,设计主管部门应及时下达设计任务并组织召开项目设计开工会,明确改造项目具体内容及具体设计需求,按大修统筹安排,落实基础设计、详细设计的关键时间节点以及需要提供技术文件、资料要求。在设计过程中,设计主管部门要及时组织设计对接,协调存在的问题。

3.2.3 设计进度控制

项目前期设计（可研、基础设计或方案设计）要根据投资金额和项目实施日期确定设计文件提交时间，此过程中设计单位需充分进行现场条件落实。项目管理人员与设计人员的沟通渠道必须畅通，随时掌握设计进展，及时协调处理设计人员在设计过程中遇到的问题。

在项目转入详细设计阶段后，工程管理部门应排出合理的项目进度计划以满足检修统筹计划，并根据项目进度计划与设计单位进行对接，经过协商确定设计文件的提交时间并将此点作为必要的控制条款纳入设计合同。对于长周期设备必须根据采购周期提前进入订货程序，制约设计的设备资料问题需在技术附件、商务合同中明确提出，设计管理人员应确保设备资料返回不影响施工图的提交。在详细设计过程中设计管理人员需及时传达业主内部意见给设计单位。一般详细设计要求满足物资订货要求，并应至少在装置停工前 3 个月完成。

3.2.4 设计质量控制

3.2.4.1 设计单位必须确定项目设计经理，明确各设计人员的职责分工。

3.2.4.2 在设计过程中，设计管理人员要积极与设计人员进行沟通，统一项目实施后需达到的目标，对工艺和设备的标准进行明确，协助设计人员了解现场状况与业主要求，提高设计文件的质量。落实设计质量责任制，出现设计质量事故应对相关责任人员进行经济责任制考核。

3.2.4.3 业主、承包商等收到图纸后，项目经理应及时组织召开图纸审查会，图纸审查主要内容：

(1)审查工程建设强制性标准和企业要求执行情况；

(2)严格项目设计审查工作，采用多专业协同审查，重点、关键项目组织专家识别，尤其是对生产全流程影响大的环节。根据设计进度组织多次审查与交底，设计审查、交底结果留下记录，做到可追溯；

(3)审查设计文件中选用的材料、构配件、设备，其规格、型号、性能等技术指标是否符合规范、标准、导则等要求。设计院要对施工全过程进行设计意图验收检查；

(4)审查设计变更程序合规性。

3.2.5 设计交底

设计人员在进行设计交底时，业主及承包商项目经理必须到场，对于现场实施存在的困难提出优化意见。

3.2.5.1 设计交底应包括以下内容：

(1)项目概况、工程范围、设计依据、参数以及应执行的标准；

(2)本项目中所采取的新材料、新工艺、新设备和新技术，重点介绍"四新"在施工和运行中应注意的事项；

(3)有特殊要求的施工工艺和方法及主要质量要求；

(4)各专业或图纸之间的关联配合关系；

(5)施工和生产运行中应注意的事项。

3.2.5.2 设计交底应分专业进行,如果因出图进度影响,设计交底无法一次性完成的,应分批组织设计交底,但必须在该部分正式施工前进行。

3.2.5.3 设计交底应形成会议纪要,每个项目第一次设计交底会的纪要作为项目开工的支持性文件,关键项目或者新技术项目设计交底未进行则该项目不得签署开工报告。

3.2.5.4 为提高工作效率,施工图会审可与设计交底同时进行,但必须单独形成图纸会审记录。

3.2.6 设计变更管理

设计变更是设计单位保证设计和施工质量、纠正设计错误、满足现场条件变化而对原施工图纸和设计文件的改变和修改。设计变更包含由设计工作本身的漏项、错误或其他原因而修改、补充原设计的技术文件。

3.2.6.1 设计变更管理的原则

(1)设计变更应按企业有关规定进行审批,设计变更应在技术上可行,全面考虑变更后产生的效益,并落实费用来源。

(2)严禁通过设计变更扩大建设规模、增加建设内容、提高建设标准。

(3)设计变更应在施工前完成。变更应详细说明变更原因、内容及对其他专业的影响。

(4)设计变更前要考虑原设计材料到货情况,尽量避免因设计变更产生物资积压。

(5)严格控制设计变更,大修开始后的重大设计变更必须按规定由公司主管领导审批。

3.2.6.2 设计变更管理措施

(1)提高设计需求的准确性是减少设计变更的关键,对因设计需求不准确造成的变更要从严考核。

(2)项目经理要组织各专业对基础设计进行认真审查,防止设计内容重叠、遗漏或矛盾。

(3)设计审查要树立费用控制理念,要认真审核概算的准确性。

(4)详细设计审查要体现技术性,审图人员要按照《设计审查导则》进行细致审核(见附件3.1)。

附件3.1 镇海炼化分公司设计审查、购量导则(离心压缩机组)。

3.3 物资采购管理

物资采购部门是物资供应保障的主体责任单位,按照总部相关规定做好采购计划提报、供应商选定、采购指导价格执行、上网采购等方面工作。物资的采购,严格实行比质比价,在确保质量的前提下降低采购成本,满足检修改造进度要求。

3.3.1 长周期物资采购

长周期物资是指制造周期在12个月以上关键设备和重要材料,典型物资如大宗原料、特殊塔类、反应器、压缩机、裂解炉、球罐等。物资采购部门在收到相关需求计划后,按照物资年度采购策略的相关要求编制采购计划,属于总部直采物资范围的,及时向总部提交需求计划。根据《中国石化物资供应管理规定》和企业物资采购管理实施细则确定采购方式。需要实施监造的,根据《中国石化重要设备材料监造管理办法》与第三方签订监造合同。

3.3.2 物资采购质量管理

在编制采购预案、询价、谈判和签订合同时,要明确所需物资的质量检验标准、技术要求、相关备件数量、包装储运条件和质量违约责任。对于重要设备材料的采购,必须约定主要原材料和关键外协部件的外委单位资质、质量技术指标和验证方式。

3.3.2.1 重要设备材料监造

（1）检修改造所需的重要设备材料,需强化物资加工制造过程的质量监督和检查,要严格按照《中国石化重要设备材料监造管理办法》实施第三方驻厂监造。

（2）监造管理人员要督促监造商按进度计划开展现场监造工作,对监造商现场监造工作进行检查,接收并处理监造周报等信息,协调处理制造过程中的质量和进度问题,并将问题及时上报给各相关单位人员。

（3）监造管理人员应依据监造合同,对监造商监造过程进行监督检查及量化考核。

3.3.2.2 物资验收

（1）需要入库的各类物资,应按各企业《物资采购质量管理规定》的要求进行验收（见附件1.13～1.14）,并按照相关规范或合同要求进行抽检。此外,还需检查各类物资是否备齐合格证或产品质量证明书等有关资料及合同中有特殊要求的有关资料。

（2）需开箱验收的物资按各企业《到货物资开箱检验规定》开箱验收。检验完毕后,对于不能当场领走的物资,应尽量恢复原包装或依照正确的方式存放。如需调换、修复的,由开箱召集人通知供应商在出库前及时处理。

（3）对问题较多的物资,要增加出厂验收环节,减少现场整改环节。

（4）物资紧急放行按企业相关程序实施。

（5）在验收中发现问题以及紧急放行时,应制订处理措施,并明确相关措施的责任人和关闭时间。

3.3.2.3 入库检验

（1）到货物资有复检要求的,由业务员填写《物资检验委托单》委托检验。

（2）质检人员根据《物资采购质量管理规定》要求的抽检比例进行抽样检验并将检验结果与检验标准进行对照,合格的,质检人员出具检验报告单,作为物资入库的质检凭证;不合格的,业务员根据检验报告单作不合格评审与处置。

3.3.3 紧急物资采购管理

物资需求部门填写"物资紧急需求计划审批表"（见附件1.15）,经审核审批同意后,报物资采购部门。隐蔽计划的物资需求要按物资紧急采购的模式进行。

3.3.4 物资采购到货管理

检修改造物资需求计划下达后1个月内,物资供应部门应给指挥部提供物资供应保障计划一览表,逐月更新表内内容;停工前3个月内应每周更新。

检修开始前,主要物资到货率应超过95%,其他物资的到货时间应满足检修改造施工进度要求。

3.3.5 检修改造余料管理

3.3.5.1 项目管理部门在签署委托设计合同时,应明确因设计原因形成工程余料的责任追究条款,包括因设计失误产生的工程余料。

3.3.5.2 项目管理部门在签署施工合同时,应明确因施工原因形成工程余料的责任条款。

3.3.5.3 物装采购部门应在项目物资框架采购协议中明确工程余料的回购条款。

3.3.5.4 项目管理部门必须在项目结束后3个月内组织物资采购部门完成工程余料的清理,已领出的工程余料由项目管理部门负责清理及退库,在库工程余料由物装采购部门负责清理。

3.3.5.5 项目管理部门和物资采购部门对上述工程余料进行鉴定,分析原因、落实责任,确定责任主体及工程余料处置方案。

3.3.5.6 检修改造余料在检修准备及实施期间要定期通报,以便在后续的项目中消化掉,避免形成积压物资。检修余料率要与各分指挥部的检修考评挂钩。

　　附件1.13　各类物资外观验收要点
　　附件1.14　入库物资质量验收方案汇总表
　　附件1.15　物资紧急需求计划审批表

3.4 承包商管理

3.4.1 承包商选择的原则

　　检修改造承包商的选择执行《中华人民共和国招标投标法》、《炼化企业外委检维修承包商资源库管理办法》、《中国石化炼化企业检维修业务外委管理指导意见》、《中国石化建设工程招标投标管理规定》等及各企业的相关规定,遵循公开、公平、公正和诚实信用的原则。对既有检修又有改造的装置,检修、改造的总承包商原则上应是同一家。

　　各企业根据自身维保单位的综合能力,对装置的检修应按"谁保运、谁检修"的原则优先安排。

3.4.2 承包商的确定

3.4.2.1 检修改造项目承包商的确定在装置停工前6个月完成,在装置停工前3个月须完成合同签订。

3.4.2.2 根据项目的具体特点,制定科学的评标、定标程序、方法,按照同等优先的原则,优先选择有相关项目检维修资质、业绩和能力的施工承包商。

3.4.3 承包商的管理与考核

　　承包商管理按照"谁主管、谁负责"的原则开展工作。项目主管单位负责对承包商安全、质量、进度、文明施工等各环节管理情况进行检查、监督考核(见附件1.16)。强化分包管理,总承包商落实资质审查、分包审批,严禁有"以包代管"和"包而不管"的现象。建立分包商"红、黑"名单,与主力承包商共同做好引入优质分包商工作。抓好专业承包商管理,定期组织召开 HSE、质量、进度协调会。

3.4.4 分包管理

3.4.4.1 施工总承包商对所承接工程的主体工程、关键部位(含四大一特)必须自行完成,不得分包。

3.4.4.2 分包商必须具备国家和集团公司规定的能够满足分包项目要求的资质条件和业绩,具备承担分包项目的实际能力。

3.4.4.3 总承包单位根据项目的具体情况和项目总体统筹计划安排,编制项目分包方案。应明确工程分包的范围、内容、工期、技术质量标准、HSE 策略、对分包商的控制方法、选择分包商的条件和分包商名单、发包时间与方式、责任部门及联系人等。分包方案按相关规定进行审批备案(见附件 1.17 ~ 1.21)。

3.4.4.4 各级检修指挥部应加强对承包商分包管理的监控力度,在项目实施过程中应加强实际作业人员和单位的检查、确认,对不符合要求的要立即终止作业进行整改,对违规情节严重的应清理出现场。

3.4.4.5 总承包单位应建立对分包商的考核体系,并监督考核实施。总承包商应建立对分包商的考核体系、机制、台账和档案,在检修改造项目结束后应对合作的分包商绩效及履约情况实施一次动态量化考评,并将结果抄送业主。

承包商管理有关附件如下:

附件 1.16 承包商考核细则
附件 1.17 工程项目分包审批表
附件 1.18 工程项目分包商施工资格确认证书
附件 1.19 分包方能力调查和评审表
附件 1.20 分包台账
附件 1.21 劳务分包备案表

3.5 项目对接及交底

3.5.1 项目对接及交底的定义

3.5.1.1 项目对接是指项目开工前业主向承包商项目经理及管理人员就某一项目的管理要求、HSE 及质量技术要求、进度要求、作业环境条件等内容进行的交底。其目的是使承包商根据对接要求落实相关措施、编制施工方案。

3.5.1.2 项目交底应包括项目交底与反交底,项目的交底是指在某一项目开工前,由业主技术质量及安全管理人员向参与施工的技术人员进行的技术性交待。其目的是使施工技术人员对工程特点、技术质量要求、施工方法与措施和安全等方面有一个较详细的了解,以便于科学有序地组织施工,避免技术质量和安全事故的发生。项目交底包括设计交底、施工作业技术交底、施工安全技术措施交底:

(1)设计交底是指设计单位向业主和施工单位进行的交底,主要交待设计意图与要求以及施工过程中应注意的各个事项等。

(2)施工作业技术交底包括业主向施工单位交底及施工单位项目部技术负责人或施工

员向作业班组交底,使施工人员对工程特点、技术质量要求、施工方法与措施等方面有一个较详细的了解。

(3)施工安全技术措施交底包括业主向施工单位交底、施工单位项目部安全负责人或安全员向作业班组交底以及作业前班组向作业人员交底等三个层次,目的是使施工人员了解主要作业风险、针对性的安全保障措施以及应执行的相关管理要求等内容。

(4)项目的反交底是指施工单位的作业人员在理解业主的设计、安全、技术、质量等技术性交底施工意图后,由施工单位技术人员向业主技术质量及安全管理人员进行反向交底,验证其施工方案、施工方法及措施安全是否符合甲方意图以及需甲方协助的要求。

3.5.1.3 项目对接宜在停工前5个月完成;施工方案应在装置停工前3个月审批完成;项目交底应在停工前2个月完成;反交底应在停工前1个月完成。项目交底与反交底要有记录。

3.5.2 项目对接的内容和要求

项目对接的主要内容和要求为:项目内容及相关的质量、安全、环境保护目标和保证措施;合同条款中有关要求;项目执行的有效文件;项目各项施工方案清单及计划完成时间等。

3.5.3 设计交底的内容和要求

设计交底的内容和要求见3.2.5。

3.5.4 施工作业技术交底的内容和要求

3.5.4.1 施工作业技术交底的内容应包括作业范围、施工依据、作业程序、技术标准和要领、质量目标以及其他应注意的事项。

3.5.4.2 施工作业技术交底作为最基层的技术和管理交底活动,施工单位总部和监理单位应对交底行为进行监督。

3.5.4.3 施工作业技术交底必须落实到每一个作业人员,交底必须留有记录且每一个参加交底的人员都应签名。施工单位对于没有参加交底的作业人员应禁止其参与现场施工。

3.5.4.4 施工作业技术交底记录必须建立台账进行管理,且在作业过程中必须放置在项目部现场办公点备查。

3.5.5 施工安全技术措施交底的内容和要求

3.5.5.1 施工安全技术措施应具有针对性、可靠性、全面性和可操作性且其中应包括应急预案。

3.5.5.2 施工安全技术措施交底的内容应包括:

(1)一般工程安全技术措施,主要是指共性措施;

(2)特殊工程施工安全技术措施,主要是指针对结构复杂、危险性大的特殊工程以及针对该项目中新材料、新工艺、新设备和新技术施工而制定的专项施工安全技术措施;

(3)季节性施工安全技术措施,主要指高温、雷暴、冬雨季等专项施工安全技术措施;

(4)当前的作业环境和注意事项(应包括禁止和必须执行的要求);

(5)应急预案。

3.5.5.3 施工安全技术措施交底作为最基层的技术和管理交底活动,施工单位总部和监理单位应对交底行为进行监督。

3.5.5.4 当涉及两个以上施工班组或工种配合施工时,施工员应向作业班组进行交叉作业的安全技术交底。

3.5.5.5 各作业班组长应每天对作业人员进行施工要求、作业环境的安全交底。

3.5.5.6 施工安全技术措施交底必须落实到每一个作业人员,交底必须留有记录且每一个参加交底的人员都应签名。承包商对于没有参加交底的作业人员不得允许其参与现场施工。

3.5.5.7 施工安全技术措施交底记录必须建立台账进行管理,且在作业过程中必须放置在项目部现场办公点备查。

3.5.6 反交底内容和要求

反交底内容包括项目交底、设计交底、施工作业技术交底和施工安全技术交底后,施工单位现场核对并把设计意图、安全的主要技术方案等转换为施工方案、施工方法及安全措施、对甲方的相关提醒要求等,向业主技术质量及安全管理人员进行反向交底、验证。

3.6 人员、工机具准备

3.6.1 人员准备

企业在建立检修改造组织机构后,总指挥部、分指挥部、专业组、攻关组等机构要确定成员名单,明确职责分工。施工单位在与企业签订合同后,要建立本单位参与检修改造的组织体系,确定成员名单,明确职责分工后应将施工力量组织情况提交业主备验,确保符合要求的人员参与检修,并确保特殊工种人员所持许可项的资质在有效期内。业主 HSE 管理部门、保卫等部门要加强对承包商进场人员资质进行检查。

3.6.1.1 检修企业人员培训

鼓励到兄弟单位交流学习,了解同类装置在开停工及检修过程中取得的经验和暴露的问题。

(1)项目管理手册的培训。各部门对检修管理手册及策划书的内容进行宣贯和培训,使所有参加检修的人员熟悉相关管理制度、掌握所承担的任务、明确工作的标准和要求等内容。

(2)外出调研和培训。各企业对首次停工检修或将进行重大改造的装置,应注重到有相关经验的单位去学习调研,对检修策划、计划编制、开停工方案编写、停开工操作、现场管理等各环节进行全面的学习、了解。

(3)停开工方案的培训。由技术人员对岗位操作人员讲解装置停开工方案,让每个岗位人员掌握自己职责范围内的停开工方案内容,并组织考试,要求做到从事实际作业的人员必经考试合格。

(4)安全、环保、消气防技能培训。检修前,由专业人员对本单位参加检修人员进行安全、环保、消气防技能培训,以确保参加检修人员在发生事故的时候能迅速有序的做出正确反应,并以最短的时间和最有效的方法使事故得到最有效的处理,保护人员和装置的安全。

（5）应急预案演练。各计划检修装置的全体技能人员，应进行装置停工、开工应急预案的学习和演练，熟练掌握事故全过程的处理。

（6）检修方案培训。项目管理部门、项目所在单位应对相关检修人员，特别是从事检查鉴定的人员，应开展检修方案培训，了解项目检修特点、难点、风险，使上述人员在项目管理中对安全、质量、进度有效控制。

（7）现场培训。各运行部应利用装置停工检修的有利时机，开展新员工的现场培训工作，使年轻技术员充分了解熟悉设备性能构造，加深对设备运行、检修、维护保养、操作及相关管理知识的掌握，使检修工作不单单是机器设备的维修更是新员工学本领、提技能的"培训大修"。

3.6.1.2　承包商人员培训

石化装置检修工作的专业性要求较高，对检修人员也提出了较高的要求，承包商应负责培训参加检修人员，检修人员不仅能够掌握基本的专业知识并具备相应的专业技能，而且能够熟悉和理解业主单位对检修改造项目的各方面要求及管理规定，具体应做好以下几方面的培训工作。

（1）安全培训。使每位参与检修的人员了解石化装置的检修特点、所从事项目的作业风险，增强检修人员的安全意识和安全防护能力，杜绝伤亡事故的发生，需经过甲乙双方的安全培训合格后方可参加停工检修。

（2）技能培训。注重检修人员技能培训，特别是特殊工种（焊工、电工、起重工等）专业技能的培训，提高检修技术水平。

（3）管理培训。加强检修项目经理等管理人员的培训，使他们在熟悉项目及现场情况、施工技术要求和安全技术要求。

（4）检修方案培训。对参与检修人员进行检修方案培训，熟悉项目特点、难点、风险，使检修施工严格按照方案要求进行，确保检修质量，控制作业风险。

（5）规章制度培训。学习业主检修改造管理手册并予以严格执行，确保检修过程安全、质量、廉洁等全方位受控。

（6）外出调研培训。承包商应组织到有检修经验的单位学习，对人员、方案、机具等方面进行充分的准备和培训。

3.6.1.3　外聘专家

为抓好检修，可外聘专家。如动设备可聘制造厂专家，防腐管理可请防腐专家等等。

为做好安全与质量管理，可邀请有经验的第三方的专业人员协助进行管理。

3.6.2　承包商人员、工机具管理

3.6.2.1　承包商应根据甲方要求在装置停工交付检修前4个月应完成好检修管理组织体系建设。组织体系中应明确每套装置的检修管理架构以及和业主的沟通渠道。检修管理组织体系中应按装置至少包含项目负责人、技术负责人、安全负责人、质量负责人等管理人员。

3.6.2.2　承包商在装置停工前4个月编制好施工人员及机具的进场计划表（见附件1.22~1.23）。

3.6.2.3　对焊工、起重工、电工、架子工等国家或行业规定的特殊工种人员，要按国家或行业的相关规定核对资质证书的许可项和有效期是否满足要求。

3.6.2.4 对厂(场)内机动车辆、各移动式起重机、履带式起重机、电梯、移动式压力容器等国家或行业规定的特种设备设施,要按国家或行业相关规定检查检验证书的有效期是否符合要求,确保设施处于完好状态。

附件1.22 装置检修改造劳动力资源汇总表

附件1.23 装置检修改造施工机具汇总表

3.6.3 进场人员及设备的检查

(1)承包商所有人员需提供身份证复印件、社保缴纳证明复印件等备案,进场人员必须在装置停工前完成业主的入厂安全教育及证件办理。

(2)拟进场的人员和机具需要按程序向业主单位或其委托的第三方报验审查。

(3)承包商应组织对进入作业现场的施工设备、机具进行检查,确保处于完好状态并进行标识,业主单位对承包商的设备机具管理情况进行核查。对未经检查或不合格的设备、机具,不得进入施工现场。

(4)有持证要求的施工机具,其操作人员必须持证上岗,严格执行设备操作规程。

(5)进场施工机具及附件必须定置摆放,符合现场管理规定。

(6)现场设备应落实防火、防水、防晒、防盗、防高空落物等相应的防护措施。

(7)现场在用的检测设备及设备上计量仪表必须有检定合格证和标记,并在有效期内,可靠好用。

(8)各承包商对本单位施工机具做好日常检查确保设备完好。

3.6.4 大修动员

各企业在装置检修开始前要召开动员大会。动员全体参加检修的单位和人员在检修改造中要做好充分准备,确保安全、环保、优质、高效、准时地完成检修改造任务。

各单位参加检修的人员要严格执行党风廉政建设方面的各项规定。总承包商要对分包商的廉政情况负责,加强对分包商的管理,实现廉洁大修。

3.7 施工方案

编写施工方案之前,业主要对承包商进行交底并提出施工方案编制要求。承包商在检修前应编制整个装置的施工组织方案,以及检验方案、腐蚀检查方案等专业检查方案等。

3.7.1 施工方案编制的原则

3.7.1.1 适应性:对重要设备、重点项目、复杂项目、大型吊装等项目应编制符合现场实际情况的检修施工方案。

3.7.1.2 先进性:施工方案必须保证在完工时间上符合合同的要求,并能争取提前完成。为此,在施工组织上要统筹安排,均衡施工,在技术上采用适用的施工技术、施工工艺、新材料,在管理上采用现代化的管理方法进行动态管理和控制。

3.7.1.3 可行性:应充分考虑工程质量和施工安全要求,并提出保证工程质量和施工安全的技术组织措施。

3.7.1.4 经济性:承包商应科学组织、充分优化施工方案,提高工作效率,保证检修的可靠性,降低施工成本,使方案更加经济合理。

3.7.1.5 合规性:使方案完全符合现行技术规范、操作规范和安全规程的要求。

3.7.2 施工方案编制的主要内容及要求

施工方案的编制应参考 SH/T 3550《石油化工建设工程项目施工技术文件编写规范》的要求,主要包括编制说明、工程概况、编制依据、施工程序、施工方法、技术和质量要求、进度计划、资源计划、质量管理措施、安全技术措施、施工设备机具及措施用料计划、施工设施及平面布置等内容,还应满足下列要求:

(1)对业主有实物样板要求的,承包商必须严格按实物样板要求执行。

(2)对关键检修项目编制检修施工方案后,承包商应进行实物推演,确保施工方案切实可行。

(3)采用科学的组织管理方式和先进的施工技术、施工方法,提高机械化施工程度。

(4)施工顺序安排要以加快施工进度,充分利用工作面,避免施工干扰,做到不增加资源,加快工期,有利于成品保护。

(5)现场吊机、工具箱及临时摆放的物资等力求布置科学、合理,努力减少现场移动频次,提高检修效率,要确保消防通道的畅通。

(6)对检修设备应制订检查鉴定计划,计划中至少应包括拟保留部位的检查鉴定要求。

3.7.3 施工方案的检查

承包商编制的项目施工方案,在承包商内部完成审核程序后,还需交给业主单位检查业主内部各方工作要求的响应情况。对重大施工方案和专项施工方案,承包商应按规定组织审查。

3.8 预制管理

承包商要在项目交底后编制预制计划和预制方案。要加大在预制场的工作量,减少装置现场焊接工作和减少现场射线拍片量,将对装置生产的影响降至最小。

3.8.1 预制深度

3.8.1.1 预制深度应根据施工现场的实际条件予以确定。一般要求预制深度宜大于可预制工作量的90%。

3.8.1.2 涉及装置开停工、现场安装时间受限、现场无损检测条件差等情况下应加大预制深度。

3.8.1.3 预制后应能满足现场安装要求,避免因为预制而增加运输或安装难度。

3.8.2 预制条件

3.8.2.1 预制前详细设计图纸应已完成并审查通过,预制应在预制场进行,保证预制质量。

3.8.2.2 管道预制前应按设计、相关法规或标准要求检查管材、管件的质量证明文件,核对规格、数量和标识,对管材、管件进行外观检查,应符合相关质量标准要求,不符合要求的严禁使用。

3.8.2.3 应对合金钢等特殊材质的管道、管件进行材质复验,应符合检修计划或相关设计技术文件的要求。

3.8.2.4 金属管材、管件预制前应进行除锈防腐。

3.8.3 预制施工

3.8.3.1 材料的切割应根据不同的材质选取不同的方法,切割后应应做好标记移植。

3.8.3.2 焊口组对工作应在加工钢平台上进行,预制应考虑运输和安装方便并留有调整活口。焊口焊接必须满足相应的质量要求并做好焊口标识。

3.8.3.3 预制时应到现场进行设计图纸核对,避免现场无法安装。

3.8.4 后续处理

3.8.4.1 预制完成后应清理设备或管道内部,封闭开口,严防杂物进入。

3.8.4.2 预制件运输吊装过程中应注意对防腐层的保护。

3.8.4.3 预制件到达现场后应按预制编号顺序安装。

4 检修实施

检修前必须做到"四全",才能停工检修:①技改方案落实,图纸全部到厂,完成设计交底和图纸审查;②检修物资按计划全部到位;③检修方案全部落实,预制工作按计划完成;④检修机具、队伍、人员全部落实,所需培训已完成。见附件1.24。

4.1 停开工管理

4.1.1 停开工准备及要求

4.1.1.1 装置停工方案

装置根据工艺技术管理制度编写装置停工方案,明确停工准备及确认要求,设备降量降温降压、停工操作步骤,设备(管线)置换、清洗、吹扫、防护、交出、环保要求。停工方案中一般包括以下内容:

(1)停工前期准备;

(2)停工步骤;

(3)特殊设备的停工处理及维护要求;

(4)停工安全环保健康注意事项;

(5)停工退料、吹扫安排;

(6)除臭钝化、清洗安排。鼓励使用清洗剂、钝化剂,以给检修工作创造更好的环境,减少设备停工过程的损坏,减少设备开盖率和设备内部的清洗工作量;

(7)停工网络;

(8)停工盲板拆装明细表;

(9)停工关键步骤确认表;

(10)预危险性和环境因素分析。

4.1.1.2 装置开工方案

装置开工方案中一般包括以下内容：

(1)开工前的准备和检查；

(2)设备提量、升温、升压要求；

(3)开工步骤；

(4)设备管线置换、吹扫、气密、试压要求；

(5)HSE 注意事项；

(6)开工网络；

(7)开工关键步骤确认表；

(8)盲板确认登记表；

(9)危险性和环境因素分析。

4.1.1.3 停开工"三讲"

在装置停开工前，运行部组织做好对岗位人员的"三讲"工作，即停开工前宣讲装置开停工方案，装置开工前宣讲流程动改和新技术应用情况。

4.1.1.4 吹扫作业要求

停开工装置在吹扫前，应按装置停开工方案要求编制"吹扫作业票"，并经生产车间主管领导审定后组织岗位操作人员实施；吹扫管线涉及跨生产车间的，生产车间主管技术员应做好联系确认工作。"吹扫作业票"主要包括以下内容：

(1)吹扫时间和作业人员安排；

(2)吹扫流程图(给汽/给气/给水点、排汽/排气/排水点)；

(3)吹扫操作步骤及要求；

(4)阀门开关状态；

(5)吹扫结果确认，确认人应签名。

4.1.1.5 检修装置的总体停开工安排

生产部门制定检修装置的总体停开工安排和总体网络，经公司分管领导批准后组织实施。检修装置的总体停开工方案主要包括以下内容：

(1)装置停开工网络安排；

(2)装置检修改造主要内容介绍；

(3)物料平衡及安排；

(4)公用工程平衡及安排；

(5)停开工总体要求；

(6)停开工相关准备工作(物料准备、相关设施投用要求)；

(7)各装置停工和开工物料安排；

(8)系统管线处理方案；

(9)停开工重要操作明细；

(10)预危险性和环境因素分析。

4.1.2 交付检修条件确认

在装置交付检修前,由安全环保部门组织相关单位召开安全验收会,检查确认设备容器人孔拆卸、盲板加装、容器内采样分析、停电、下水井封堵等工作,经相关部门签字确认后,由装置开具用火、用电、进入受限空间等相关票证,进入检修状态。见附件 1.24 ~ 附件 1.25。

附件 1.24　装置检修改造停工条件确认表

附件 1.25　停工交付检修确认表

4.1.3 检修完工确认

在检修装置开工前,影响装置开工的检修项目已经施工完成。由生产部门组织相关单位进行检查确认,经主管领导批准后,由运行部组织实施装置开工。

4.1.4 开工确认

开工检查确认主要内容:

(1)开工及保运人员配备;

(2)技术、原辅材料、动力、备品备件等方面的准备;

(3)队伍技术状态、进岗考试和"三讲"落实情况;

(4)现场规格化情况;

(5)工艺和设备联锁自保试验情况;

(6)HSE 措施落实情况;

(7)盲板清单、技术准备情况;

(8)机、电、仪、公用工程、储运、质检等相关专业准备情况;

(9)停工临设拆除、施工尾项整改情况等。

装置检修交回开工确认表见附件 1.26。

附件 1.26　装置检修交回开工确认表

4.2　HSE 管理

4.2.1　安全管理

4.2.1.1　安全管理总体要求

(1)装置检修改造的安全管理,坚持"安全第一、预防为主、综合治理"的方针和"谁主管,谁负责"、"谁签发,谁负责"的原则,坚持以人为本、落实责任、强化监管,按属地化管理原则。

对于人数少的新企业要求外聘第三方 HSE 监管,对于人数多的老企业或自身能力能够满足要求的老企业,可根据需要由企业自行决定是否外聘第三方 HSE 监管。第三方 HSE 监管纳入到 HSE 管理体系。

(2)各级指挥部的安全环保消防组应按指挥部管理体系要求承担相应的管理责任。

(3)承包商应建立健全安全管理体系,分包商的安全管理工作由总承包商负总责。

(4)安全监督管理部门对检修过程的安全管理工作进行监督检查,指挥部的安全环保消防组负责施工过程安全检查管理。运行部负责所在区域的施工项目配合和现场安全监督检查。

4.2.1.2 安全管理具体要求

安全管理具体要求详见附件1.27～附件1.30。

附件1.27 检修改造安全管理具体要求

附件1.28 承包商施工作业HSE管理要求

附件1.29 HSE现场检查与考核

附件1.30 检修施工现场HSE日检表

4.2.2 环保管理

装置停工检修改造环保管理总体要求是:密闭吹扫,有序排放,清洁停工,安全处置,达标排放。为做好停工和检修期间的环保工作,停工装置要落实密闭吹扫及除臭方案,对排放污水、吹扫尾气放空、工业废物处置应进行预申报,排放时必须做到先检测后排放,主管部门根据监测结果确定处理方式。对于化学清洗等产生的废水,项目管理部门在与清洗单位签订合同前要明确废水处理相关责任及要求。

检修改造环保管理具体要求详见附件1.31。

附件1.31 检修改造环保管理要求

4.2.3 职业卫生管理

职业卫生管理总体要求:以人为本,健康至上,预防为主,全员参与。

4.2.3.1 停工装置所在运行部负责对装置检修期间可能存在的职业病危害因素进行识别、评价,并经主管部门确认后告知相关单位,各参加检修的单位应根据作业环境和内容对检修过程可能存在的职业病危害因素进行识别、评价,有针对性地提出防治方案、措施,并在检修期间落实。

4.2.3.2 严格射线探伤作业的管理,杜绝射线伤害事故的发生,避免射线对人体的伤害。

4.2.3.3 强化检修施工人员的个体防护意识,正确使用防护用品,防止急、慢性职业中毒的发生。

4.2.3.4 各参加检修的单位应严把施工人员入场关口,禁止职业禁忌症人员从事所禁忌的作业。

检修改造职业卫生管理具体要求详见附件1.32。

附件1.32 检修改造职业卫生管理具体要求

4.2.4 消气防管理

消气防管理总体要求:

(1)坚持"预防为主、防消结合"的方针,按照"谁主管、谁负责"、"谁签发、谁负责"、"四全"管理及属地化管理原则,全面落实消防安全责任;

(2)在消气防设施管理上,严格执行各项作业许可制度,加强信息沟通,确保消气防设施(道路)始终处于受控状态,切实保障消气防本质安全;

(3)在检修施工现场消气防管理上,狠抓承包商自主管理,强化现场监督检查、监护服务,对违章行为实行"零容忍",实现现场消气防"零违章"、"零事故"。

检修改造消气防管理具体要求详见附件 1.33。

附件 1.33 检修改造消气防管理具体要求

4.3 质量管理

4.3.1 质量管理的总体要求

4.3.1.1 各检修改造项目的检修质量管理组,应有专业工程师、检修装置设备员、承包商质量管理员参加组成,由相应层级设备客理部门主管领导担任组长。大规模停工检修的单位可聘用第三方质量监理单位,由质量管理小组统一管理。业主、承包商质量检查员应佩戴统一标识。

4.3.1.2 质量控制关口尽量前移。如设备物资采购,要加强制造环节的监管,严格执行入库检验制度;设计项目要提高设计需求的准确性,严把基础设计、详细设计审查关,力求施工阶段无变更或少变更。

4.3.1.3 业主质量检查方式,应由重点检查现场转变为督促、引导各承包商自身质量体系正常运行,督促承包商加大自身质量检查力度。对 A 级质量控制点的设置和执行应满足必要的履责检查和不可再现的内容检查要求,以及对 B 级和 C 级质量控制点的结果复核的要求。

4.3.2 检修准备阶段质量控制

4.3.2.1 承包商资质、施工机具等审查

(1)合同签订前,项目管理部门应结合拟订合同范围审查承包商资质,确认资质符合合同范围对承包商作业资质要求时才可签订合同。

(2)各承包商人员进场前,质量控制组应根据法规和有关要求对承包商的项目经理、技术质量负责人、质检员、作业人员、尤其是特种作业人员的资质进行审查,审查合格方可进场。

(3)根据各承包商所承担的任务,由各分指挥部组织审查外来进厂施工人员与用工单位的关系,审查资料报总指挥部备案。

(4)各种施工工具、器具,运输、起重设备等进场控制由总指挥部负责。

(5)总指挥部组织对承包商质保体系、组织体系建立及运作情况进行检查确认。

4.3.2.2 设计质量管理

见 3.2.4"设计质量控制"。

4.3.2.3 物资采购质量管理

见 3.3.2 "物资采购质量管理"。

4.3.2.4 检测/检验单位质量控制

(1)检测/检验单位必须确定检测/检验负责人、工作人员,明确职责。

(2)各种检测/检验所需的仪器、设备必须检定(校验)合格、运行状态良好。

(3)从事检测/检验工作的单位和人员应具有由相应的政府主管部门颁发的与所从事作业任务相符合的有效的资质证书。

(4)检测/检验单位在编制检测/检验方案之前,需认真查阅该装置相关工艺设备基础资

料、运行状况等内容,并有针对性地编制检测/检验方案。

(5)检测/检验单位在现场工作的人员和使用机具的数量必须符合投标文件的表述并满足法规的要求。

4.3.3 检修施工阶段质量控制

4.3.3.1 施工质量控制内容

(1)施工质量控制是工程施工的一项重要控制内容,主要包括制定质量控制点,审查开工报告,对施工质量进行监督、检查和验收等。

(2)施工质量控制分专业进行,一般分为:动设备、静设备、工艺配管、电气、仪表、防腐绝热等专业。

(3)施工质量控制技术准备:质量控制工程师、专业工程师必须熟悉本项目的质量计划,熟悉、了解设计意图,掌握有关施工规范、规程及验收标准,掌握有关的质量评定标准。

(4)检查和验收依据:已会审的施工图、施工方案等;制造厂的产品说明书、技术规定和检验报告;国家、石化集团公司或有关部委颁布的施工技术规范、规程;公司技术规定和标准;地方政府有关规定。

4.3.3.2 质量控制通用要求

(1)按照总指挥部质量控制组的职责和分工,确定承包商、分指挥部、总指挥部三级检修质量控制体系,明确责任,按照质量管理办法、程序和考核标准进行质量管理。

(2)质量控制组按照专业和设备类别组织编制专项检修质量检查表,并安排专人负责检查和考核。

(3)企业应组织对承包商管理人员、特种作业人员(焊工、电工、起重工、架子工等)进行资质的核查,确认施工人员具备相应的资质。

(4)各参加检修的单位应组织对检修机具、检测仪器状况进行核查,确保合格、有效。

(5)各参加检修的单位应按自身程序文件的要求严格审核、审批各类施工方案,明确质量控制点、停检点及质量控制标准,并做好宣贯和培训工作。

(6)所有进入检修现场的设备、材料,承包商应按相关规定进行复检和验收,确保所采用的物资均符合法规和相关技术文件的要求。

(7)建立并严格执行统一的检修标识管理规定,确保对所采用材料的可追溯性。

(8)大机组的检修实行按工序验收。

(9)建立畅通的质量信息收集、传送通道,保证相关部门及领导及时掌握检修现场的质量信息,便于做出准确的判断、制定有效的决策。

(10)由质量控制组牵头,对各承包商的行为质量和实体质量进行监督检查,确保质量管理体系有效运行。

(11)按照检修质量总体方案的要求进行单个项目完工质量验收和单元检修完工最终质量验收。

(12)强化静密封管理,编制作业指导书。对于重点部位法兰要推行使用"力矩扳手"进行紧固的方法,并对法兰平行度进行测量。详见附件3.2《法兰密封面力矩紧固作业指导书》。

(13)将仪表三次确认范围由接线端子扩展到机柜内设备元器件。

(14)焊工的首件焊接实体必须进行检查。

附件3.2　广州分公司高温临氢法兰乃高危法兰安装指导书

4.3.3.3　原材料、设备进场验收

（1）工程所用材料、设备进入施工现场前，承包商必须按照有关技术文件或规范要求进行自检，检查验收不合格的材料、设备，不得进入施工现场。

（2）对材料标识不清、质量证明文件不齐全，怀疑或发现有质量问题的设备、材料，分指挥部质量管理组可提出按一定比例进行抽样复试、复检的要求，承包商负责取样送检，并根据送检结果按规定进行处理。

（3）对于国家或地方政府对生产资格有认证要求的原材料、设备，物资供应部门除应提供满足进场检验所需的合格证书、鉴定证明外，必须提供其生产厂家持有的相应证书的证明文件供检验单位判定其是否具有国家或地方颁发的生产认证证书，否则不能使用。

（4）凡新材料、新产品、新技术所用材料应有鉴定证明、产品质量标准、使用说明和工艺要求，使用前必须按其质量标准进行抽样检验。

（5）对于材料代用的情况，原则上由设计确认，无设计确认时由专业主管部门确认。

4.3.3.4　施工过程质量检查、验收

4.3.3.4.1　制定质量控制点、质量检查表

（1）质量控制组负责制定专业质量检查表，明确各专业检查项目、检查标准及控制级别并负责督促、检查、落实。

控制级别一般分为 A、B、C 三级：

A 级为总指挥部关注的质量控制点，主要包括对既定功能的变更内容、对最终检修质量有重大影响的内容等，必须在承包商和分指挥部确认合格后再由质量控制组检查确认，对于不可再现的过程或分别实施将影响到总体进度的检验项目可与分指挥部、承包商三方质检人员共同确认。

B 级为分指挥部关注的质量控制点，除 A 级质量控制点规定的内容外主要包括法规要求进行检查的内容、对最终检修质量有较大影响的内容、验证施工单位质量控制能力的内容等，必须在承包商确认合格后再由分指挥部检查确认，对于不可再现的过程或分别实施将影响到总体进度的检验项目可由分指挥部与承包商双方质检人员共同确认。

C 级为承包商关注的一般质量控制点，除 A 级和 B 级质量控制点规定的内容外还应包括法规、设计文件和承包商体系文件中规定的其他内容，控制结果由承包商质检人员检查确认。

（2）检修项目质量检查卡片详见附件1.34，改造项目质量检查按照工程项目建设相关标准规范执行。

4.3.3.4.2　施工过程质量控制

（1）根据所编制的质量检查表，质量控制分三个层次进行：承包商自控（C 级）分指挥部检查、验收（B 级）和总指挥部质量控制组检查、验收（A 级）。

（2）承包商质量自控检查必须实行"三检制"，即：作业人员自检、班组交接检（也称互检）质量检查员专职检查。分指挥部要对承包商的三检制进行监督检查。

施工工程中实施"三检制"。主要内容如下：

施工人员自检应满足以下要求：①检查自己是否按照施工技术人员的技术交底及自检记录表所注明的质量要求等进行施工。②填写自检记录；③对无依据、交底不清的施工内容应立即予以停止，解决后方可继续施工。

班组交接检(也称互检)应满足以下要求:①包括工序交接、或换班交接时交接双方施工人员和施工技术人员之间的互相检查;②上道工序的施工者在交出时不仅应认真交清施工质量情况而且要向接受方提交必要的技术资料(包括含有实测实量数据、机械故障情况的记录等资料);③下一道工序施工者在接收时要按上道工序施工者提供的资料对实体的质量状况进行复检;④对于不符合质量要求的问题交出方应立即进行处理,不合格的工序不得交接;⑤经互检合格的工序应办理交接手续,交接双方的施工技术员、检查员应在相关记录上签字;⑥已办理好交接手续的施工内容,如再发现质量问题,由接收方负责处理。

质量检查员专职检查应满足以下要求:①承包商应设置相应的专职(含兼职)质量检查员;②专职质检员对自检、交接检的结果必须进行认真的核查;③符合质量要求的,专职质检员应在相应的质量检查表上签字,并对已核查的内容负责;④对不符合质量标准的内容,专职质检员有否决权并有权责令其返工。

(3)隐蔽工程验收是指工序施工需隐蔽的部位、分项、分部工程,在其隐蔽前质量状况的验收。隐蔽工程验收的确认内容,除与工序检查验收相同的部分,还必须由承包商的专职质检员在其完成隐蔽工程验收记录内容确认的前提下,由业主单位对以上内容进行复验,并签字认可。《隐蔽工程验收记录》将被作为施工可追溯性记录之一,列入工程交工资料档案中。

(4)A级质量控制点必须在分指挥部检查验收合格,填写相关质量验收记录向总指挥部质量控制组提出报验申请,由总指挥部质量控制组检查验收,验收合格后签字确认。B级质量控制点必须在承包商专职质检员检查验收合格后,填写相关质量验收记录,向分指挥部提出报验申请,由分指挥部进行检查验收,验收合格后签字确认。

(5)无论对哪一控制等级进行检查,承包商都必须提供有关施工记录或检验试验报告。验收不合格项目,不得转入下道工序施工。

4.3.3.5 检修施工的检查与验收

检修施工检查与验收主要包括:检修设备开盖后的隐蔽项目检查、检修施工过程中的工序检查验收和隐蔽工程检查验收、检修项目完工后的竣工验收等。装置检修质量检查卡片见附件1.34。

(1)检修设备开盖后的隐蔽项目的检查:业主单位要制定隐蔽项目检查表和检查标准(详见附件2),增加检测手段,提高隐蔽项目检查水平。对重要设备实施多部门、多专业联合检查。

(2)检修施工过程中的工序检查验收和隐蔽工程检查验收:按照4.3.3.4要求执行。

(3)检修项目完工后的竣工验收:检修项目竣工验收实行二级验收责任制。即检修施工项目竣工后,在承包商质检部门首先自检合格的基础上,一般设备和一般工程项目由各运行部组织验收,重要设备及重点项目由机动处或专业中心(团队)组织验收。验收时,必须确认单项验收单(包括隐蔽工程及中间工序验收单)、检修技术记录、理化检验等资料。

附件1.34 装置检修质量检查卡片
附件2 隐蔽项目检查表

4.3.4 质量事故和问题处理

4.3.4.1 定义

质量事故是指由于责任过失而使工程实体质量不合格或产生永久性缺陷,造成经济损失或不良影响的事件,以及在国家、省(自治区、市)或中国石化组织的监督抽查中发现的质量事件或质量事故。

质量事故按照直接经济损失及影响程度分为 4 个等级:特大质量事故、重大质量事故、一般质量事故、轻微质量事故。

(1)特大质量事故。直接经济损失在 1 亿元及以上;在社会上造成恶劣影响,严重损害公司形象;造成重大工程(装置或重要设备)报废或原定设计使用功能严重降低。

(2)重大质量事故。直接经济损失在 5000 万元及以上,1 亿元以下;在社会上造成重大影响,损害集团公司整体形象;造成不可挽救的永久性质量缺陷或隐患,影响工程的使用功能,或造成整个工程停工 6 天以上。

(3)一般质量事故。直接经济损失在 1000 万元及以上,5000 万元以下;造成整个工程停工 3 天及以上 6 天以下。

(4)轻微质量事故。直接经济损失在 50 万元及以上,1000 万元以下;造成整个工程停工 3 天以下。

质量问题是指在施工过程中出现的违规质量行为、实体质量不符合有关法规或技术文件要求的状态。

4.3.4.2 质量事故处理

(1)发生轻微、一般质量事故,企业应成立调查组进行事故调查,调查组应查清事故原因,明确责任认定,组织制定事故防范措施,形成质量事故调查报告,并上报总部相关部门。

(2)发生特大、重大质量事故,企业应在 24 小时内向总部相关部门口头、传真、书面报告,事故性质确定后向总部补报《质量事故报告单》。发生特大、重大质量事故发生后,由总部组织成立调查组进行事故调查。事故调查组应查清事故原因,明确责任认定,制定事故防范措施,形成质量事故调查报告。

(3)质量事故的处理工作必须坚持"四不放过"原则,即事故原因分析不清不放过,事故责任者和群众没有受到教育不放过,防范改进措施没有落实不放过,事故责任者没有严肃处理不放过。质量事故的责任者和在事故中负有责任的领导干部的要依据《中国石化质量事故管理规定》进行责任追究。

(4)事故责任单位应根据事故调查报告填报《事故"四不放过"登记表》和《事故经济损失统计表》。

(5)事故的经济损失应由责任单位全部承担。

4.3.4.3 质量问题处理

(1)大修质量管理组要定期通报各有关单位的质量问题。

(2)发现质量问题后,承包商必须根据业主要求,按规范整改,并不得以此为由拖延发生质量问题项目的施工进度。

(3)质量问题得不到及时处理,按照大修项目合同条款和承包商安全管理规定中质量要求条款对承包商进行考核,并在工程结算中体现。

4.4 进度管理

4.4.1 进度管理要坚持"系统计划、分级管理、动态控制"的原则、坚持"抓住关键、跟踪检查、及时纠偏"的原则。在确保安全和质量的前提下,按照检修施工进度统筹认真组织人力、物力,严格按控制点组织检修。

4.4.2 进度管理应通过事前预控、事中控制、事后分析等手段来达到管控目的。进度管理的措施包括组织措施、技术措施和经济措施。

4.4.3 承包商要根据检修工期要求并结合项目特点,科学编制施工进度计划,业主要认真组织施工进度计划的审查,确保各级计划均符合总体进度计划的要求并具有合理性,使承包商能在合理的状态下施工。

4.4.4 承包商要根据项目不同阶段施工特点及施工进度计划的安排定期检查实际进度,并调整各项资源的配置。当确认施工进度满足不了计划要求时,承包商应及时向业主报告,并提出应对措施,经业主确认后方可调整进度计划。对于由承包商原因引起的延误,按照合同条款对承包商进行处罚。

4.4.5 承包商要积极采用先进的施工方法及工艺,优化施工方案,加大预制深度,缩短现场施工工期。

4.4.6 承包商需配备足够和完好的施工机具,加强工机具管理,推行施工机械化,做好施工协调工作,合理进行施工交叉,提高工效,加快施工进度。

4.4.7 总指挥部应注意对如下影响工程进度的主要因素加强预测和协调,以实现进度计划目标:①材料、设备供应时间及质量的影响;②计划、项目、材料、设计变更的影响;③恶劣天气、工程质量事故、安全事故等因素的影响;④总承包商管理水平(管理体系运作不正常、现场管理混乱、总分包管理及各专业不协调等)的影响。

4.4.8 分指挥部每天对检修改造项目的施工进度进行检查,对照施工网络计划,与承包商一起分析进度偏差,制定纠偏方案。对进度滞后可能影响检修总工期的,必须及时上报总指挥部,总指挥部组织召开专题会,分析原因,落实对策措施并督促检查各相关单位措施执行情况。对于关键线路,总指挥部要安排专人进行检查。

4.5 文明施工管理

4.5.1 现场文明施工情况是承包商项目管理水平高低的直接体现,也是施工安全、质量、进度控制要求的重要保证。检修改造项目的施工现场应做到"三条线"、"三不见天"、"三不落地"、"五不准"、"五不乱用"、"四不施工"、"三净";做到当班施工当班清,工完料尽场地清。业主单位要制订文明施工的相关要求。

"三条线":工具摆放一条线;配件零件摆放一条线;材料摆放一条线。

"三不见天":润滑油不见天;清洗过的机件不见天;打开设备封头、管线管口和清洗过的零配件不见天。

"三不落地":使用工具、量具不落地;拆下来的零件不落地;污油脏物不落地。

"五不准":没有火票不准动火;不戴安全帽不准进入现场;不系安全带不准高空作业;没有检查过的起重设备不准起吊;危险区没有安全栏杆或无人监护不准作业。

"五不乱用":不乱用大锤、管钳、扁铲;不乱拆、乱卸、乱拉、乱顶;不乱动其他设备;不乱打保温层;不乱用其他设备零附件。

"四不施工":任务不清、情况不明、图纸不清楚的不施工;安全措施不健全的不施工;质量标准、安全措施、技术措施交底不清楚的不施工;上道工序质量不合格,下道工序不施工。

"三净":停工场地净;检修场地净;开工场地净。

4.5.2 检修改造文明施工管理主要包括以下内容:

(1)现场临时设施、宣传展板等的布置;

(2)施工工具摆放及标识;

(3)物资管理;

(4)成品保护,包括不检修设备的保护;

(5)现场垃圾管理;

(6)检修现场保洁;

(7)现场危害预防;

(8)起重吊装作业;

(9)密封及完好保护措施;

(10)保温油漆作业;

(11)脚手架施工;

(12)高处作业;

(13)临时水电管理;

(14)换热器清扫;

(15)道路及车辆管理。

文明施工管理要求见附件1.35。

附件1.35 文明施工管理要求

4.6 检修费用控制

以实现恢复既定功能的总费用最小化为原则,以批准的计划概算为依据,按照总量控制、合理调整和静态控制、动态管理的要求,明确分工、统筹协调、各负其责的对大检修的费用进行全过程控制。

4.6.1 费用控制的原则

实行"静态控制、动态管理"的管理模式,以概算为依据,运用总量控制、合理调整的原理,采用跟踪、监督、分析、预测等手段,动态调控费用管理,严肃变更管理,以不突破批准的费用为目标。

4.6.2 费用控制的内容

4.6.2.1 检修、更新费用控制主要内容

4.6.2.1.1 立项阶段费用控制

各运行部按照"应修必修不失修,修必修好不过修"的原则,实事求是编制检修计划,估算项目施工费用时,要结合修理费管理系统估算功能或ERP"综合单价"功能,做到施工费用预算基本准确。设备管理部门对各部申报的检修计划的必要性、费用准确性进行认真审核。

4.6.2.1.2 项目设计阶段费用控制

各项目经理要督促设计部门严格按设计委托单内容、批准的计划费用和设计进度,进行

工程项目的设计。对超计划费用的项目要及时办理费用变更审批手续。

4.6.2.1.3 项目实施阶段的修理费控制

(1)设备、材料采购控制。物资部门应按计划费用开展采购活动,并在订货前确认采购物资是否控制在计划费用内。对费用必须超出计划的项目,物资部门应及时协调办理费用变更审批手续,并在追加费用落实后,才可进行签订采购合同。

(2)对到期的压力容器及工业管道,倡导采用 RBI 检验方式,缩短检验时间,节省检验费用。同时鼓励企业采用招投标方式确定检验单位,聘请有经验的人员在符合相关法规的前提下对检验单位制订的方案逐台进行审核,减少过度检验。业主要对检验后的结果进行预验收。

(3)施工过程控制。必须严格按批准审定的内容实施,不得擅自变更或增加施工内容。对确需变更的项目,要按规定办理变更审批手续后方可实施。加强现场签证的管理,提高准确性。

(4)结算控制。修理项目、更新工程的结算应采取结算书复审制、项目核销和工程项目监督管理,按《检修安装工程管理制度》的有关规定做好工作量、取费定额审核等工作。

(5)考核控制。建立健全修理费使用考核管理制度,在项目执行过程中进行全程跟踪、控制、考核,防止超计划使用。

(6)各企业在检修改造中,要结合自身实际,积极做好修旧利废工作,努力降低修理费用。要制订修旧利废管理规定,明确各部门职责、修旧利废范围、工作流程及奖惩措施,见附件1.36。

附件1.36 修旧利废管理办法

4.7 项目变更管理

企业要加强变更管理,建立健全变更管理制度和工作流程,采取措施减少变更数量。

4.7.1 项目变更定义

项目变更是指项目在项目立项批准后,因设计、施工、材料及其他等环节调整,导致项目执行计划内容发生变化。

4.7.2 项目变更分类

项目变更分为费用计划变更和计划执行变更。其中费用计划变更包括计划费用调整或费用性质发生变化等。计划执行变更包括:设计变更、施工变更、材料变更、其他变更。

4.7.3 项目变更控制主要内容

(1)对于试用产品、设备备件结构形式改变、材质升级要充分识别,要有专门技术论证审批过程,审批时要加强相关专业沟通确认;

(2)所有变更应事前发起,只有当变更得到批准后,才可组织实施。项目变更由变更提出单位发起申请并填写"变更申请单",按照各企业相关制度规定的权限办理审批手续;

(3)对于因材料找价差导致的超费用计划(或工单预算),需要补办变更手续;

(4)对于不涉及费用计划的变更,如项目名称、版本号、承包商、施工方案、施工进度等也需办理相应的变更手续;

(5)对于结算费用高于非包干合同标的按各企业管理制度执行变更;

(6)投资类项目的变更参照各企业"固定资产投资过程控制管理规定"执行。

4.8 后勤保障管理

为深入贯彻落实大修的工作部署,确保为检修提供优质高效的协调服务,保障大修期间各项工作的圆满完成,各企业应依据实际情况落实检修现场后勤保障服务工作的管理要求。

4.8.1 承包商妥善安排检修现场人员餐饮、饮用水、住宿、环境保洁等生活后勤工作,确保饮食卫生和安全。业主要力所能及协助承包商做好相关工作,并监督承包商执行情况。

4.8.2 安排好大修指挥部现场办公场所、会议室、值班室及其他临时办公、生活所需设施,做好会议服务、卫生保洁等工作。

4.8.3 做好检维修施工现场垃圾清理工作。

4.8.4 对检维修施工作业现场周围的杂草等可燃物(不含工业可燃危险物)进行清理处置。

4.8.5 完成检修现场其他临时性后勤服务保障任务。

4.8.6 做好现场所需公务用车的服务工作。

4.8.7 做好现场所需医疗救护卫生服务工作。

4.8.8 治安保卫保障

(1)建立治安保卫管理体系,明确参加检修的各方管理职责。采取分工负责、联防联控、区域联动、视频监控等手段,做好对检修施工现场治安保卫管理工作。

(2)加强对生产装置检修施工现场的治安保卫管理的监督、检查、考核工作,督促各单位主动做好治安保卫管理工作。

(3)做好检修施工公共区域现场交通安全管理工作,确保交通安全、道路畅通。

(4)做好生产厂区及检修现场临时门禁管理,要采取措施优化人员、车辆进场线路,并确保进入现场的人员人证合一、车辆三证合一。

5 检修后期管理

5.1 检修项目签证管理

5.1.1 检修项目签证的范围

(1)检修计划外增加的项目;

(2)根据合同,需按实单独取费的脚手架;

(3)合同约定的需签证的吊机;

(4)检修计划中,工程量未明确的检修项目,如零星防腐、保温、土建等;

(5)临时设施;

(6)由于甲方原因造成重复施工的项目;

(7)其他经甲乙双方协商确定需签证的项目。

5.1.2 检修项目签证的要求

检修项目的签证要做到及时、准确、有效。

(1)注重过程中的实时签证,尽量避免事后签证;

(2)企业应规定签证的时限。项目检修施工完工后,一般要求在三天内完成工作量的确认签证工作。超期的申请,甲方可拒绝签证;

(3)隐蔽工程项目,在下一道工序施工前须完成签证;

(4)脚手架、临时设施在拆除前须完成签证;

(5)吊机在离场前需完成签证。

改造项目的签证管理按工程项目建设相关标准规范执行。

5.2 检修项目结算管理

检修项目结算要求:

(1)装置停工检修项目结算工作一般应在工程竣工后四个半月内完成;

(2)停工检修项目结算资料编制的时间为一个月以内,包括工程竣工资料的整理和交接;

(3)运行部、设备管理部门结算书审核的时间为一个月以内;

(4)定额取费审核的时间为一个月以内;

(5)结算资料及计划核销的时间为半个月以内;

(6)财务结算的时间为一个月以内。

改造项目的结算管理按工程项目建设相关标准规范执行。

5.3 检修项目交工资料

5.3.1 承包商应在检修项目结束后 30 天内将交工资料完整地交给使用单位,资料包含内容如下:

竣工图纸,施工技术方案,吊装方案,施工组织设计;施工技术记录,试压记录,中间工序验收单,隐蔽工程验收单,拆检回装记录,发现问题与修复记录,设备开箱资料,设备封闭记录;设备、材料、管道附件、配件的合格证明书及质量保证书,理化检验资料,衬里、防腐、保温施工技术记录及检验报告。

5.3.2 除上述要求外,压力管道交工资料还应增加下列内容:

管道、管件、阀门的型号规格、材质及数量,管道的空视图、焊缝布置图及其编号,焊接记录,焊接理化检验资料,其无损检验编号与焊缝编号相一致,管道及阀门的试压记录,监督检验机构的《压力管道安装安全质量监督检验报告》等。

5.3.3 压力容器取证相关资料在 15 天内,由施工管理部门交给使用单位办理压力容器取证手续。相关资料至少应包括:修理改造方案或图样及施工方案、压力容器修理改造告知书、实际修理改造情况记录、材料质量证明书、施工质量检验技术文件和资料、压力容器重大修理和改造监督检验证书等内容。

5.3.4 上述资料一式三份,设备所在单位、档案馆、施工管理单位各一份,并提供电子版,工业管道要提供可编辑的电子版空视图。改造项目的竣工资料按工程项目建设相关标准规范执行。设备所在单位要在竣工资料收到后一个月之内完成资料的归档。

5.4 检修总结

5.4.1 装置检修总结的编写

装置检修结束后,运行部、相关中心处室及承包商要对检修改造工作进行总结,对好的做法进行总结、提炼,固化这些经验,指导今后检修改造工作;对总结检修改造中存在的问题,分析原因,完善措施,不断提高管理水平。

检修总结一般包含如下内容(以分指挥部为例,见附件1.37~附件1.39):

(1)检修改造概况,至少应包括检修和改造项目实际实施的范围和深度等内容。

(2)检修准备情况(组织体系、检修计划、检修方案、施工交底、检修材料)。

(3)检修过程管理(HSE管理、质量管理、进度控制、文明施工管理)。

(4)检修计划准确性分析(对检修计划项目变更、材料变更情况进行分析)。

(5)检修施工队伍评述(组织体系、施工力量、人员素质、关键作业人员评价、施工管理、施工机具)。

(6)材料供应评述,包括供应商评价。

(7)设计质量评价。

(8)检修质量评价。

(9)本次检修主要变化情况及遗留问题。

(10)本次检修好的经验和存在的不足和下次检修需注意的问题。

附件1.37 企业内部各部门单位检修改造工作总结主要内容

附件1.38 装置停工检修改造工作总结模版(设备专业)

附件1.39 装置停工检修改造工作总结模版(电仪专业)

5.4.2 检修总结表彰会

装置检修改造结束之后,企业应召开检修总结表彰会。不仅要全面总结本次检修组织准备、方案策划、安全环保、质量控制、过程管理、氛围营造等方面的经验,更要总结本次检修改造的经验教训,存在的不足,为下次检修改造奠定良好基础。另外,还要对检修改造中涌现出来的先进集体和个人进行表彰,号召广大职工以先进为榜样,自我加压,奋勇争先,保障检修装置开工后的安全稳定运行。

5.5 检修指南完善

各企业结合各自检修改造管理经验和教训,对本指南进行完善优化,与其他企业在检修改造中共享经验,避免问题的重复发生,使中石化检修改造管理水平不断提升。

附件1 基本要求

附件1.1 检修改造管理手册目录(综合篇)

一、检修改造项目概况

主要包括:检修改造主要特点、检修改造时间安排、停工检修改造项目数量及费用、检修改造重点项目等内容。

二、检修改造管理目标

主要包括 HSE、质量、进度、费用、合同等管理目标,以及相关保证措施。

三、检修改造组织机构

主要包括机构组成、机构职责、成员名单、协调机制等内容。

四、检修改造施工部署

主要包括施工队伍安排、施工队伍基本情况、施工力量及施工机具平衡情况等内容。

五、检修改造专项保廉实施方案

主要包括制度建设、廉洁教育、监督管理、惩治预防等内容。

六、检修改造激励考核方案

主要包括专项考核方案、劳动竞赛方案等内容。

七、检修改造生活后勤及治安保卫方案

主要包括供餐、通勤车、医疗保障、卫生绿化、封闭化管理、治保巡逻、物资出门、交通安全管理等内容。

八、检修改造宣传方案

主要包括宣传主题、标语、宣传媒体等内容。

九、停开工与检修改造过程管理

停开工过程管理详见生产篇,检修改造过程管理详见检修篇、工程篇,HSE 管理详见 HSE 篇,检修改造后期管理主要包括结算、签证、竣工资料、总结与后评价等内容。

十、检修改造相关管理制度、规定

主要包括合同管理、费用管理、HSE 管理、质量管理、进度管理、设计管理、物资管理、停开工管理、施工管理、承包商管理、文明检修管理、激励考核管理、检修后期管理等制度、规定和要求,部分内容参考如下:

1.检修安装工程项目招标管理流程

2.合同会签审批签署程序

3.招标投标管理规定

4.检修费用控制管理办法

5.检修余料管理办法变

6.安全用火管理规定

7. 高处作业安全管理规定

8. 进入受限空间作业安全管理规定

9. 起重作业安全管理规定

10. 射线探伤协调要求

11. 物资采购招投标程序

12. 到货物资开箱检验规定

13. 到货物资检验程序

14. 利旧物资入库程序

15. 利旧物资出库程序

16. 报废资产、废旧物资处置管理规定

17. 开停工相关原则

18. 开停工期间设备保护管理要求

19. 设备检修管理制度

20. 机动专业项目执行经理制管理规定

21. 检修施工作业现场工机具管理规定

22. 临时用电管理制度

23. 动土作业(含地面设堆放物件)审批管理程序

24. 承包商 HSE 管理规定

25. 承包商考评办法

26. 承包商考核细则

27. 文明检修施工要求

28. 外来施工人员门禁卡办理程序

29. 门禁系统管理规定

30. 生产区门卫管理制度

31. 装置停工检修改造专项考核办法

32. 停工检修改造变更管理办法

十一、附表

1. 装置停工检修改造各阶段工作节点图

2. 装置检修改造停开工总体网络

3. 装置停工检修改造总平面布置图

说明:该目录为检修改造管理手册基本要求,各企业可根据本单位实际情况进行补充完善。

附件1.2　检修改造管理手册目录(HSE篇)

一、装置大修改造HSE管理原则、目标、组织体系

(一)HSE管理原则

"全过程管理"、"属地化管理"等。

(二)HSE目标

大修改造的HSE控制目标应包含检修策划中对安全、环境和职业卫生的要求。例如:"不着火、不伤人、不污染、不扰民"。

(三)组织体系

应实行网格化管理,可包括以下四个方面

1.公司大修改造指挥部;

2.各级HSE工作组;

3.第三方HSE监管;

注:对于人数少新企业要求外聘第三方HSE监管,对于人数多的老企业或自身能力能够满足要求的老企业,可根据需要由企业自行决定是否外聘第三方HSE监管。第三方HSE监管纳入到HSE管理体系。

4.施工单位HSE管理机构。

二、装置停工大修改造HSE概况

(一)各装置主要八项特殊作业项目

(二)项目风险识别、风险评价及高风险项目对应措施表

(三)交叉作业进度节点网络控制、交叉作业控制措施

(四)射线作业网络安排和防护措施

三、停工大修改造装置安全管理要求

(一)大检修准备工作

(二)装置停工大修改造安全管理及应急要求

(三)装置全面交付前的检修安全要求

(四)装置全面交付检修安全要求

四、防硫化亚铁自燃的对策和措施

五、承包商施工作业的HSE管理要求

六、消防、气防要求

1.消防要求

2.气防要求

七、环保要求

(一)总体环保要求

1.停工前准备工作

2.停工期间污染物排放要求

（二）大气专业主要环保要求

1. 检修装置的所属单位职业卫生须知

2. 装置探伤现场"射线公告牌"设置要求

3. 检修装置射线探伤（X、γ 射线）施工须知

4. 对存在严重职业危害的装置检修施工人员职业卫生防护要求

5. 参加检修装置从事"接害"因素施工作业的外协施工单位健康体检须知

6. 部分装置^{137}铯放射源检修安装期间安全注意事项

7. 部分装置镅铍中子源检修安装期间安全注意事项

八、环境监测要求

（一）装置停工排放废水监测

（二）装置停工排放废气监测

九、规定选编（摘选）

（一）外包商 HSE 管理规定

（二）施工作业安全管理规定

（三）安全用火管理规定

（四）进入受限空间作业安全管理规定

（五）高处作业安全管理规定

（六）承包商考核细则（HSE 部分）

（七）安全教育、劳动防护用品使用发放

（八）危险化学品相关作业

（九）工程建设和检维修相关作业

（十）电气仪表相关作业

（十一）交通运输相关作业

（十二）其他相关作业

十、施工作业违章图解、附件

（一）用火作业

（二）施工用电

（三）高处作业

（四）起重作业

（五）脚手架作业

（六）劳保着装

（七）受限空间作业

十一、近年来公司、集团公司典型的开停工事故

十二、近年来公司典型的检修改造事故

（一）人身事故

1. 高处坠落事故

2. 中毒事故

3.触电事故

4.其他人身事故

(二)火灾、爆炸事故

(三)环境污染事故

(四)放射事故

(五)交通事故

(六)生产设备事故

(七)承包商事故

十三、集团公司典型事故

(一)人身事故

1.高处坠落事故

2.中毒事故

3.触电事故

4.吊装作业事故

5.其他人身事故

(二)火灾、爆炸事故

(三)交通事故

说明:该目录为检修改造管理手册基本要求,各企业可根据本单位实际情况进行补充完善。

附件1.3　装置检修改造管理手册目录(生产篇)

一、装置停开工网络

主要包括装置切断进料、交付检修、检修交回、产品合格等时间节点,各装置停开工时间统筹说明等内容。

二、主要装置大修(改造)内容介绍

主要包括装置和公用工程系统重点检修改造内容以及检修改造主线。

三、系统总体安排

主要包括原油、中间物料、产品等物料准备、库存计划调整、物料转移等安排,氢气、瓦斯、氮气、工厂风、蒸汽、新鲜水等公用工程介质平衡及安排,以及存在的难点与对策。

四、装置停开工总体要求

主要包括停开工目标、联系汇报、方案执行、公用介质使用、经济停开工等内容。

五、装置停开工安排

主要装置停开工减排方案、废液排放计划,装置停开工物料流程设置及操作要求等内容。

六、停工管线处理安排

主要包括管线放压原则、系统管线扫线安排、各装置停工检修改造的管线交出检修改造的吹扫、置换原则,包括难点与对策等。

七、停开工明细表

按照时间维度,将公司各相关装置每天主要停开工工作节点汇总成表,以便总体统筹。

说明:该目录为检修改造管理手册基本要求,各企业可根据本单位实际情况进行补充完善。

附件1.4 检修改造管理手册目录(检修篇)

一、检修计划编制

主要包括检修计划编制原则、要求,分批次编制时间,检修计划审查要求等内容。

二、检修策略

主要包括分专业进行检修计划优化、开盖率控制等要求。

三、检修装置及内容概况

主要包括检修装置清单、主要检修内容、检修项目及检修费用、检修时间进度等内容。

四、检修重点项目

主要包括重点检修项目清单、检修难点及对策等内容。

五、检修方案

主要包括技术方案和施工方案清单、检修方案编制原则和要求、检修项目交底、检修预制、检修推演等内容。

六、主要装置检修网络

主要包括各装置检修施工主、次关键线路及优化等内容。

七、隐蔽项目检查

主要包括隐蔽项目检查管理要求、隐蔽项目检查计划和配合要求、隐蔽检查记录等内容。

八、检修质量管理

检修改造质量管理至少应包括质量控制体系、职责分工、质量分级管理要求、控制流程、控制点设置、验收、总结评价考核等内容。

九、检修质量管理相关文件

1. 检修改造质量验收统一标准(可参照 SH 3508 编制)

2. 压缩机检修验收要求

3. 离心泵和往复泵检修验收标准

4. 安全阀检修验收要求

5. 反应器检修验收标准

6. 防止不锈钢设备的连多硫酸应力腐蚀开裂的管理规定

7. 高温、高压临氢系统法兰、螺栓、垫片检修验收要求

8. 管壳式换热器检修验收标准

9. 塔类设备检修验收标准

10. 加热炉检修验收标准

11. 通用阀门检修验收标准

12. 现场设备、管道焊接质量控制管理规定

13. 电气设备检修验收标准

14. 调节阀检修技术要求

15. DCS、SIS 系统点检技术要求

16. 仪表伴热管安装技术要求

17. 仪表保温施工技术要求

18. 仪表引压管安装技术要求

19. 轴系仪表探头和轴承、轴瓦温度探头安装技术要求

20. 涂料防腐验收要求

21. 设备管道保温施工验收管理规定

22. 设备设施及管道表面色和标志管理规定

23. 开停工期间动设备入口过滤器安装要求

24. 检修现场隔离、定置与防止异物进入的管理规定

25. 重要动设备检修交底工作要求

十、承压类特种设备检验策略

十一、检修改造腐蚀调查方案

十二、附表

1. 动设备检修质量检查卡片

附表 1.34.1　滑阀检修质量检查卡片

附表 1.34.2　离心泵检修质量检查卡片

附表 1.34.3　低温筒袋泵检修质量检查卡片

附表 1.34.4　干式真空泵检修质量检查卡片

附表 1.34.5　离心压缩机检修质量检查卡片

附表 1.34.6　往复压缩机检修质量检查卡片

2. 静设备检修质量检查卡片

附表 1.34.7　板式塔检修质量检查卡片

附表 1.34.8　填料塔检修质量检查卡片

附表 1.34.9　管壳式换热器检修质量检查卡片

附表 1.34.10　反应器检修质量检查卡片

附表 1.34.11　管式加热炉检修质量检查卡片

附表 1.34.12　高压临氢系统法兰、螺栓、垫片检修质量检查卡片

附表 1.34.13　低温深冷系统法兰、螺栓、垫片检修质量检查卡片

附表 1.34.14　通用阀门检修质量检查卡片

附表 1.34.15　低温阀门检修质量检查卡片

附表 1.34.16　弹簧式安全阀检修质量检查卡片

附表 1.34.17　现场设备、管道焊接检修质量检查卡片

3. 电气设备检修质量检查卡片

附表 1.34.18　开关柜检修质量验收记录表

附表 1.34.19　电缆敷设及防小动物措施质量检查卡片

附表 1.34.20　电力电子设备质量检查卡片

附表 1.34.21　监控系统屏柜(含微机五防系统、遥视系统)质量检查卡片

说明:该目录为检修改造管理手册基本要求,各企业可根据本单位实际情况进行补充完善。

附件 1.5　检修改造管理手册目录(工程篇)

第一章　总　论
　第一节　项目建设依据
　第二节　项目概况
　第三节　厂址条件及内外协作关系
　第四节　前期工作情况
　第五节　引进项目概况
第二章　建设总部署
　第一节　项目建设的指导思想
　第二节　项目建设的管理模式
　第三节　建设总目标
　第四节　分项目建设进度安排
第三章　建设工作安排
　第一节　投资及建设资金安排
　第二节　设计工作安排
　第三节　物资采购工作安排
　第四节　工程施工工作安排
第四章　项目控制
　第一节　HSE 控制
　第二节　质量控制
　第三节　进度控制
　第四节　投资控制
　第五节　合同管理
　第六节　专项保廉
　第七节　文明施工管理
　第八节　劳动竞赛
　第九节　承包商监督考核
第五章　工程审计及项目执法
　第一节　工程审计
　第二节　项目执法
第六章　存在问题及对策
附录1　大修改造主要项目安全施工重点监控部位
附录2　大修改造项目工程质量监督停监点计划
说明:该目录为检修改造管理手册基本要求,各企业可根据本单位实际情况进行补充完善。

附件1.6 装置停工检修改造各阶段工作节点图

主要时间节点说明：

1. 检修改造组织体系：在停工前 12 个月建立，可根据检修改造内容适当提前；

2. 检修改造管理手册：应在装置停工前 3 个月编制完成；

3. 检修计划：基本计划、补充计划应分别在装置停工前 9 个月、3 个月下达，隐蔽计划应在装置交付检修后 3 天编制完成；

4. 技改技措项目：第一批实施计划应在装置停工检修后 3 个月完成；

5. 检修改造物资订货：长周期物资一般应在装置停工前 12 个月完成，特殊物资根据采购周期满足检修进度要求；其他物资在基本计划、补充计划下达后 2 个月内完成；

6. 检修改造承包商：应在装置停工前 6 个月确定，装置停工前 3 个月完成合同签订；

7. 检修改造施工方案：项目对接宜在装置停工前 5 个月完成；施工方案应在装置停工前 3 个月审批完成；项目交底应在停工前 2 个月完成；反交底应在停工前 1 个月完成；

8. 承包商人员、机具进场计划表应在装置停工前 4 个月提交，并按业主审批同意后的计划组织到位；

9. 各类培训：应在项目实施前完成，最迟在装置停工前 15 天完成；

10. 检修结算：结算书应在装置开工正常后 3 个月编制完成；

11. 检修总结：应在装置开工正常后 3 个月完成。

附件1.7 装置停工检修改造专项考核方案

为全面完成装置检修改造目标任务,进一步发挥绩效考核的激励约束作用,充分调动各类检修主体、各级管理人员、广大班组职工积极参与检修、精心搞好检修的工作热情,推动实现装置开停工和检修改造施工的安全环保、优质高效、节支控费以及文明有序,确保装置检修改造开车一次成功,根据公司装置检修改造总指挥部统一部署,特制定本专项考核方案,具体内容如下:

一、基本原则

1. 全员全程考核原则

将参与检修改造的所有单位、部门及人员全部纳入考核;将检修改造的前期准备、停工开工、施工作业、长周期运行等环节全部纳入考核;将检修改造过程的安全监管、环境保护、质量控制、进度控制、费用控制等要素全部纳入考核,确保检修改造期间监督检查全覆盖、评价考核全覆盖。

2. 定向关联考核原则

对于检修改造过程中出现的共性问题或重大问题,按照管理关系实施定向关联考核:作业环节出现问题,管理环节关联考核;下道工序出现问题,上道工序关联考核;分指挥部出现问题,总指挥部专业组关联考核;承包商出现问题,分指挥部关联考核;形成以管理关系为纽带、以问题控制为导向、以责任落实为基础的检修改造绩效评价考核体系。

3. 因果并重考核原则

以检修改造过程控制为因,系统制定承包商、分指挥部、总指挥部专业组日常检查考核标准,每天开展分级检查、每天汇总检查评价、每天落实排名上网;以检修改造过程的安全环保、优质高效、节支控费以及文明规范为果,统一制定安全环保、职业卫生、停工开工、进度控制、质量控制、费用控制、长周期运行等关键控制指标,全程进行跟踪评价与累计考核。过程控制与关键指标目标相同、权重相等,其综合评价结果,既要体现检修改造业务链管理绩效,也体现检修改造价值链管理绩效。

4. 增量正向考核原则

在总指挥部落实公司炼油检修改造奖励总额基础上,按照准备、停工、实施、开工、长周期运行五个阶段,分别、分段设立总指挥部各专业组以及各分指挥部的奖励基数,并依据日常监督检查和关键指标执行情况,落实分段评价、一次兑现。原则上,只要相关责任主体检修改造期间未发生重大安全、环保、质量、进度问题,均能获得增量奖励。

二、考核内容

1. 关键指标

(1)事故控制,实现重大事故"五个为零",包括重大施工质量事故为零、重大火灾爆炸事故为零、重大设备事故为零、重大交通事故为零、重大人身伤亡事故为零。

(2)质量控制,重点项目工程优质率95%以上,单位工程质量合格率100%。

(3)停工检修与开工,在确保安全环保前提下,装置按期平稳停车交检修、装置按期完成检修、装置按期开车一次成功。

(4)环境保护,装置停工开工、检修施工期间不发生环境污染事故,不发生环境扰民事件。

(5)职业卫生,不发生区域性公共卫生事件,不发生辐射伤害事件。

(6)计划管理,实现检修计划准确率95%以上。

(7)费用控制,在应修必修、修必修好的条件下,科学安排,精打细算,不超概算,力争节余。

(8)长周期运行,检修改造结束后6个月内,不发生因检修质量造成的装置非计划停工。

2.过程控制

依据总部《检维修管理考核标准》和公司《装置检修改造施工承包商考核细则》《装置检修改造分指挥部考核细则》《装置检修改造总指挥部专业组考核细则》规定的检查项目,每天落实分级检查、每天进行评价汇总、每天排名上网公示。

3.竞赛指标

在炼油装置检修改造过程中,总指挥部开展的监护之星评比、工会组织的"五比"竞赛、纪委实施的工作量签证管理效能监察、团委举行的青工百日安全竞赛等活动的竞赛指标及其评价标准、奖励兑现,由活动主办部门自行制定并落实管理。

三、评价标准

检修改造绩效考核采用"分段评价、一次兑现"方式,依次对前期准备、检修停工、检修施工、检修开工、长周期运行等阶段进行评价,每个阶段的评价内容包括但不限于关键指标运行情况、过程控制执行情况等,具体标准如下:

1.关键控制指标绩效评价标准

按照指标绩效实际情况,给予否决、扣分等不同程度的考核。

(1)事故控制"五个为零"指标中,发生上报总部或重大社会影响的各类事故,否决事故所在阶段考核兑现;发生公司级各类事故,每项扣事故相关责任主体50分;发生其他一般事故或事件,每项扣事故相关责任主体10分。

(2)质量控制指标,重点工程优质率和单位工程质量合格率每下降1%扣相关责任主体5分。

(3)停工检修与开工指标,检修停工、施工及开工每延长1天扣10分,延长5天以上否决所在阶段考核兑现。

(4)环境保护指标,发生上报总部或重大环境扰民事故,否决事故所在阶段考核兑现;发生公司级环保事故,每项扣事故相关责任主体50分;发生其他一般环保事故或事件,每项扣事故相关责任主体10分。

(5)职业卫生指标,发生区域性公共卫生事件或辐射伤害事件,否决事件所在阶段考核兑现。

(6)计划管理指标,检修计划准确率每下降1%扣相关责任主体5分。

(7)费用控制指标,计划概算每超1%扣相关责任主体5分;超10%及以上的,否决相关项目的考核兑现。

(8)长周期运行指标,检修改造结束后6个月内发生因检修质量造成的装置非计划停工的,否决相关责任主体全部考核兑现的10%奖励。

2.过程控制绩效评价标准

依据总部《检维修管理考核标准》和公司《装置检修改造施工承包商考核细则》、《装置检修改造分指挥部考核细则》《装置检修改造总指挥部专业组考核细则》所列检查项目的评价标准,每天落实分级检查、每天进行评价汇总、每天排名上网公示。

3.阶段工作执行处罚标准

除了关键指标和过程控制绩效的通用评价标准外,对于检修改造各阶段工作要求的执行情况,特别制订专项处罚标准。原则上,对于总指挥部统筹布置的各项工作,凡未能按规定时间节点落实到位的,每推迟1天扣相关责任人200元,扣责任单位(部门)1分。对于各阶段重点任务,从下列标准执行处罚。

(1)前期准备阶段。对于没有按时、按要求完成总指挥部统筹工作布置的,每推迟1天扣相关责任主体1000元,最多可扣至奖励基数的50%;情节特别严重并导致大修工作延期的,每延期1天扣奖励基数20%,直至扣完。

(2)检修停工阶段。未能实现按时移交检修的,每套装置每延后1天扣直接责任主体1万元,最多可扣至奖励基数的50%;并连带扣其他责任主体20%奖励基数。

(3)检修施工阶段。未能实现按时竣工验收,每套装置每延后1天扣直接责任主体1万元,最多可扣至奖励基数的50%;并连带扣其他责任主体20%奖励基数。因设备、材料未能按总体统筹计划到货等原因影响项目进度的,每延迟1天加扣物资供应专业组20%奖励基数;因生产准备或公司管理部门配合不到位影响工程进度的,每延迟1天加扣开停工统筹专业组20%奖励基数;因检修改造施工质量原因造成装置未能按时竣工验收的,按装置扣直接责任主体全部考核兑现的30%奖励。因诸多因素导致的不能按统筹计划完成进度的,由检修改造总指挥部裁决责任主体并落实相应扣罚。

(4)检修开工阶段。未能实现按统筹计划开工的,每套装置每延后1天扣相关责任主体1万元,最多可扣至奖励基数的50%;并连带扣其他责任主体20%奖励基数。因检修质量、开工方案编写或培训不到位等原因导致不能顺利开工的,同时扣除之前各阶段相关奖励基数。

4.专项奖励标准

(1)进度提前专项奖励标准。依据统筹计划节点安排,检修停工、检修施工、检修开工各阶段每提前1天,按装置加相关责任主体10分;各检修改造项目整体实现提前开车一次成功的,每提前1天,另外加奖相关责任主体1万元。

(2)费用控制专项奖励标准。计划概算每节约1%加相关责任主体5分,费用节约部分可按0.5%~1%比例提成奖励。

(3)重点项目专项奖励标准。重点项目专指3#催化裂化装置提高掺渣比改造项目、连续重整装置生产芳烃技术改造及系统配套项目、2#催化裂化装置检修。每项重点项目设奖励基数5万元,共15万元。主要对项目实施达到安全环保、进度节点、质量目标,并实现检修改造开车(投产)一次成功,各项运行参数平稳的相关项目部成员。

(4)改代利旧专项奖励标准。检修改造项目施工结束后,根据各分指挥部控制余料、改代利用、修旧利废情况实施专项奖励。其中,控制余料的奖励标准为余料金额小于物资计划总消耗额2%的,每下降0.1%,奖励分指挥部1000元,并分别奖励物资供应组和计划施工组500元。改代利用和修旧利废物专项奖励按《公司积压物资及利旧物资管理规定》执行。

(5)现场监管即时奖励标准。专业组、分指挥部、第三方监管机构的管理人员,在日常巡视、检查中发现优秀监护与监管人员,当场奖励他们面额为20元、30元、50元、100元的等额奖券,获奖人员据奖券在指定地点兑换同等价值奖品。具体即时奖励方案由总指挥部办公室统一制定并组织实施。

（6）安全监管人员专项奖励标准。对依规执纪、从严考核的专业组、分指挥部现场监管人员,按照对承包商考核扣款的20%比例,采用周评价、月兑现的方式,落实对扣款者个人奖励。具体奖励方案由总指挥部办公室统一制定并组织实施。

（7）总指挥专项奖励标准。设立30万元总指挥专项奖励基金。对于在检修改造现场勤勉履职、超常规工作并取得突出成绩的或及时发现重大隐患、避免重大事故发生的人员,由专业组、分指挥部、第三方监管机构提出申报,经总指挥审批同意后,予以总指挥专项奖励。

四、考核兑现

依照"分段评价、一次兑现"的基本方式,在分段评价的基础上,在检修改造结束阶段对考核结果进行一次性奖励兑现。其中:分指挥部及专业组的兑现公式为:

$$奖励兑现 = 奖励基数 \times 考核得分 + 奖罚金额 - 延迟兑现$$

1. 奖励基数

由总指挥部根据各分指挥部和专业组承担的项目数、工程量及施工周期、难易程度等因素,对前期准备、检修停工、检修施工、检修开工、长周期运行各个阶段分别制定的基本奖励额度。

2. 考核得分

主要由三部分组成:一是关键指标考核得分,占50%权重;二是过程控制考核得分,日常检查考核得分的加权平均分数,占50%权重;三是其他因素加扣分,本方案评价标准范围内但不属于上述两部分考核范围的加扣分,占100%权重。

3. 奖罚金额

依据本方案评价标准所落实的各类加奖、扣奖金额。

4. 延迟兑现

分指挥部和专业组应得兑现奖励的10%,即（奖励基数 × 考核得分 + 奖罚金额） × 10%。将于检修改造结束6个月后再视装置运行情况予以兑现。

承包商的考核兑现,由设备动力处、工程处组织专业组及各分指挥部,依据其关键指标考核结果、过程控制考核结果以及各类奖罚金额总数,综合确定最终的评价考核结果,并结合预付款、工程决算及保证金结算等途径兑现考核。

五、工作程序

1. 关键指标评价程序

HSE管理处、设备动力处、生产调度处、工程处、保卫处、职防所、工程与设备质量监督管理中心分别对口管理相应的关键指标（详见附件1）,每天监控关键指标日常运行情况,对于指标异常问题及时提出扣分、扣款、否决等评价意见,并于当天18:00以前填表上网;企业管理处负责将当天的关键指标评价情况进行汇总并落实考核,于当天20:00以前将考核结果上网公示。

2. 过程控制评价程序

总指挥部办公室、专业组、分指挥部、总承包商依据《装置检修改造总指挥部专业组考核细则》《装置检修改造分指挥部考核细则》《装置检修改造施工承包商考核细则》所列项目,每天组织监督检查,对检查发现问题提出扣分、扣款、否决等评价意见,并于当天18:00以前填表上网;企业管理处负责将当天的过程控制评价情况进行汇总并落实考核,于当天20:00以前将考核结果上网公示,并同时发布各检修主体的当天考核排名和累计考核排名。

上述评价主体中:

总指挥部办公室重点负责评价各专业组工作绩效;

各专业组重点负责评价分指挥部工作绩效;

各分指挥部重点负责评价总承包商现场组织、现场管理、施工进度、施工质量等方面工作绩效;

总承包商重点负责评价所属分承包商的工作绩效;

企业管理处重点负责汇总评价意见、落实考核统计、排名绩效次序;同时负责分析检修改造过程中存在的共性问题、突出问题、重大问题,并落实对直接责任主体、相关责任主体的考核。

3. 阶段工作处罚程序

总指挥部办公室组织各专业组依据本方案相关标准,提出阶段工作处罚意见,并负责填表上网;企业管理处根据处罚意见建立阶段工作处罚台账,并负责考核落实。

4. 专项奖励工作程序

总指挥部办公室组织各专业组依据本方案相关奖励标准,提出专项奖励意见,并负责填表上网;企业管理处根据奖励意见建立专项奖励台账,并负责考核落实。

5. 考核兑现工作程序

效能监察与绩效考核组依据本方案评价标准、兑现公式以及阶段工作处罚与专项奖励台帐,测算并发布各检修主体的考核兑现额度;各分指挥部、专业组根据所属兑现额度制定奖励分配方案,报总指挥审批同意后落实兑现。

六、其他要求

1. 关于关联考核

依据"定向关联考核"原则,对于检修改造过程中发现的共性问题、突出问题、重大问题,发生在作业环节,管理环节至少关联50%权重;发生在下道工序,有责任的上道工序至少关联50%权重;发生在分指挥部,专业组至少关联50%权重;发生在承包商,分指挥部至少关联50%权重,专业组至少关联25%权重;发生在分包商,总承包商至少关联50%权重,分指挥部至少关联25%权重。

2. 关于检查问题数挂钩

为督促承包商加强对现场问题的自查自纠,对业主查出问题数和承包商查出问题数执行挂钩考核。原则上,承包商自查自纠问题数与业主查出问题数比例不得低于3比1;比例每下降1,扣1分,并落实每天统计、累计扣分。为此,承包商须每天向检修改造信息平台上传自查自纠问题数及明细,并关注信息平台上业主对承包商查出问题数量。

3. 关于本方案与公司绩效考核的关系

既是本方案评价考核指标同时又是公司年度绩效考核指标的,原则上,须依据《公司年度绩效考核管理方案》,落实对相关单位(部门)的绩效考核。

附件 1.8　装置停工检修设备开盖率管理要求

1. 控制设备开盖率的意义

降低设备开盖率是企业设备检修管理水平的重要标志。一是设备开盖率控制可防止过修,降低施工质量或安全风险,减少修理费用支出;二是有利于在有限时间内集中力量抓好重点检修项目管理。

2. 设备开盖率定义

装置停工大检修设备开盖率,是指在装置停工大检修期间,将设备人孔或大盖、端盖、封头等打开进行检验检修改造的设备台数占设备总台数的比例,通常用百分比来表示。

装置停工大检修设备开盖率统计计算方法:

$$P = n/N \times 100\%$$

式中　　P——装置停工大检修设备开盖率。

n——统计范围内装置停工大检修期间开盖检修的设备总台数;

N——对应范围的设备总台数。

如果对设备开盖率按专业门类进行统计,n 为该类设备开盖检修的总台数,N 为该类设备总台数。未在大检修期间实施检修的设备视同为不开盖。

3. 开盖率控制目标与策略

大检修期间设备开盖率 P 宜控制在 65% 以下。具体策略如下:

(1)具备以下特征的设备,必须开盖检修:

需要对内件进行检修改造的设备;

必须开盖才能实施检修、检验的设备;

RBI 分析失效可能性为 4 和 5 的设备;

工艺、生产、安全及设备主管人员通过工艺和运行状况、设备使用状态进行分析,认为必须开盖的设备。

(2)不违背必须开盖要求、具备以下特征的设备,可以不开盖检修:

内件性能或内表面质量状态可靠,可不进行内部检查或检修的设备;

从外部实施检验或检修,可以保证可靠性的设备;

RBI 分析失效可能性为 1 的设备;

RBI 分析失效可能性为 2,风险度为 A 或 B 级风险的设备;

RBI 分析失效可能性为 3,风险度为 A 级风险的设备;

工艺、生产、安全及设备主管人员通过工艺和运行状况、设备使用状态进行分析,认为可以不开盖的。

(3)以下设备视具体情况,参照前述条款和运行维护经验决定是否开盖:

RBI 分析失效可能性为 2,风险度为 C 以上的;失效可能性为 3,风险度为 B 以上的;

上一次大修未开盖的设备;

前述条款不能涵盖的设备。

(4)大机组、机泵和电气设备,在能保证可靠性的前提下,可不开盖。

(5)有备台的一般机泵、生产期间可以停用检修的设备可不开盖。

(6)以下情况应该考虑增加开盖:

从外部检查或检测发现有异常新增缺陷的；同样工艺和材质设备，检修发现有异常腐蚀或内件损坏的；发现问题线索，认为有必要的。

（7）以下情况可以考虑减少开盖：

同一回路设备内部检查，未发现问题；同种结构形式和工艺功能的多台并联设备，内部检查未发现问题。

4. 总结提升

要把开盖率控制措施作为一项重要工作，专门进行并列入检修总结中；总结中要有实际做法、实施效果、经验与问题，改进措施建议。总结要列出相应的数据或图表，使实践活动可比较、可测量。

附件 1.9 停工检修计划编制要求

应本着"应修必修不失修、修必修好不过修"的原则,结合"四年一修"长周期运行要求,申报检修计划。装置停工大修时,修理、更新、技措、节能、隐患治理各类项目集中实施,为此编制计划时,必须充分了解技措改造等投资项目的具体内容,避免与修理项目内容的重复。

检修计划内容应包括:设备位号,项目内容,主要材料及备件、数量、规格,项目费用,费用来源。具体要求如下:

(1)项目内容要尽可能细化,按照检修涉及的工序准确描述,不能出现空白,同时要体现工程量;

(2)材料必须有物资编码、规格型号、材质、标准、数量、价格;

(3)估算项目施工费用时,要结合修理费管理系统估算功能或 ERP"综合单价"功能,做到施工费用预算基本准确;

(4)项目必须符合修理费列支范围的规定,每个项目必须注明费用来源;

(5)建议检修计划细化到工时。

附件1.10 部分设备检修工序参照表

序号	项目	检修工序
1	离心泵	1.拆卸附属管线并检查清扫
		2.拆卸联轴器安全护罩,检查联轴器(弹性块或柱销)
		3.测量转子的轴向窜动量
		4.拆卸检查轴承。轴承箱检查清洗(轴承、密封元件、箱体、泵轴、紧固件)
		5.拆卸密封,机械密封(含轴套、密封元件、轴封水(油))检查
		6.泵头部分(过流部件、轴与叶轮连接件检查、密封元件、间隙调整)检修。测量转子各部位圆跳动和间隙。泵轴、叶轮必要时进行无损探伤与动平衡校验
		7.检查通流部分是否有汽蚀冲刷、磨损、腐蚀结垢等情况
		8.出入管道及管件检查(出入口阀门及逆止阀、膨胀节、大小头等)
		9.基础及地脚检查
		10.更换润滑油
		11.滤网清理
		12.找中心
2	风机	1.拆卸联轴器安全护罩,检查联轴器(弹性块或柱销)
		2.拆卸联轴器或皮带轮及附属管线
		3.拆卸轴承箱压盖,检查转子窜量
		4.拆卸检查轴承及清洗轴承箱
		5.拆卸机壳,测量气封间隙
		6.叶轮清扫检查、平衡试验
		7.出入口管路及管件(阀门、伸缩节、变径)检查
		8.清扫检查机壳
		9.基础及紧固件检查
3	往复泵	1.拆卸联轴器,检查联轴器及对中情况
		2.拆卸附件与附属管线
		3.拆卸十字头组件,检查十字头、十字头销轴、十字头与滑板的配合与磨损
		4.拆卸曲轴箱,检查曲轴、连杆与各部轴承
		5.拆卸泵体上的进、出口阀,检查各部件及密封
		6.拆卸工作缸、柱塞,检查缸与柱塞的磨损情况与缺陷
		7.拆卸减速机盖,检查轴承磨损与齿轮啮合痕迹
		8.检查地脚螺栓

续表

序号	项目	检修工序
4	罗茨风机	1. 拆除风机附件,风机本体检查(壳体、密封、叶轮、间隙调整)
		2. 拆卸齿轮箱,检查齿面及调节齿轮螺栓
		3. 拆卸轴承、轴承箱,检查油封、轴承
		4. 拆卸密封部件,检查迷宫套、动环、静环、O形圈等密封零部件
		5. 消音器(滤网、吸声材料)进口滤网清理
		6. 冷却水管路及管件检查
		7. 出口安全阀检查、校验
		8. 出口管路及管件(阀门、膨胀节、逆止阀)检查
		9. 拆卸联轴节或皮带轮,对轮或皮带轮检查
		10. 润滑油更换
5	真空泵	1. 本体(叶轮外观及探伤检查、阀板、间隙调整)
		2. 轴封检查(填料)
		3. 轴承检查
		4. 联轴器检查
		5. 补水及密封水管路及管件检查
		6. 排空管段检查
		7. 入口管道及管件检查
		8. 基础及紧固件检查
		9. 润滑脂更换
6	塔	1. 人孔拆卸
		2. 通道板拆装
		3. 清扫塔内壁和塔盘等内件。
		4. 检查修理塔体和内衬的腐蚀、变形和各部焊缝
		5. 检查修理塔体或更换塔盘板和鼓泡元件。
		6. 检查修理或更换塔内构件。
		7. 检查修理分配器、集油箱、喷淋装置和除沫器等部件
		8. 检查修理塔设备接管
		9. 检查修理塔设备液位计、温度测量仪表等附属设备
		10. 检查修理塔基础裂纹、破损、倾斜和下沉
		11. 检查修理塔体油漆和保温

序号	项目	检修工序
7	浮头式换热器	1.拆卸与设备相连的接管法兰,加盲板
		2.要求抽芯的换热器拆卸管箱、大帽、小浮头、钩圈
		3.不要求抽芯的换热器拆卸管箱盖板(无盖板的拆卸管箱)大帽、小浮头、钩圈
		4.管束抽芯(更换)
		5.管束机械清洗
		6.检查修理筒体和内衬的腐蚀、变形和各部焊缝
		7.检查管束的腐蚀、变形和管板焊缝
		8.清理检查法兰密封面,必要时进行动力头修复
		9.管箱侧安装试压法兰,浮头侧安装假浮头,对壳体加压查漏
		10.查漏过程中,对漏管、管口漏的换热管进行堵管,必要时进行焊口补焊或换管
		11.拆除试压法兰、假浮头,安装管箱和小浮头,对管程试压
		12.安装大帽,对壳程试压
		13.水冷器牺牲阳极块更换
		14.检查修理筒体油漆和保温拆装
8	U形管换热器	1.拆卸与设备相连的接管法兰,加盲板
		2.要求抽芯的换热器拆卸管箱
		3.不要求抽芯的换热器拆卸管箱盖板(无盖板的拆卸管箱)
		4.管束抽芯(更换)
		5.管束机械清洗
		6.检查修理筒体和内衬的腐蚀、变形和各部焊缝
		7.检查管束的腐蚀、变形和管板焊缝
		8.清理检查法兰密封面,必要时进行动力头修复
		9.管箱侧安装试压法兰,对壳体加压查漏
		10.查漏过程中,对漏管、管口漏的换热管进行堵管,必要时进行焊口补焊
		11.拆除试压法兰,安装管箱,对管程试压
		12.对壳程试压
		13.水冷器牺牲阳极块更换
		14.检查修理筒体油漆和保温拆装

序号	项目	检修工序
9	固定管板换热器	1.拆卸与设备相连的接管法兰,加盲板
		2.拆卸管箱盖板(无盖板的拆卸管箱)
		3.管束在线机械清洗
		4.检查管束的腐蚀和管板焊缝
		5.清理检查法兰密封面,必要时进行动力头修复
		6.对壳体加压查漏、试压
		7.查漏过程中,对漏管、管口漏的换热管进行堵管,必要时进行焊口补焊或换管
		8.安装管箱,对管程试压
		9.水冷器牺牲阳极块更换
		10.检查修理筒体油漆和保温拆装
10	管翅式换热器	1.拆卸与设备相连的接管法兰,加盲板
		2.拆卸管箱盖板(无盖板的拆卸丝堵)
		3.管束在线机械清洗
		4.检查管束的腐蚀和管板焊缝
		5.清理检查法兰密封面,必要时进行修复
		6.对漏管、管口漏的换热管进行堵管,
		7.安装管箱盖板(丝堵),对管程试压
11	全焊接板式换热器	1.拆卸与设备相连的接管法兰
		2.板式换热器整体吊装
		3.盖板拆卸
		4.管束清洗
		5.气密查漏
		6.检查管束的腐蚀情况
		7.清理检查盖板密封面,必要时进行修复
		8.对泄漏的流道进行封堵
		9.分流程试压
		10.检查修理设备油漆和保温拆装
12	板式换热器	1.拆卸与设备相连的接管法兰
		2.板换整体吊装
		3.活动盖板和板片拆卸
		4.板片清洗
		5.垫圈粘贴
		6.A板、B板组装
		7.水压试验

序号	项目	检修工序
13	常压炉和减压炉	1. 拆卸加热炉人孔
		2. 长明灯、火嘴拆除
		3. 炉膛搭设满膛架
		4. 辐射炉管检验,包括炉管支撑件和遮蔽段炉管以及导向管等
		5. 加热炉炉衬检查、维修。
		6. 辐射室炉管表面积灰结垢清理
		7. 打开弯头箱侧盖,拆除保温棉,检验对流管弯头
		8. 燃烧器各部件检查、维修、更换
		9. 检查燃料油、燃料气、雾化蒸汽线及阀门是否有腐蚀、堵塞、泄漏或卡死
		10. 检查人孔、看火门、防爆门、快开风门等的完好状况,视情况修理
		11. 检查、维修和校核加热炉仪表设施,包括氧含量分析仪(包括探头)热电偶(尤其管壁热电偶及套管的焊缝)和负压表(包括探头)等
		12. 检查修理炉体钢结构、劳动保护和附属管线的保温、油漆及腐蚀、损坏情况
		13. 空气预热器管束、管板以及衬里等检查、修理、更换
14	蝶阀	1. 挡板及密封片(积垢、腐蚀、变形)检查
		2. 检查挡板轴、轴封、连动装置(轴承或轴套)
		3. 挡板开关位检查、各挡板叶片同步性调整
		4. 清理补充润滑脂
15	蒸汽吹灰器	1. 跑车机构大修(减速箱、齿条、齿轮、拖链)
		2. 提升阀检查
		3. 高压水管系及管件检查
		4. 蒸汽管路(提升阀前含疏水管路)及管件(含阀门)
		5. 吹枪及套管、密封检查
		6. 喷嘴检查(高压水、蒸汽、低压水)
		7. 密封箱检查
		8. 外部支撑及紧固件检查
		9. 润滑油更换
16	声波吹灰器	1. 检查声波发生器声波导管的腐蚀情况,声波发生器工作是否正常
		2. 检查程控器和控制电缆是否完好,工作是否正常,有无受潮、锈蚀、接触不良、短路等异常情况
		3. 检查配风配汽管线、阀门是否完好
17	激波吹灰器	1. 检查激波发生器和发射喷口的腐蚀、损坏情况
		2. 检查控制部分是否完好正常,有无受潮、锈蚀、接触不良、短路等异常情况
		3. 检查主发生器的燃气,如乙炔和配风系统。重点检查分配器、点火系统、混合器、控制阀等设备、管线、阀门是否工作正常特别是燃气系统阀门有无泄漏

续表

序号	项目	检修工序
18	容器	1. 人孔拆卸
		2. 清扫容器内壁和内件。
		3. 检查修理器壁和内衬的腐蚀、变形和各部焊缝
		4. 检查修理或更换内构件。
		5. 检查修理除沫器等部件
		6. 检查修理塔基础裂纹、破损、倾斜和下沉
		7. 检查修理塔体油漆和保温
19	电动执行机构	1. 外观检查清理
		2. 接线端子、电缆、就地指示、标牌、电缆套管、电池检查
		3. 行程、力矩检查
		4. 绝缘实验
		5. 传动实验
		6. 润滑油检查
		7. 快开试验
		8. 电源检查
		9. 电磁离合器检查
20	气动执行机构	1. 清理
		2. 接线端子、电缆、就地指示、标牌、电缆套管、电池检查
		3. 行程、力矩检查
		4. 绝缘实验
		5. 传动实验
		6. 连接部件检查
		7. 润滑油检查
		8. 事故按钮检查
		9. 远方就地位检查
		10. 电源检查
		11. 气缸、过滤器、滤网、管路疏水、压力表、排气调速及气路严密性检查
		12. 手动传动检查
		13. 电磁阀、定位器检查
21	压力表、液位	1. 清理
		2. 校验

附件1.11　装置停工检修计划横模版

中国石油化工股份有限公司****分公司管理体系
停工检修计划

部门	*****				记录编号 *****			使用单位		编制时间 2016 年 3 月

编号	设备位号	项目内容	物资编码	主要材料及备件 名称、规格与材质	单位	数量	项目估算/元	操作条件 *****			项目总费用（元）*****			备注
								介质	压力/MPa	温度/℃	费用来源（审批号）	联系人	施工单位	
150000 008511 00（008 30009 0031）	重油催化 Ⅰ 催化分馏 塔 T301	Ⅰ 催化分馏塔 T301 检修					43292.72	油气	0.1	300	16XTP18	× × × ×	*****	*****
		[1] Ⅰ 催化分馏塔 T301 检修					0							
		[2] 分馏塔顶油气 线至 E306 处法兰盖 脱开					100							
		[3] 7 只人孔打开：DN500，PN2.5					3500							
		[4] 分馏塔 T301 底 搭架子					3000							
		[5] 1~30 层通道板 打开，直径 5800mm					15000							

续表

部门 *****		主要材料及备件 *****				项目估算/元	操作条件 ******			项目总费用(元) *****			备注 *****
编号	项目内容	物资编码	名称、规格与材质	单位	数量		介质	压力/MPa	温度/℃	费用来源(审批号)	联系人	施工单位	
	[6]卡子补缺，型号：K10-B					1000							
	[7]分馏塔 ADV 浮阀补缺					1200							
	[8]清油泥，舌形塔盘孔，搅拌蒸汽孔疏通					6000							
	[9]通道板 30 层复位，直径 5800mm					7500							
	[10]7 只人孔回装：DN500,PN2.5					3500							
20160301		53070200081296739	内外环缠绕垫 \PN25 DN500 304 304 FG30420610	件	8	1736.72							
20160301		43011200080451633	双头螺栓 \M33×180 35CrMoA/35#GB/T 901	套	30	605.7							
20160301	[11]分馏塔顶油气线至 E306 处排凝法兰盖复位					100							
20160301		53070200084096827	内外环缠绕垫 \PN25 DN80 304304 FG30 420610	件	2	50.3							

编制时间

59

续表

部门	*****								编制时间		操作条件 ******			项目总费用(元) *****			备注 *****
		*****		主要材料及备件 *****													
编号	设备位号		项目内容	物资编码	名称、规格与材质	单位	数量	项目估算/元			介质	压力/MPa	温度/℃	费用来源(审批号)	联系人	施工单位	
15000 00143 3400(0 083000 92162)	镇海重油催化Ⅰ催化第二再生器T203		Ⅰ催化第二再生器T203检修					233596.47			催化剂	0.12	730	16XT025			
			[1] 炉前瓦斯过滤短节拆开,火盆及软管拆开					100									
			[2] F202 人孔 DN700,PN20,1只拆开					150									
			[3] 烧焦罐2层人孔 PN1.6,DN700 人孔1只打开					150									
			[4] PN20,DN800 人孔2只打开:大孔分布板上,脱气罐顶					400									
			[5] PN1.6,DN450 烟气集合管人孔,拆开1只					100									
			[6] 装卸孔拆开2只,DN1800,PN1.6					1200									

续表

部门							编制时间					项目总费用(元)		
编号	设备位号	项目内容	主要材料及备件				项目估算/元	操作条件			费用来源(审批号)	联系人	施工单位	备注
			物资编码	名称、规格与材质	单位	数量		介质	压力/MPa	温度/℃				
		[7]火盆调试,油枪疏通,阀门拆装					100							
		[8]烧焦罐及二再筒体内搭满脚架					80000							
		[9]旋分检查(着色及金相)					8000							
		[10]翼阀更换(2只按图施工)					1200							0.15MPa,催化剂,720℃
	20160301		48114000086742674	翼阀 \A168-Ⅲ 70TZ018/01304	件	2	30000							
	20160301	[11]2只燃料油喷嘴更换					1000							
	20160301		01410200080046837	流体不锈管φ89×8 06Cr19Ni10 GB14976	吨	0.06	1390.77							
	20160301		48050400086742673	燃料油喷嘴φ7075 设63/14 2Cr13	件	2	3000							

续表

部门	编号	设备位号	项目内容	物资编码	主要材料及备件 名称、规格与材质	单位	数量	项目估算/元	介质	压力/MPa	温度/℃	费用来源(审批号)	联系人	施工单位	备注
*****	*****				***** 主要材料及备件	***** 编制时间			****** 操作条件			***** 项目总费用(元)		*****	*****
	20160301		4805040086742675		燃料油喷嘴\φ6575 设63/14 2Cr13	件	2	3000							
	20160301		4805040086742676		燃料油喷嘴\φ4875 设63/14 15CrMo	件	2	3000							
			[12]二再主风分布板更换					10000							
	20160301		4805040086742677		主风分布板\δ=1670-000/02 0Cr18Ni9	件	1	25000							
			[13]配合主风分布板更换,烧焦罐开天窗及部分衬里修补(新主风分布板无法从人孔进入)					10000							计划开1.7×1.2的孔,2.04㎡,加上零星修补共开5m²
	20160301			0391990086006196	隔热耐磨衬里料\QA-212B4 1400kg/m³ 1380℃	t	1	3500							
	20160301			0129020083144419	锅炉和压力容器用钢板\δ=20mm Q345R GB 713	t	0.5	1672.23							

续表

部门 *****					编制时间 *****			操作条件 ******			项目总费用（元）*****			
编号	设备位号/项目内容	物资编码	主要材料及备件 名称、规格与材质	单位	数量	项目估算/元	介质	压力/MPa	温度/℃	费用来源（审批号）	联系人	施工单位	备注
	20160301 [14]二再主风分布板下竖直段衬里凿除重做					3000							直径3.4m，高度1.086m，面积3.14×3.4×1.086=11.59，圆整13m²
	20160301	4801260086188948	锚固钉 \φ12×70~800 Cr13 柱型	件	325	4875							
	20160301	0391990086058718	隔热衬里料 \QA-212 1100kg/m³ 1260℃	t	1.2	3228.2							
	20160301	0391990086058682	耐磨衬里料 \TA-218 3000kg/m³1800℃	t	0.8	7145.3							
	20160301	4801990086201581	端板\50×50×6 0Cr13	件	325	3250							
	20160301	4801990086014434	龟甲网\1.75×20 0Cr13	m²	13	6555.51							
	20160301	0127020086014779	热轧不锈钢板\δ=10mm 304 ASTM A240	t	0.16	2563.69							

续表

部门														
							编制时间 ******		操作条件 ******					
编号	设备位号	项目内容	物资编码	主要材料及备件 ***** 名称、规格与材质	单位	数量	项目估算/元	介质	压力/MPa	温度/℃	费用来源（审批号）	项目总费用（元） 联系人	施工单位	备注
	20160301	[15]二再及旋分衬里修补					2000							
			03919008606575	高耐磨修补料 \HN-1 3100kg/m³ 1790℃	t	0.1	2393.16							
	20160301		48012600 86742637	锚固钉 \φ4×20～30 0Cr18Ni9 Y型	件	200	3000							
	20160301	[16]装卸孔、人孔 衬里挡圈修补					2000							
			01270200 86014499	热轧不锈钢板 \δ=8mm 304 ASTM A240	t	0.2	3199.48							
	20160301	[17]PN1.6DN1800 装卸孔回装2只					0							
	20160301		43011200 8445641	双头螺栓 \M27×270 35CrMoA/35#GB/T 901	套	12	202.32							
	20160301		53111400 83136992	石墨复合垫片 \φ1870× 1804×4.5 304+石墨	件	2	2596.16							
	20160301	[18]DN800 人孔2 只封闭：大孔分布板 上、脱气罐顶					0							

续表

部门 *****				主要材料及备件 *****			编制时间 *****	操作条件 *****			项目总费用(元) *****			备注
编号	设备位号	项目内容	物资编码	名称、规格与材质	单位	数量	项目估算/元	介质	压力/MPa	温度/℃	费用来源(审批号)	联系人	施工单位	
	20160301		43011200800445641	双头螺栓\M27×270 35CrMoA/35#GB/T 901	套	8	134.88							
	20160301		53111400831336992	石墨复合垫片\φ1870×1804×4.5 304+石墨	件	2	2596.16							
		[19]烧焦罐 2 层 PN1.6DN700 人孔 1 只封闭					0							
	20160301		43011200800441539	双头螺栓\M24×170 35CrMoA/35# GB/T901	套	4	38.24							
	20160301		530702008285695959	内外缠绕垫\CL150 DN700 304 304 FG304 SH 3407	件	1	346.43							
		[20]F202 人孔 DN700,PN20,1 只封闭					0							
	20160301		43011200800441539	双头螺栓\M24×170 35CrMoA/35# GB/T901	套	4	38.24							
	20160301		530702008285695959	内外缠绕垫\CL150 DN700 304 304 FG 304 SH 3407	件	1	346.43							

续表

部门	编号	设备位号	项目内容	物资编码	主要材料及备件 名称、规格与材质	单位	数量	项目估算/元	操作条件 介质	压力/MPa	温度/℃	费用来源（审批号）	项目总费用(元) 联系人	施工单位	备注
*****	*****	*****	*****		*****		编制时间 *****		*****				*****	*****	*****
			[21]PN1.6，DN450 烟气集合管人孔，封闭1只					0							
		20160301		4301120080435928	双头螺栓 \M20×160 35CrMoA/35# GB/T 901	套	6	34.8							
		20160301		5307020081292064	内外环缠绕垫 \PN16 DN450 304304 FG304 20610	件	2	377.9							
	15000 00122 9400(0 0083000 88757)	重油催化 I 机 催化烟气轮机 501/1 机附机	重油催化烟机大修					358965.67	烟气	0	600	16XT010	×××		
			[1]保温拆除					2000							
			[2]短节拆除，防倒锥拆除					10000							
			[3]轴承箱盖拆除，轴承瓦拆除，蓄能器拆除					10000							
			[4]转子吊出					10000							

续表

部门 *****			*****	主要材料及备件			编制时间	*****	操作条件			项目总费用(元) *****			备注
编号	设备位号	项目内容	物资编码	名称、规格与材质	单位	数量	项目估算/元	介质	压力/MPa	温度/℃	费用来源(审批号)	联系人	施工单位		
		[5]轴瓦清洗					5000								
		[6]转子清洗,动平衡合格					20000								
		[7]转子回装					10000								
		[8]轴瓦回装					8000								
	20160301		4929060086170188	挡油环 \TP17-45TP17.05.811 ZG2 Cr13	套	1	47008.5								
	20160301		4929060086170224	汽封 \TP17-45TP17.05.810 ZG2 Cr13	套	1	51282.05								
	20160301		4929060086103861	径向瓦块 \TP17-45φ160/TP17.08.950 G组件	套	1	23504.27								
	20160301		4929060086103862	径向瓦块 \TP17-45φ120/TP17.08.970 组件	套	1	25641.03								
		[9]轴承箱回装,蓄能器检修后回装					10000								
		[10]导流锥回装,短节复位,保温复位					10000								

续表

部门 *****	编号 *****	设备位号	项目内容	主要材料及备件 *****				编制时间	操作条件 *****			项目总费用(元) *****		施工单位	备注
				物资编码	名称、规格与材质	单位	数量	项目估算/元	介质	压力/MPa	温度/℃	费用来源(审批号)	联系人		
		20160301		4929060086170322	专用螺栓\TP17-45TP17.05.413GH2132	件	48	20512.8							
		20160301		4929060086170321	专用螺栓螺母\TP17-45TP17.01.405GH2132	套	34	52307.64							
		20160301		0353990086152471	稀土复合保温浆料\130kg/m³	m³	1	1555.56							
		20160301		4929060086737403	螺栓\TP17-45M 24×60/TP17.05.414 GH2132	件	30	18000							
		20160301		4929060086737404	叠片联轴器\TP17-45TGD6-1300 组件	套	1	12000							
			[11]润滑油滤芯更换、漏点消除					3000							
		20160301		4907020086476839	滤芯\D1000-35YLX491/φ115×450/20μm	件	12	4717.92							
			[12]冷油器清洗打压查漏、换垫片					3000							
		20160301		0379020086038759	耐油石棉橡胶板\NY400 δ=3×1500mm	千克(公斤)	30	435.9							
			[13]油路系统单向阀检查					1000							

附件 1.12   检修计划编制策略

附件 1.12.1   安全阀和阀门检修优化策略

一、安全阀校验依据标准

TSG 16—2016《固定式压力容器安全技术监察规程》

TSG R7001—2013《压力容器定期检验规则》

《在用工业管道定期检验规程》(试行)2003 版

TSG ZF001—2006《安全阀安全技术监察规程》

GB/T 12243—2005《弹簧直接载荷式安全阀》

《关于做好安全阀分类管理的通知》津石化设备〔2004〕7 号

二、安全阀检修策略

根据《关于做好安全阀分类管理的通知》津石化设备〔2004〕7 号,各生产单位已将安全阀划分为 A、B、C 类。所有压力容器使用的安全阀及在用工业管道使用的非弹簧直接载荷式安全阀属于 A 类,所有在用工业管道使用弹簧直接载荷式安全阀属于 B 类,除特种设备之外的设备所属的安全阀属于 C 类。A、B 类安全阀要求每年至少校验一次,故制定其各类安全阀校验策略如下:

1. A、B 类安全阀可切出校验的,原则上应在大修前进行校验;

2. A、B 类安全阀未装设前后截止阀且运行中又无法切出的,在大修期间进行校验;

3. 有备台的 A、B 类安全阀,无论是否可切出,应在大修前完成备台校验;

4. C 类安全阀,不安排在大修期间进行校验。

三、阀门检验参考标准

SHS 01030—2004《阀门维护检修规程》

SH 3518—2000《阀门检验与管理规程》

API 598—2009《阀门的检验与测试》

SHS 01004—2004《压力容器维护检修规程》

四、阀门检修策略

1. 阀门大修原则上应尽量进行维修,减少更换阀门的数量,技术条件不允许或无法进行维修的阀门进行更换。

2. 各车间应对本车间需要进行维修的阀门进行统计,按重要及危害程度进行分类排序;

3. 涉及到装置出现紧急情况,影响系统紧急切出的关键阀门,应优先安排维修或更换;

4. 发现泄漏的阀门,在运行中可以切出的,在运行中进行维修;

5. 发现泄漏的阀门,在运行中无法切出的,在大修期间进行维修;

6. 对于焊接连接的阀门,出现泄漏的,建议在现场进行维修,减少拆装阀门的工作量;

7. 对于填料或密封出现泄漏的阀门,应进行统计,提前做好相应备件;

8. 重要关键阀门出现泄漏的,应对泄漏情况进行初步判断,如确认维修困难或无法维修的,应做备件准备。

附件 1.12.2　常压储罐全面检验策略

为了能够合规、经济、及时按质按量顺利完成 2012 年天津石化大修检验任务,结合天津石化现有储罐状况,特制订本常压储罐检验策略。

1. 主要检验依据

(1) SHS 01012—2004《常压立式圆筒形钢制焊接储罐维护检修规程》

(2) GB/T 11344—2008《接触式超声波脉冲回波法测厚》

(3) JB/T 4730—2005《承压设备无损检测》

(4) JB/T 10765—2007《无损检测常压金属储罐漏磁检测方法》

(5) SB 1—2003《储罐底板漏磁检测方法》

(6) 相关设备制造文件、合同或协议要求项目等

2. 检验策略

依据常压储罐盛装介质特性、材质、使用年限、壁厚、历次检验结果汇总等。对储罐分 A、B、C、D 四大类,分类进行检验项目的设置。

2.1　储罐分类原则

(1) A 类储罐:

①具有强腐蚀性介质的(如酸、碱、胺等),或与介质与储罐材质组合有较强腐蚀性的储罐;

②使用中介质硫含量曾超标的。

(2) B 类储罐:

①使用年限超过 15 年的原油、注入油、香花油、燃气油、对二甲苯、重芳烃、石脑油、渣油储罐,且未整体更换过底板的;

②使用年限超过 20 年的除上述介质的储罐。

(3) C 类储罐:

①使用年限在 10 ~ 15 年的原油、注入油、香花油、燃气油、对二甲苯、重芳烃、石脑油、渣油储罐;

②使用年限在 10 ~ 20 年的除上述介质的储罐。

(4) D 类储罐:

①使用年限小于 10 年的储罐。

2.2　每类设备主要检验手段及比例

常压储罐检验项目如附表 1.12.2.1 所示。

(1) A 类储罐检验要求:

①内外部 100% 宏观检查(接管、人孔及排污孔为重点),罐底、罐壁、罐顶壁厚测定;

②对罐底焊缝进行表面无损检测抽查,抽查比例为 20%,以 T 型焊缝为主,对接管角焊缝进行 100% 表面无损检测;

③对使用中介质硫含量曾超标的储罐的罐顶及接近罐顶的上层壁板做重点检查,加大测厚比例,采用有效手段进行整体腐蚀损失检查。

(2) B 类储罐检验要求:

①内外部 100% 宏观检查,着重注意罐顶腐蚀,罐底防腐层脱落状况检查;注意对罐壁液位经常波动部位进行腐蚀检测。

②罐底、罐壁、罐顶壁厚测定;

③罐底进行100%漏磁检测;

④有加热盘管的重点关注加热盘管支脚垫板下腐蚀泄漏状况;

⑤罐底焊缝10%表面无损检测抽查;

(3)C类储罐检验要求:

①内外部100%宏观检查,重点检查防腐层完好状况;

②壁厚测定:罐底、罐壁、罐顶壁厚测定;

③对罐底中幅板进行50%漏磁检测抽查;

(4)D类储罐检验要求:

①内外部100%宏观检查,重点检查防腐层完好状况;

②壁厚测定。

2.3 其他检验要求

(1)罐壁超声波无损检测:对于容积小于20000m³的,只抽查下部一圈,容积大于或等于20000m³的抽查下部2圈,抽查焊缝长度不小于该部位纵焊缝总长的10%,其中T型焊缝占80%;

(2)对于本策略与相关法规检验有冲突的,以相关法规规定为准。

附表1.12.2.1 常压储罐检验项目汇总表

类别	宏观检测	壁厚测定	漏磁检测	超声检测	表面无损	其他
A类	宏观检查以接管、人孔及排污孔为重点		—	对于容积小于2m³的,只抽查下部一圈,容积大于或等于2m³的抽查下部2圈,抽查焊缝长度不小于该部位纵焊缝总长的10%,其中T型焊缝占80%	罐底焊缝进行表面无损检测抽查,抽查比例为20%,以T型焊缝为主,对接管角焊缝进行100%表面无损检测	对使用中介质硫含量曾超标的储罐的罐顶及接近罐顶的上层壁板做重点检查,加大测厚比例,采用有效手段进行整体腐蚀损失检查
B类	着重注意罐顶腐蚀、罐底防腐层脱落状况检查	罐底、罐顶每块板2点管壁沿盘梯每层2点	罐底100%		罐底焊缝10%表面无损检测抽查	有加热盘管的重点关注加热盘管支脚垫板下腐蚀泄漏状况;注意对罐壁液位经常波动部位进行腐蚀检测
C类	宏观重点检查防腐层完好状况		罐底中幅板进行50%漏磁检测抽查		—	—
D类	宏观重点检查防腐层完好状况		—		—	—

71

附件 1.12.3　电气设备检修优化策略

首先排出每个变电站的重要程度,以此决定检修的范围和深度。变电站应分为:枢纽和中心变电站、关键装置变电站(如化工部动力站变电站)、重要装置变电站、一般装置变电站、非装置变电站。根据以下优化原则完善电气设备"三定"台账,制定不同电气设备设施的"三定"周期和内容。

1. 装置大修不安排的电气项目

非重要场所的电气设备和设施一律不列入大修计划中,并合理延长日常检修和预防性试验的周期,追求状态检修和机会检修策略。如办公供电系统、照明系统、检修电源系统、电容器、有机会检修机会的电气设备以及在装置正常运行时可以倒停分区检修且对生产影响不大的供电系统等(如有的罐区等供电系统、可以间歇停运的装置等)。

日常能够进行状态检修的电气设备和设施不列入大修范围。

2. UPS

给关键生产装置和重要装置供电的 UPS 应尽量全部安排清扫、维护,并根据实际运行状况、运行时间和以往检修维护情况,确定合理的检修维护深度,如更换部分卡件、更换电容、更换风扇、更换电池和进行必要的功能试验,确保装置大检修后安全运行。

其他非生产装置的 UPS 不在大修期间安排检修,列入日常维护.

3. 直流系统

直流系统的维护检修周期和内容应严格执行相关规程和公司的电气设备管理制度,但对于配置双套直流的系统,应尽量在安排日常检修,减少大检修的检修维护量。

4. 开关设备

枢纽和中心变电站、关键装置变电站和没有机会检修的重要生产装置变电站开关设备的母线、二次以及和母线直接连接部分(也即平常不能停电部分),应在装置停工检修期间全部进行检查、清扫、维护、端子及螺栓紧固,并做好三级确认,确保质量。

枢纽和中心变电站、关键装置变电站和重要生产装置变电站的进线、母联、分段以及变压器的断路器应结合其档次、日常的运行维护状况和运行年限,进行必要的机构检查、维护、传动和相关试验。

电动机断路器的试验、传动和机构维护应安排一部分日常项目,尽量减少大修工作量。

低压回路的配电单元(平常能够停电部分)也应根据重要程度安排一部分日常项目,减少大修工作量。

其他非生产装置或能倒停且不会对生产装置造成威胁的开关柜原则上不在大修期间安排检修,并以状态检修为主。

5. 变压器

枢纽和中心变电站、关键装置的变压器应按照规程要求进行相应的预防性试验,并根据以往的电气"三定"检修试验情况、运行时间、运行状况等,合理安排状态检维修和失效检维修。

其他生产装置变电站的变压器应根据各种情况,可以进行直阻、瓦斯或压力继电器等关键预试项目,其他检修原则上只进行状态和根据失效情况适当安排检维修。

枢纽和中心变电站、关键装置变电站和重要生产装置的变压器一、二次连接部分必须进行全面的检查紧固,特别是瓦斯继电器和现场二次端子箱等的检查、清扫和紧固。

非生产装置变压器或有机会检修的变压器大修期间不安排项目。

6. 电动机

电动机的检修项目是电气大修项目优化的重点,应根据日常的运行状况、日常的检维修情况、重要程度等安排检修,推行状态检修,对于重要电机大修期间可适当安排预防性检查维修。

其他非主要工艺的电动机尽量安排日常检维修,并以状态维修为主。

7. 电力电缆

系统电力电缆、关键生产装置和重要生产装置的电源及变压器电缆大修期间宜采取预防维修策略,按照规程进行相应预防性试验,并检查电缆头和紧固端子。

不检修电机的电缆原则上只进行电缆头的检查和端子紧固,大修期间尽量不安排预防性试验。

8. GIS 开关设备

GIS、C-GIS 应按照制造厂建议和实际运行缺陷进行相应的小修或大修项目,新投用第一次检修的应全面进行传动试验等。

9. 架空线路

应根据实际运行状况和运行年限安排状态检修。

10. 避雷器

防雷电的避雷器应严格按规程执行相关试验,其他避雷器应和开关设备一起进行。

11. 保护装置及自动装置

枢纽和中心变电站、关键装置和重要装置变电站的进线、母联、变压器、重要馈出等的保护和自动装置应严格按照相关规程和公司电气设备运行管理制度,利用装置大检修的机会进行校验、传动和全面的清扫及端子紧固,以满足相关规程的周期要求。

继电保护装置可以根据重要程度、使用年限及情况,择机更换。

电动机和电容器等的保护随主设备一起进行校验和传动,对于使用年限不长,新安装后经过一次检验的,可以适当延长保护本体的检验周期。

12. 变频器、绝缘子等设备及其他附件

应随主设备一起进行检修及试验。

附件 1.12.4 动设备检修优化策略

一、离心压缩机、透平、风机、螺杆压缩机

1. 有备台在生产运行中可切换的不修。

2. 无备台间歇运行可切出运行系统的不修。

3. 空冷器风机、循环水风机检修应选在气温较低时检修。

4. 有重大隐患,需更换大型部件的,在装置停车大修期间检修。

5. 无备台连续运行压缩机介质无结焦无腐蚀,现运行振动值较小、振值稳定,上各大修周期开盖大修无隐患的,只检修轴承和密封。

6. 无备台连续运行压缩机介质有结焦可能、有腐蚀可能、振动值有增大趋势的开盖检修。

7. 驱动3、4项运行的透平开盖检修。

二、往复压缩机

1. 有备台在生产运行中可切换的不修。

2. 无备台间歇运行可切出运行系统的不修

3. 无备用连续运行的压缩机检修在装置停车大修期间。

4. 有重大隐患,需更换大型部件的,在装置停车大修期间检修。

5. 原有备台的在运行中因不能满足生产负荷需备台并联运行的在装置停车大修期间检修

三、泵设备

1. 泵类设备原则上在在装置停车大修期间不进行检修。

2. 特殊部位、结构复杂、检修时间较长的可安排在在装置停车大修期间检修。

3. 进出口阀关闭不严且运行中存在隐患的在装置停车大修期间检修。

4. 原有备台的在运行中因不能满足生产负荷需备台并联运行的在装置停车大修期间检修。

四、其他

1. 热电汽轮机、发电机的检修安排可根据本部门的具体情况自行确定,原则上在装置停车大修期间不安排检修。

2. 挤压造粒机组视运行情况及运行周期确定装置停车检修期间的检修范围和检修规模。

3. 对未提及的设备参照上述设备检修原则执行。

附件 1.12.5　压力管道全面检验策略

按照合规和经济的原则,对压力管道分类制订全面检验策略。

一、主要依据

(1)《特种设备安全监察条例》

(2)TSG D0001—2009《压力管道安全技术监察规程》

(3)TSG D5001—2009《压力管道使用登记管理规则》

(4)《在用工业管道定期检验规程》(试行)

(5)JB/T 4730—2005《承压设备无损检测》

(6)GB/T 11344—2008《接触式超声波脉冲回波法测厚》

二、压力管道检验策略

(一)一般原则

一般原则按《在用工业管道定期检验规程》执行,GC1级、GC2级 GC3级压力管道无损、测厚部位及比例见附表1.12.5.1。金相和硬度检验按《在用工业管道定期检验规程》之第三十一条、第三十二条执行。

附表 1.12.5.1　弯头、三通和直径突变处测厚抽查比例

管道级别	GC1	GC2	GC3
每种管件的抽查比例	≥50%	≥20%	≥5%

其中不锈钢管道、介质无腐蚀性的管道可适当减少测厚抽查比例,管件原则上按照5%的比例检测。

GC1、GC2级管道焊接接头的超声波或射线检测抽查比例见附表1.12.5.2。

附表 1.12.5.2　管道焊接接头超声波或射线检测抽查比例

管道级别	超声波或射线检测比例
GC1	焊接接头数量的15%且不少于2个
GC1	焊接接头数量的10%且不少于2个

第三十一条　下列管道一般应选择有代表性的部位进行金相和硬度检验抽查。

(1)工作温度大于370℃的碳素钢和铁素体不锈钢管道;

(2)工作温度大于450℃的钼钢和铬钼钢管道;

(3)工作温度大于430℃的低合金钢和奥氏体不锈钢管道;

(4)工作温度大于220℃的输送临氢介质的碳钢和低合金钢管道。

第三十二条　对于工作介质含湿 H_2S 或介质可能引起应力腐蚀的碳钢和低合金钢管道,一般应选择有代表性的部位进行硬度检验。当焊接接头的硬度值超过 HB200 时,检验人员视具体情况扩大焊接接头内外部无损检测抽查比例。

(二)压力管道检验特殊要求

根据管道具体情况,压力管道检验项目及比例在不违反《在用工业管道定期检验规程》

前提下,适当增减。对于进行过 RBI 分析的管道,依照 RBI 评估给出的检验策略进行检验。

　　压力管道检测部位除《在用工业管道定期检验规程》规定的弯头、三通和直径突变处之外,还包括:GC1、GC2 管道的仪表接管、盲堵、排凝管、安全阀接管等接管,接管按管件测厚比例测厚,且不少于一个,GC3 的检验量由作业部与检验单位协商确定。测厚布点按附录 2 执行。

　　往复压缩机承受疲劳载荷碳钢接管焊缝进行 100% MT,不锈钢接管焊缝进行 100% PT。

　　考虑了特殊检验要求的压力管道检验策略见表 3。

　　发现管道壁厚有异常情况时,应在附近增加测点,并确定异常区域大小,必要时,可适当提高整条管线的测厚抽查比例。

　　超声波或射线检测抽查时若发现安全状况等级 3 级或 4 级的缺陷,应增加检查比例。

　　下次检验周期:原则上不低于 5 年。

　　安全状况等级判为 3 级及以下的管线,要提出更换或修理建议,并经各作业部确认。

　　执行本策略时若与相关法规标准冲突,则以《在用工业管道定期检验规程》(试行)为准。

　　附表 1.12.5.3 给出压力管道全面检修方案示例。

附表 1.12.5.3　压力管道检验策略一览表

序号	管道分类	检测项目比例				检测部位
		测厚	RT	UT	其他	
1	高压临氢管道（CrMo钢、不锈钢、碳钢，工作温度大于220℃，设计压力大于10MPa）GC1，GC2 有腐蚀	按规程下限	按规程下限	—		测厚选择受冲刷部位管件及其连接直管段。探伤及理化选择处于生产流程要害部位的管段以及与重要装置或设备相连接的管段；支吊架损坏部位附近的管道焊接接头；使用中发生泄漏的部位附近的焊接接头。
2	高压临氢管道（CrMo钢、不锈钢、碳钢，工作温度大于220℃，设计压力大于10MPa）GC1，GC2 无腐蚀	5%	按规程下限	—		同上
3	中压临氢管道（CrMo钢、碳钢，工作温度低于220℃，设计压力大于1.6MPa）GC2 有腐蚀	按规程下限	按规程下限	—		同上
4	中压临氢管道（CrMo钢、碳钢，工作温度低于220℃，设计压力大于1.6MPa）GC2 无腐蚀	5%	按规程下限	—		同上
5	高温烃类管道（CrMo钢、不锈钢，工作温度大于430℃）GC2 有腐蚀	按规程下限	按规程下限	—		同上
6	高温烃类管道（CrMo钢、不锈钢，工作温度大于430℃）GC2 无腐蚀	5%	按规程下限	—		同上
6	高温烃类管道（CrMo钢、不锈钢，工作温度大于240℃-430℃）GC2 有腐蚀	按规程下限	按规程下限	—		同上
7	高温烃类管道（CrMo钢、不锈钢，工作温度大于240℃-430℃）GC2 无腐蚀	5%	按规程下限	—		同上
8	高温烃类管道（碳钢，工作温度大于370℃）GC2	按规程下限	按规程下限	—		同上
9	高温烃类管道（碳钢，工作温度大于240℃）GC2	按规程下限	按规程下限	—		同上
10	低温烃类管道（低于100℃碳钢）GC2	按规程下限	按规程下限	—		同上

序号	管道分类	检测项目比例				检测部位
		测厚	RT	UT	其他	
11	高温油气管道（低于130℃碳钢）GC2	按规程下限	按规程下限	—		同上
12	高温油气管道（高于450℃ CrMo 钢）GC1	按规程下限	按规程下限	—		同上
13	蒸汽凝液管道（碳钢）GC3	按规程下限	—	—		同上
14	蒸汽管道（碳钢）（高压、中压）GC2	按规程下限	按规程下限	—		同上
15	循环水管道（碳钢）GC3	按规程下限	—	—		同上
16	工艺酸性水管道（碳钢）GC3	按规程下限	—	—		同上
17	酸性气管道（碳钢）GC3	按规程下限	—	—		同上
18	含硫污水管道（碳钢）GC3	按规程下限	—	—		同上
19	冷焦水管道（碳钢）GC2	按规程下限	按规程下限	—		同上
20	贫胺液管道，（碳钢）GC2	按规程下限	按规程下限	—		同上
21	富胺液管道，（碳钢）GC2	按规程下限	按规程下限	—		同上
22	（含溴醋酸）TA 水溶液管道（高温高压，不锈钢）GC1，新换、刚测厚	80%	按规程下限	—		同上
23	（含溴醋酸）TA 水溶液管道（不锈钢）GC2	按规程下限	按规程下限	—		同上
24	使用年限超过15 年的管道 GC1、GC2	50%	按 GC1 下限	—		同上
25	使用年限超过15 年的管道 GC3	20%	—	—		同上
26	使用年限超过 20 年的管道	按 GC1 下限	按 GC1 下限	—		同上
27	热电使用年限超过 20 年的蒸汽管道 GC2	按规程下限	—	10%		同上
28	热电三翔蒸汽管道 GC2	5%	—	—	50% MT	同上
29	其他压力管道，有腐蚀	按规程下限	按规程下限	—		同上
30	其他压力管道，无腐蚀	5%	按规程下限	—		同上

附件 1.12.5.1　压力管力管道全面检验方案

部　　　　　车间压力管道全面检验方案

2011 年 2 月 14 日

序号	管道名称	管道编号	管道级别	焊口数量	弯头数量	保温/绝热	检验项目										操作条件			管道材质	管道规格	投用日期	辅助工作		备注
							测厚管件	宏观	RT	UT	MT	PT	金相	硬度	安全装置	压力试验	压力/MPa	温度/℃	介质				拆保温	搭架子	
1	原油	01－G－0106	GC	86	43	保温	9	∨	9								2	350	原油	20#	DN250	1978.10	∨	待定	
2	原油	01－G－0107	GC	13	6	保温	2	∨	2								2	350	原油	20#	DN200	1978.10	∨	待定	

附件 1.12.5.2 管件测厚点部位图

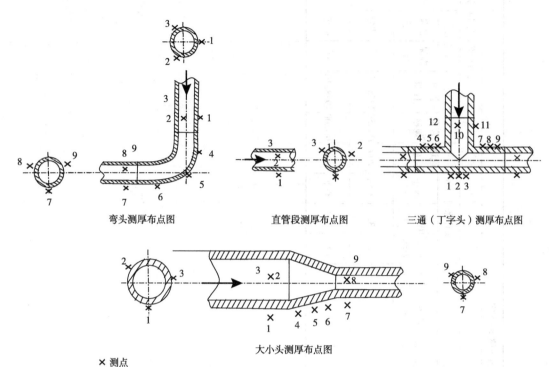

弯头测厚布点图　　　　直管段测厚布点图　　　　三通（丁字头）测厚布点图

大小头测厚布点图

× 测点

注:①测点布号原则:直管段上的 3 个测点相隔 120°;弯头以上游直管段外弯侧作始点,弯头测点都在外侧,编号
　　依次为 4、5、6。其他类推。
　　②以上图中编号为统一编号,增加测点时另编号。

附件1.12.6 管式加热炉炉管检验优化策略

本策略适用于管式工业加热炉(含裂解炉、热媒炉)。

1. 管式加热炉炉管检验依据标准:

SHS 01006—2004《管式加热炉维护检修规程》

SHS 03001—2004《管式裂解炉维护检修规程》

《中国石化炼化企业设备防腐管理规定》

《有机载体炉安全监察规程》

SHS 01006—2004《管式加热炉维护检修规程》规定:临氢炉管、易结焦介质炉管及连续运行4~5年以上炉管,在常规检查发现异常时,应进行焊缝射线检查,必要时应做金相检查。

SHS 03001—2004《管式裂解炉维护检修规程》规定:抽查10%以上的弯头壁厚;对10%以上的焊缝无损检测,逐年提高抽查比率,并注意检测直管段是否有裂纹产生。裂解炉运行3~4万小时后,应每年检测一次炉管蠕胀和伸长。同时应开始对管壁和弯头的裂纹进行逐年检测;使用时间超过8万小时的炉管,可取一段进行破坏性检查和寿命预测。

《中国石化炼化企业设备防腐管理》规定:加热炉炉管应做全面测厚检查,每根炉管至少应有3个测厚点。按蠕变设计的炉管应测量外径或周长。测量位置在火焰高度2/3的迎火面。

《有机热载体炉安全监察规程》规定:受热面管的对接焊缝应进行射线探伤抽查,其数量为:辐射段不低于接头数的10%,对流段不低于5%。抽查不合格时,应以双倍数量进行复查。

2. 管式加热炉分类以及检验项目

(1)加热炉管检验一般应包括:资料审查、宏观检验、测厚及尺寸测量。资料审查包括设计运行资料、改造资料、历次检验报告;对所有加热炉管进行宏观检验,主要检查炉管开裂、泄漏及变形;辐射段和对流段炉管应做全面测厚检查,每根炉管至少选三处,位置为弯头及两侧直管段,每处应有3个测厚点;按蠕变设计的炉管应测量外径或周长,其他进行抽检5%-10%,测量位置在火焰高度2/3的迎火面。上述工作可以和腐蚀调查中相关工作一体化进行。

对流段炉管在测厚检查中发现问题的,应根据情况增加其他检验项目。运行时间超过10年壁厚小于6mm、运行时间超过15年壁厚小于8mm、材质为碳钢炉管,除了对弯头进行测厚外,可以考虑解剖一个弯头,对内部进行检查。对于乙烯裂解炉,对流段下部翅片管宜抽出1~2根进行检验,确认是否存在泄漏减薄。

(2)其他检验项目的确定,本着合规和经济的原则,根据工艺以及运行状况,按照危险程度将加热炉分为A、B、C三类,A类为重点检查检验,B类根据需要适当安排无损检测,C类原则上不安排无损检测。

A类:

(1)炉管运行时间超过10年,辐射段炉管:抽5%的焊缝且不少于10道焊缝进行无损检测,同时抽1~2个部位金相,并进行不少于10部位的硬度检查;炉管运行时间超过15年的建议10%的焊缝且不少于20道焊缝进行无损检测,同时抽2~3个部位金相以及不少于20

个部位的硬度检验;金相硬度测量位置在火焰高度 2/3 的迎火面,并结合红外检测结果,尽可能各路抽取,优先抽取有焊缝部位。炉管运行 25 年以上的,建议截取一段壁温高部位的直管进行力学性能试验。

(2)介质为临氢介质的加热炉,运行温度在 450℃ 以上,运行时间超过 4 年。

辐射段炉管:20% 且不少于 10 道焊缝射线检测,根据需要可以在高温部位抽做 2 个部位金相以及不少于 10 个部位硬度检验,选取位置可参考红外检测结果,同时建议每路直管抽取一根进行外径尺寸测量。

(3)介质易结焦加热炉,且长时间结焦比较严重。

辐射段炉管:抽查 6~8 个部位金相和表面硬度检验。检测位置在火焰高度 2/3 的迎火面、介质出口、结焦部位,位置确定依据红外检测结果,尽可能各路抽取,优先抽取有焊缝部位。在金相检测部位进行外径尺寸测量。

(4)炉膛温度在 1000℃ 以上。6 台裂解炉,2 台制氢炉。

裂解炉辐射段炉管:宏观检验,着重检查焊缝气孔和裂纹,并注意检查直管段是否有裂纹产生。对 10% 以上的焊缝射线检测。裂解炉运行 3~4 万小时后,应进行 5% 的炉管蠕胀和伸长测量,同时在宏观检验中发现异常蠕胀处抽测 2 个部位进行金相检测,并加射线检测。使用时间超过 8 万小时的炉管,建议取一段进行破坏性检查和寿命预测。

2 台制氢炉辐射段炉管:进行 100% 爬壁超探。建议对集合管和下尾管进行宏观检验以及尺寸抽查,并进行 4 个部位金相、硬度抽检。

(5)有过燃烧状况差,舔烧炉管频繁的加热炉;以前检验发现问题的加热炉。

燃烧状况差的大芳烃 F401 辐射段炉管:建议对舔烧部位割一段直管进行力学性能试验。同时抽查 5 个部位金相以及硬度检测。检测位置在火焰高度 2/3 的迎火面、火焰经常舔烧部位,检验位置的确定依据红外检测结果,尽可能各路抽取,优先抽取有焊缝部位。

以前检验发现问题的加热炉,对以前出现问题的应进行相应的复测,并与以前检验结果进行对比。

B 类:

(1)炉管运行时间超过 4 年但不足 10 年,抽查 5 道焊缝射线检测。

(2)介质为临氢介质的加热炉,运行时间不足 4 年。抽查 5 道焊缝射线检测。

(3)介质易结焦加热炉,结焦不严重,没有超温运行。根据需要可以安排炉管进行 2 个部位金相和硬度抽查。

(4)炉膛温度在 700℃ 以上或炉管表面温度有超过 450℃,材质为 20#。根据需要安排炉管进行 2 个部位金相和硬度抽查。

B 类加热炉辐射段炉管:在常规检查发现异常时,应进行焊缝射线检查,必要时应做金相检查。位置在火焰高度 2/3 的迎火面,并结合红外检测结果。

C 类:

其他加热炉,应检查其设计制造资料,制造时的返修部位应进行射线检测复查。

C 类加热炉辐射段炉管:在常规检查发现异常时,应进行焊缝射线检查,必要时应做金相检查。位置在火焰高度 2/3 的迎火面,并结合红外检测结果。

附录　全公司管式加热炉分类

A 类:

炼油部　1#焦化 F101/1、F101/2

　　　　1#柴油加氢 F101

　　　　汽柴油加氢 F101、F102

　　　　制氢 F102、F202

　　　　1#加氢裂化 F101、F102、F201、F202、F501

　　　　1#常减压 F101

化工部、烯烃部所有加热炉

　　B 类：

炼油部　蜡油加氢 F101、F102

　　　　2#加氢裂化 F-101

　　　　2#柴油加氢 F-101、F-201

　　　　重整抽提装置 F-101、F-201 ～ F-204

　　　　航煤加氢 F-101

　　　　2#延迟焦化 F-101A、F-101B

　　　　硫磺回收 F-301

　　　　2#常减压 F101、F102

　　C 类：

炼油部　3#套常减压 F-101、F-201

　　　　2#加氢裂化 F-201、F202

　　　　重整抽提装置 F-102、F-401

附件 1.12.7　炼油装置腐蚀调查优化策略

一、腐蚀调查方案的编制

1. 腐蚀调查方案编制依据

(1)中石化文件《关于加强炼油装置腐蚀检查工作的管理规定》

(2)中石化文件《加工高含硫原油装置设备及管道测厚管理规定》

(3)《石油化工厂设备检查指南》,中国石化出版社

(4)装置设备、运行台账

2. 方案编制要求

(1)资料收集

①设计数据:设计图纸、计算方法,设备及管线的设计寿命、允许的最小壁厚等;

②安装数据;

③历年检修、抢修记录以及防腐蚀检查情况的记录;

④开停工记录;

⑤腐蚀介质及含量:物流、助剂的性质,特别是物流中硫、氯离子、氧等腐蚀性介质含量;

⑥工艺条件: 操作压力、温度等变化情况;

⑦在线腐蚀监测数据: 定点测厚数据、物流腐蚀性分析数据、腐蚀探针数据等;

⑧国内外同类装置腐蚀事故资料及防腐蚀经验。

(2)方案的内容

包括腐蚀检查对象、检查方法、人员要求及分工、质量和安全保证措施、腐蚀现象描述,以及收集腐蚀产物并分析、典型腐蚀形貌拍照等。

另外,根据安保部门的要求,编写 HSE 管理方案。

二、装置腐蚀检查策略

1. 分类检查原则

依据装置的腐蚀类别、工艺介质的腐蚀性、设备管线的使用年限、工作温度、材质及可能产生的失效模式及失效后果,结合历次检修和运行情况将装置分成三大类进行检查,突出重点兼顾全面。进行压力容器、压力管道检验的设备可以减少筒体、管线的测厚,引用相关测厚数据。

2. 装置分类

依照装置的腐蚀类别、工艺介质的腐蚀性、装置重要性、运行腐蚀程度和总部装置分类指导原则,将公司炼油、化工装置进行分类。

一类装置

1#常减压装置、2#常减压装置、3#常减压装置、1#焦化装置、2#焦化装置、1#加氢裂化装置、2#加氢裂化装置、溶剂再生装置制氢装置、脱硫制硫装置、污水汽提装置、PTA 装置

二类装置

催化裂化装置、柴油加氢装置、汽柴油加氢装置、重整抽提装置、PX 装置、航煤加氢装置

三类装置

气分装置、小 PX 装置、乙烯装置、聚乙烯装置、聚丙烯装置、乙二醇装置、油品车间、仓储车间、动力和公用工程

3.重点检查的设备和管线

按照装置重要性分类和设备、管线重要程度结合历次腐蚀调查结果反馈和装置运行中出现的腐蚀情况,建议如下设备、管线作为重点检查的设备和管线:

常减压装置常压、减压塔,溶剂再生装置再生塔及塔底重沸器,加氢裂化装置反应器和高压分离系统,焦化装置焦化塔,催化裂化装置分离系统和油浆管线,制氢装置酸性水管线,污水汽提装置塔顶酸性气系统。

①使用 10 年以上和运行期间无法检测的管线;

②使用 5 年以上和运行期间无法检测的高温、高压管线;

③低于选材导则要求的设备、管线;

④运行过程中出现严重腐蚀的设备、管线。

4.检查策略

一类装置和新建装置设备和重点管线全部按腐蚀调查技术要求进行检查(冷换设备壳体除外)。

二类装置重点设备和管线、设备内件、塔、反应器、容器接管全部按要求检查(冷换设备壳体除外),特别是各类设备小接管要进行测厚检查,其他设备、管线本次检修建议不进行专业腐蚀检查,由装置组织工艺、设备技术人员联合自查。

三类装置重点设备、管线、运行中出现严重腐蚀问题的设备管线和使用 10 年以上的设备接管,其他设备、管线本次检修建议不进行专业腐蚀检查,由装置组织工艺、设备技术人员联合自查。

三、装置腐蚀检查的实施

1.各类设备及管道腐蚀检查的主要内容

(1)冷换设备

检查部位主要有管板、管箱、换热管、折流板、壳体、防冲板、小浮头螺栓、接管及联接法兰等。检查重点:

①易发生冲蚀、汽蚀的管程热流入口的管端、易发生缝隙腐蚀的壳程管板和易发生冲蚀的壳程入口和出口;

②容易产生坑蚀和缝隙腐蚀、应力腐蚀的靠近入口侧管板的换热管管段;

③换热管测厚抽查;对外观腐蚀严重的管束抽取 2~5 根打磨测厚;

④外观检查空冷管束翅片结垢和变形脱落情况,构架、风筒的腐蚀情况,叶片的裂纹;

⑤空冷器管束可采用内窥镜每组抽取 1~3 根检查,发现严重问题的采用内管涡流探伤或管内喷水型探头超声波探伤进行检查;

(2)加热炉

①检查炉管、弯头、对流室钢结构、吹灰蒸汽管线、炉体、烟囱钢结构和附属管线等部位的腐蚀状况、保温状况及内防腐蚀涂料状况等;

②检查炉管内结焦的情况(可通过敲击炉管或采用内窥镜检查出口阀进行检查);

③对临氢炉管、介质易结焦炉管、表面氧化剥皮严重的炉管及连续运行 6 年以上的炉管,必要时做金相检查、焊缝射线检查、表面硬度抽查或其他检测;

④加热炉的炉管应做全面测厚检查,每根炉管至少应有 3 个测厚点;

⑤按蠕变设计的炉管,应测量外径或周长。测量位置在火焰高度 2/3 的迎火面处;

⑥对对流室尾部易发生露点腐蚀的部位进行外观检查及测厚;

⑦加热炉筒体的每一圈板都应进行测厚,检查高温烟气及露点腐蚀情况。对炉膛衬里破损处应扩大检查。

(3)塔器、容器

检查部位包括封头、筒体内外表面的腐蚀状况、防腐层、绝热层及金属衬里、接管法兰、内件;

重点检查以下部位:

①积有水分、湿汽、腐蚀性气体或汽液相交界处;

②物流"死角"及冲刷部位;

③焊缝及热影响区;

④可能产生应力腐蚀以及氢损伤的部位;

⑤封头过渡部位及应力集中部位;

⑥可能发生腐蚀及变形的内件(塔盘、梁、分配板及集油箱等);

⑦接管部位;

⑧对金属衬里应检查有无腐蚀、裂纹、局部鼓包或凹陷;对衬里严重腐蚀或开裂的部位应检查母材的腐蚀状况。

(4)反应器

①检查部位:壳体、内衬里、堆焊层、塔盘和其他受压元件、接管;热电偶凸台角焊缝、高压紧固螺栓;

②对衬里应重点检查内衬里(冷壁)有无脱落、孔洞、损坏、穿透性裂纹、表面裂纹、麻点、疏松;

③对热壁反应器堆焊层(含支持圈)应检查有无裂纹、剥离;

(5)管道

①使用 10 年以上和运行期间无法检测的管线;

②使用 5 年以上和运行期间无法检测的高温、高压管线;

③低于选材导则要求的设备、管线;

④运行过程中出现严重腐蚀的设备、管线。

2.各类设备的检测项目及检测方法

各类设备的检测项目及检测方法如附表 1.12.7.1 所示。

附表 1.12.7.1 各类设备的检测项目及检测方法

检测设备	检测项目	检测方法	仪器设备
塔、容器	污垢状况、腐蚀状况、内部破损、连接配管; 壁厚测定; 缺陷检查:内外表面缺陷检查(裂纹、疲劳、气泡)衬里缺陷; 材料的劣化检查,蠕变、脆化、氢脆、应力腐蚀裂纹、热应力开裂等	目视检查; 内衬板测厚/PT 检查; 空气查漏; 氨气查漏; 主焊缝 MT、UT、RT 检查; 金相检查; 测厚; 腐蚀挂片	1. 手锤及量具,电筒等; 2. 采样袋、X 光谱仪; 3. 超声波测厚仪; 4. 射线、超声波探伤仪、针孔测试器、覆膜金相、金相显微镜、力学试验机等
加热炉	氧化、蠕变裂纹、局部变色、加热管弯曲、加热管膨胀; 厚度:加热管、支架、吊钩; 炉管内表面污垢、氧化状况检查; 检查炉管弯头、焊接部位; 预测寿命	目视内外观检查; 炉管内部检查; 焊缝 PT 及 RT 抽查; 锤击检查; 测厚检查; 金相检查	1. 手锤及量具、照相机,电筒; 2. 超声波测厚仪; 3. 射线、超声波检测仪、涡流仪、金相显微镜、力学试验机等
热交换器	外壳、盖、管表面及连接管件腐蚀状况; 表面污垢; 换热管厚度; 壳体厚度; 裂纹、缺陷检查; 漏泄检查:管、胀管处,密封焊接处、法兰、套管等; 其他:浮头螺栓、挡板等	目视检查(内窥镜)锤击检查; 测厚; 局部凹坑测量深度; 内外径测量; MT/PT/RT/UT/ET 检查; 管内充水探头; 有损检查(取样); 金相检查、气密性或水压试验	1. 扁铲、量具、照相机、内窥镜等; 2. 采样袋、X 光谱分析仪; 3. 超声波测厚仪; 4. 涡流仪、磁粉、超声波、射线探伤仪、金相显微镜等
配管	内外观检查:变形、损伤检测; 厚度测定; 污垢、腐蚀检查; 缺陷检查:裂纹、焊缝区	测厚; 目视检查(内窥镜检查); 着色、磁粉探伤、超探、射线检查; 硬度检查; 金相检查; 蠕变变形检查;	1. 手锤、扁铲、照相机; 2. 超声波测厚仪; 3. 采样袋、X 光谱分析仪; 4. 射线、磁粉、超声波探伤仪及超声波测厚仪等
旋转设备	接管、附属配管等腐蚀状况; 厚度测定; 缺陷检查:轴套、轴、叶轮、活塞等; 动平衡试验	内外观检查; 测厚; UT/MT/PT 探伤检查; 动平衡试验	1. 量具、扁铲; 2. 电筒; 3. 超声波测厚仪; 4. 磁粉或射线超声波探伤仪、渗透检测

3. 主要装置重点检查的部位

（1）常减压蒸馏装置

①管道

a. 低温轻油 $H_2S + H_2O + HCl$ 腐蚀、$H_2S + H_2O$ 腐蚀

三顶挥发线及冷凝系统管道测厚、抽查 50% 的管段、管件，若发现腐蚀较严重，则提高抽查比例。

b. 高温硫腐蚀。

240 ~ 288℃物料管道测厚，抽查 20% 管段、管件

288 ~ 340℃物料管道测厚，抽查 50% 管段、管件

340℃以上物料管道全面测厚。

c. 合金钢（铬钼钢）管道材质鉴定，材质不符，立即更换

②设备

a. 三顶冷凝部位的设备（冷凝器、空冷器、回流罐）进行湿硫化氢和 HCl 腐蚀检查；

b. 常压塔、减压塔的高温部位的内件、筒体、连接管线检查；

c. 高温塔底泵、阀门检查；

d. 渣油换热器检查。

（2）延迟焦化装置

①管道

a. 290 ~ 340℃物料管道测厚，抽查 20% 管段、管件；

b. 340℃以上物料管道全面测厚；

c. 高温渣油线、分馏塔底热重油线、热蜡油线、分馏塔顶挥发线弯头、焦炭塔顶挥发线属严重腐蚀区，应重点检查。

②设备

a. 分馏塔中下部内件和塔体进行腐蚀检查；

b. 焦炭塔顶部腐蚀减薄，塔体鼓胀变形、焊缝裂纹，开口接管焊缝裂纹及裙座与塔体焊缝裂纹，塔体母材组织变化、塔体弯曲等的检查；

c. 加热炉：检查炉管外表氧化和鼓泡，测量外径以及炉管内结焦情况，对炉管弯头 20% 测厚，直管中间和两端部位根据实际情况抽查，筒体每层板测厚抽查至少 4 个点；

d. 高温重油泵重点检查受高温硫腐蚀的部位（温度大于 240℃）以及出口管线上的阀门等。

（3）催化裂化装置

①反应再生系统

a. 主要检查反应、再生器的旋风分离器及内部件；包括翼阀、料腿的冲刷，焊缝裂纹，必要时做金相检查；

b. 检查烟道管的焊缝裂纹、膨胀节裂纹、滑阀内件冲刷腐蚀；

c. 检查外取热器、三旋内件的冲刷腐蚀；

d. 检查再生烟气系统设备及管道的焊缝应力腐蚀裂纹；

e. 检查三旋至烟机奥氏体不锈钢管道的蠕变裂纹，低点冷凝酸性水腐蚀；

f. 检查反应器至分馏塔大油气管的蠕变裂纹，必要时做金相检查；

g.检查余热锅炉省煤段的露点腐蚀及过热段的冲刷腐蚀。

②分馏系统

分馏系统应重点检查高温油浆系统设备管线,分馏塔顶部位系统管线,分馏塔进料段管线和分馏塔中下部。

设备接管应全部测厚检查。

③稳定吸收系统。

重点检查设备、管道湿硫化氢应力腐蚀的情况。

(4)加氢裂化装置和加氢精制装置

①加热炉

a.进料加热炉辐射炉管蠕变测量;

b.分馏加热炉炉管及进出管测厚;

c.奥氏体不锈钢炉管焊缝裂纹检查。

②反应器

a.检查堆焊层裂纹和剥离,支持圈裂纹;

b.检查主焊缝和接管焊缝;

c.检查法兰梯形密封槽底部拐角处裂纹。

③高压换热器

a.外壳检查与反应器相同;

b.检查管束管板焊口裂纹;

c.管壁内外检查:测厚,管内内窥镜检查;

d.密封面检查。

④高低压分离器

a.热高分检查要求与反应器相同;

b.冷高低压分离器检查内壁湿硫化氢环境下的裂纹;

c.底排水管和管线、阀门的冲刷腐蚀检查。

⑤高压空冷器

a.翅片管壁外观检查;

b.翅片管内壁内窥镜检查;

c.高压空冷器注水管附近,出入口连接管弯头的冲刷腐蚀检查。

⑥管道

检查奥氏体不锈钢材质管道焊缝及阀门的裂纹。

(5)PTA装置

①分离设备

a.PTA干燥机 PM-404

进料段算起(西数)第五、六节腐蚀:支撑板、列管、筒体、焊道腐蚀。

b.TA干燥机 TM-304

从进料口算,筒壁第2节~第4节半均匀麻坑点蚀,第一、二、三节筋板腐蚀。第四节筋板后焊缝腐蚀。第二、三节扬料板腐蚀。

c.雾沫分离器 TM-203

法兰密封面腐蚀,顶部筒体环缝腐蚀;上部筒体腐蚀。

d. 雾沫分离器 TM-305

上封头、过滤网支撑以上器壁点蚀。

②换热器

第一闪蒸冷却器(B)TE-203A 进口管板、防冲刷帽腐蚀。封头内接管焊口腐蚀开裂,封头表面蚀坑。

③罐

a. 氧化反应器 TD-201

Ti 半圆管焊缝机械损伤、腐蚀,筒体封头腐蚀。

b. 尾气分液罐(B)TD-207

器壁腐蚀。本体焊缝、接管焊缝、人孔环焊缝腐蚀。

c. 第一结晶器 PD-301

出料口管弯头、搅拌器轴、叶片腐蚀情况,

d. 排气罐(B)TD-206

表面均匀腐蚀测厚。

e. 再打浆罐 TD-300

底封头 4 条焊缝(环缝及拼缝)腐蚀,底封头腐蚀,内搅拌叶片及搅拌轴腐蚀。

f. 再打浆罐(B)TD-300A

下封头贴板、焊缝腐蚀。

④塔

吸附塔(B)TT-1131A/B 第三层塔盘紧固螺栓螺母、细网、压条腐蚀,塔壁与支撑板连接处点蚀,塔底封头点蚀。孔板与支撑条局部点焊裂纹。

⑤管线

a. 加氢反应器 PD201 至第一结晶器 PD301 管道腐蚀测厚检查。

b. 第一结晶器 PD301 至第二结晶器 PD302 管道腐蚀测厚检查。

c. E-101 至加氢反应器 PD201 管道腐蚀测厚检查。

d. TM-203 至 TE203 管线腐蚀检查。

⑥FDQ 系统

a. 高温区、中温区仪表阀门法兰

b. KCV-1303ABC 法兰 KCV-1303BC 碳钢法兰面腐蚀。

c. 加氢反应器进口调节阀的电偶腐蚀。

(6) BPX 装置

①管道

a. 低温轻油 $H_2S + H_2O + HCl$ 腐蚀、$H_2S + H_2O$ 腐蚀

预分馏塔顶挥发线及加氢部分的冷凝系统(E-101 至 A-101 间)管道测厚、抽查 50% 的管段、管件,若发现腐蚀较严重,则增加抽查比例。

b. 高温硫腐蚀

240~288℃物料管道测厚,抽查 20% 管段、管件。

288℃ 以上物料管道测厚,抽查 50% 管段、管件。

②设备

a. 冷凝器、空冷器、回流罐进行湿 H_2S 和 HCl 腐蚀检查；

b. 塔顶的内件、筒体、连接管线检查；

c. 高温塔底泵、阀门检查；

d. 反应器的内件、筒体检查。

四、装置腐蚀检查报告撰写要求

1. 装置现场调查中,调查人员每天将发现的问题向设备部和车间及时反馈,并提供文字材料,装置检修投产后的一个月内,提交腐蚀检查报告。

2. 腐蚀检查报告要真实完整地记录现场情况,包括文字、表格、图片、单项检验报告、测厚报告等。

3. 腐蚀检查报告应有综合分析和结论,对腐蚀现象、腐蚀原因、寿命预测等作出综合分析,并对设备更新、下周期检修项目、工艺及材料防腐蚀措施等提出建议。

4. 腐蚀检查报告分别存于车间、设备管理部门和档案部门各一份。

附件 1.12.8　压力容器全面检验策略

为了能够合规、经济、高效的顺利完成压力容器检验任务,特制订本检验策略。

1. 主要检验依据

(1)《特种设备安全监察条例》

(2)《压力容器使用登记管理规则》

(3)TSG 21—2016《固定式压力容器安全技术监察规程》

(4)TSG R7001—2004《压力容器定期检验规则》

(5)JB/T 4730—2005《承压设备无损检测》

(6)GB 150—2010《钢制压力容器》

(7)GB/T 151—2014《热交换器》

(8)GB/T 11344—2008《接触式超声波脉冲回波法测厚》

(9)GB 12337—1998《钢制球形储罐》

(10)API 581《Risk-Based Inspection Technology》

(11)相关设备制造文件、合同或协议要求项目等

2. 检验策略

依据压力容器的使用年限,工作介质,工作温度,材质,可能产生的失效模式及失效后果,将设备分成四大类进行检验,每类别主要检验方法附后。

2.1　分类原则

2.1.1　A类压力容器:

①温度≥200℃的临氢类压力容器

②Cr-Mo钢制压力容器

③首次进行检验的三类容器

④以往曾出现过失效的设备

⑤工作温度≥370℃的压力容器

⑥盛装介质有明显应力腐蚀倾向,或介质与材质组合有应力腐蚀倾向的压力容器

2.1.2　B类压力容器:

①标准抗拉强度下限 σ_b≥540MPa 的钢制压力容器

②使用年限≥15年的压力容器

③温度≤-20℃的低温压力容器

2.1.3　C类压力容器:

①使用年限在10~15年的压力容器

②有复合层衬里的压力容器

2.1.4　D类压力容器:

除以上A、B、C类之外的压力容器

2.2　每类容器主要检验手段及比例

2.2.1　A类压力容器主要检验方法:

①宏观检验;②壁厚测定;③表面无损检测:上、下封头及人孔内壁堆焊层表面进行20%的抽查;人孔法兰密封面100%;直径≥250mm 的接管法兰密封面100%;内壁对接焊缝抽查

20%；④超声检测：对接焊缝20%超声抽查；内部有凸台的设备从外壁对凸台拐角部位进行100%超声检测；⑤有堆焊层的设备,应对堆焊层内和界面及堆焊层层下进行20%超声检测抽查；⑥人孔主螺栓100%超声检测；⑦材料检验：选择温度、应力最高的2处部位进行硬度测定及金相组织分析抽查；有堆焊层的设备,应选择温度最高的2处位置对堆焊层进行铁素体含量测定；⑧对于接管原始壁厚≤10mm的进行检查并测厚,并对相应接管角焊缝进行100%无损检测；

2.2.2　B类压力容器主要检验方法：

①宏观检验；②壁厚测定；③内表面无损检测：内表面20%焊缝表面无损检测抽查,含内部接管处焊缝；④超声检测：对接焊缝20%超声抽查；⑤选择温度、应力最高的2处部位进行硬度测定及金相组织分析抽查；⑥对于接管原始壁厚≤10mm的所有接管进行检查并测厚；抽取30%且不少于2个的容器接管,对其角焊缝进行表面无损检测；

2.2.3　C类压力容器主要检验方法：

①宏观检验；②壁厚测定；③内表面无损检测：内表面20%焊缝无损检测抽查,含内部接管处焊缝；④选择温度、应力最高的2处部位进行硬度测定及金相组织分析抽查；⑤对于接管原始壁厚≤10mm的选取2根进行检查并测厚；

2.2.4　D类压力容器主要检验方法：

①宏观检验；②壁厚测定。

2.3　其他事项

①对于进行过RBI分析的容器,依照RBI评估给出的检验策略进行检验。

②对于能够不开罐检验的容器,建议采用相应手段从外部进行检验。

③以上所有类别的壁厚测定一般要求对封头减薄段进行四个方向及顶部共5点测厚、筒体每段筒节在0°、90°、180°、270°四个方向各测一点(塔器在人孔筒节段部位进行测厚)。

④对运行过程中存在疲劳的容器,应对容器的支座或支脚等易出现缺陷的焊缝进行表面无损检测抽查,比例为50%。

⑤无法实施内部检验的设备,则应分析该设备的失效模式及失效机理,对易出问题的重点部位从外壁采用可靠检测技术进行检测。

⑥下次检验周期原则上最低定为5年,凡低于5年的,应及时向用户提出整改建议,并得到用户认可。

⑦执行本策略时若与相关法规标准冲突,则以《压力容器定期检验规则》为准。

附件 1.12.9　仪表设备检修优化策略

一、仪表专业优化流程及工作目标

1. 仪表运保责任人填写《仪表设备、附属环节检修策略台账》初稿→仪表运保车间和作业部仪表管理人员审核优化检修策略→《仪表设备、附属环节检修策略台账》优化版→筛选生成大修计划优化版→《台账、计划》发公司设备部备案。

2. 上述过程要形成循环机制并贯穿于整个生产运行过程中。

3. 工作目标:为每台仪表、每个环节建立优化的检修策略。

二、仪表专业优化基本原则

1. 全设备评价的原则,通过填写《仪表设备、附属环节检修策略台账》为每个设备建立适宜的设备检修策略,确保不漏掉一个设备和环节。

2. 全生产过程统筹安排的原则,借此次大修项目优化的契机把大修、定期检修、定期检定、设备更新统筹安排,使设备在全生命周期中始终处于有效的管理之中,提高仪表设备管理水平。

3. 实事求是的原则,大修项目优化要坚持实事求是的原则,宜加则加、宜减则减。例如根据已有运行经验高分液位联锁导压管运行一年时间,堵塞情况可能会影响到联锁仪表的正确性,因此该设备必须保留大修期间的彻底清扫校验,同时检修策略还应附加"定期检查、冲洗",并利用大修机会对影响运行期间定期检查的缺陷安排消缺改造。

4. 检修时机优化原则:对于需要预防性维修的设备,如定期维修策略具备代替大修策略的条件,原则上选用日常定期维修策略,充实保运检修、精简大修项目,确保大修按时、优质完成。必须加强定期维修的管理,确定为定期维修策略的设备要同时确定计划维修时间。

5. 全员参与的原则,仪表设备的特点是"小"而"繁",单靠管理人员无法搞清楚,也难免漏项,要发挥 TPM 全员参与的优势,动员全体仪表运保责任人填写设备最基本的状况和维修策略建议,做好策略评价基础工作。

三、仪表专业维修策略的选用原则

1. 预防性(计划)维修

——失效将在安全和经济上造成严重后果或可造成部分装置非计划停车的设备及有关环节、生产和法律法规要求必须定期检查校准的仪表设备必须进行预防性(计划)检查和维修。

A 策略:大修期间的预防性(计划)维修——生产运行期间无法切除的仪表设备及有关环节必须利用停工大修期间安排全面检查、清扫、维修。如控制系统(DCS、SIS、CCS、专用控制系统等);滑阀、三通阀、无复线调节阀、热电偶保护管、导压管(特别是一次阀)、机组状态仪表、联锁回路仪表等。

B 策略:运行期间的预防性(计划)维修——根据检修时机优化的原则,在生产运行期间可进行检查、校准、维修的仪表设备及有关环节原则上应错开大修时间安排定期检修;不能安全运行一个生产周期的仪表设备也要安排定期检修。如运行期间可切除的调节阀、变送器、热电偶芯、可燃及有毒气体报警器、备用设备上的仪表等。

C 策略:状态检修——不必定期检查,需根据设备状态进行检修。

D 策略:事后维修——失效后果不严重、状态突变的仪表设备,主要采用事后维修的策略,如检测回路和一般控制回路安全栅等。

E 策略:机会检修——随装置、单元整体安排进行机会检修。

F 策略:其他需要大修期间安排的检修项目。(如某调节阀,维修策略评价为事后维修,但现已知存在故障确因某种意外原因无法修复,此类项目在正常评估选项的基础上增加 F 选项,定义为"F,D 等",检修时间安排为"大修 + 事后")

2. 更新计划

根据仪表设备水平、运行时间和应用环境为所有仪表设备编制预期更新时间,以便有关部门更好的平衡资金及时更新可靠性已不能达到要求的设备。

根据仪表设备实际情况,维修策略可以分别选用 A、B、C、D、E、F 策略,也可组合使用。如高分液位仪表需要大修和运行期间定期检修,维修策略应选 A + B 组合。

2011 全年至大修前已进行下线校验检修的设备无特殊情况原则上不再安排大修项目,仍采取 B、C、D、E 策略。

仪表伴热系统除需大量更换或生产期间因特殊原因不能动火而遗存的问题安排大修处理外,原则上根据每年供暖期前的检查结果安排状态检修。

仪表设备、附属环节检修策略台账如附表 1.12.9.1 所示。

附表1.12.9.1　仪表设备、附属环节检修策略台账（样表）

序号	回路序号	回路号或设备位号	回路简单描述	运保责任人	基本状态简单描述					日常记录		检查				维修策略	维修				更新		
					仪表设备简单描述	接触介质	介质状态	投用时间	基本型号	累计故障	当前状态	检查策略	计划检查时间	检查内容	实际检查时间		计划维修时间	预估维修费用	实际维修时间	维修内容	计划时间	实际时间	提前原因
1	1	FIC－1011	常一线流量控制	XXXX	普通调节回路			2008				A	大修	联校		D	事后			根据故障情况检修			
2		FT－1011			普通差变	隔离液	高温、高压	2008	EJA	0	无	B＋C	2012.3/2012.7	校验	2012.4/2012.7	D	事后			根据故障情况检修	2016		
3					导压管	蜡油＋隔离液	高温、高压	2008			一次阀关不严	A	大修扫线＋日漏＋常记录	各阀泄漏＋导压管腐蚀			大修			根据检查情况确定			
4		FV－1011			无副线高压调节阀																		
5	2	LI－1012	常底液位显示	XXXX	普通测量回路							A	大修	联校									
6		LT－1012			双法兰	蜡油	腐蚀介质	2008	EJA	0	无	B＋C	2012.3	校验＋膜片检查			大修				2014		
8	3	TIC－1100		YYYY	复杂调节回路							A											

续表

序号	回路序号	回路号或设备位号	回路简单描述	运保责任人	基本状态简单描述					日常记录		检查				维修					更新		
					仪表设备简单描述	接触介质	介质状态	投用时间	基本型号	累计故障	当前状态	检查策略	计划检查时间	检查内容	实际检查时间	维修策略	计划维修时间	预估维修费用	实际维修时间	维修内容	计划时间	实际时间	提前原因
9		TT－1100			普通热电偶	原油		2008	欧迪	0	无	A	大修	保护管拆装检查＋校验			大修			根据检查情况更新			
10					一体式温变	无		2008	罗斯蒙特	0	无	B＋C	2012.4	校验			事后				2018		
11		XXXX																					
12		YYYY																					
13		TV－1100			三通阀	原油		2008	吴忠	半年	已改手轮控制	A	大修	离线检查			大修			清焦、大修	2020		
14		TV－1101			有副线普通阀	原油		2000	吴忠	5	目前运行正常	B＋C	2012.5	在线全行程校验			事后			根据故障情况维修	2015		
15	4	催化DCS			DCS系统			2003	FOX BORO	0	目前运行正常												
16		系统机架、卡件			DCS系统			2003	FOX BORO	0	目前运行正常	A	大修	离线检查			大修			清扫点检	2016		
17		安全栅180个			安全栅			2003	MTL	0	目前运行正常	D		点检							2016		

续表

序号	回路序号	回路号或设备位号	回路简单描述	运保责任人	仪表设备简单描述	基本状态简单描述				日常记录		检查				维修					更新		
						接触介质	介质状态	投用时间	基本型号	累计故障	当前状态	检查策略	计划检查时间	实际检查时间	检查内容	维修策略	计划维修时间	实际维修时间	预估维修费用	维修内容	计划时间	实际时间	提前原因
18		温变61个			温变			2003	MORE	0	目前运行正常	B+C									2016		
19		24V电源			交/直流电源			2003	西门子	0	目前运行正常	A									2012	2012	
20	5	1#加氢裂化DCS						1997	ABB	4	通讯多次中断	A					大修			更新	2012	2012	
21	6	全装置见导压管清单	随对应仪表回路																				

说明：

1. 填写此表格目的是要为所有仪表设备和附件建立初步的维修策略。同时通过统计仪表维修情况，诊断仪表运行状态和存在的问题，为仪表设备建立更符合实际的维修策略。

2. 此表滚动填写，设备发生故障、设备检修计划、修改计划、月维修计划，发生实际检修等均要对有关设备内容进行修改，保证实际内容与实际一致。2。A 策略：必须大修期间进行；B 策略：定期进行；C 策略：状态动填写；D 策略：事后维修；E 策略：机会检修；F：日常巡检。

3. 定义为B策略需定期校验、定期检修，要同时安排好检修计划日期，并尽量安排在每年4、5、6、9、10月生产平稳、气候适宜、工作任务较少的月份。

4. 为便于统计现场实际回路，回路按实际回路，回路仪表，回路附件按顺序编写，例FIC-1011\FT-1011\导压管\FV-1011。控制系统按系统，第三方附件按顺序填写，分解的具有不同检修策略的设备即可。

5. 同一设备在一个运行周期内计划或实际维修多次下线维修，几次维修时间在同一单元格内填写，以"/"隔开，例如：2012.4/2012.7。

6. 累计故障为本周期内故障次数或数对应"当前状态"的持续时间。或通讯多次中断，本周期已发生4次。

7. 特殊、重要，运行周期间需特殊安排检查的导压管等附属的导压管（如高压、深冷等特别关注的回路）随回路单列，一般导压管、导线管等附属单列，导压管、导线管等附属设施按设备类别整个置列一项内容。

附件 1.13　各类物资外观验收要点

物资类别	验收要点
通用	1. 本体上标识是否与实际相符,标识要清晰、牢固; 2. 规格数量是否与合同相符; 3. 外形尺寸是否与标准相符; 4. 产品合格证
钢材	是否有变形、开裂、锈蚀、起泡、修补等缺陷
阀门	1. 阀门内应无积水、锈蚀、脏污和损伤等缺陷,阀门两端应有防护盖保护; 2. 铸件应平整、无缩孔、毛刺、沾砂、夹渣、鳞屑、裂纹等缺陷。锻件表面应无夹层、重皮、裂纹、斑疤、缺肩等缺陷。阀门两端法兰密封面应平整光洁,无毛刺及径向沟槽; 3. 阀门的手柄或手轮应操作灵活,不得有卡阻现象; 4. 阀门主要零部件如阀杆、阀杆螺母、连接螺母的螺纹应光洁,不得有毛刺、凹疤与裂纹等缺陷;螺栓孔有无裂纹; 5. 衬胶、衬搪瓷及衬塑料的阀体,其表面应平整光滑,衬层与基体结合牢固。搪瓷衬里不得有炸瓷裂纹、暗泡、异物夹杂等缺陷; 6. 弹簧式安全阀应具有铅封;杠杆式安全阀应有重锤的定位装置; 7. 阀门工艺介质流通方向指示、名牌标识是否完善
紧固件	1. 螺栓、螺柱、螺母、螺钉应打上厂标、材质钢印; 2. 螺栓、螺柱、螺母、螺钉不得有裂纹、锈蚀等缺陷; 3. 螺纹应完整,无伤痕、毛刺等缺陷; 4. 配合良好,无松动或卡涩现象; 5. 检查规格、长度
管道配件	1. 无裂纹、缩孔、夹渣、折部、重皮、锈蚀等缺陷; 2. 凹陷及其他机械损伤深度不得超过产品相应标准允许的壁厚负偏差; 3. 螺纹、密封面、坡口的加工精度及粗糙度应达到产品制造标准; 4. 低于 -29℃ 的低温管道配件,应有制造厂的低温试验报告; 5. 法兰密封面应平整光洁,不得有毛刺及径向沟槽;螺纹部分应完整、无损伤;凹凸面法兰应能自然嵌合,凸面高度不得低于凹槽的深度
电缆、电器、仪表	1. 电缆绝缘层是否有起泡、端部是否有保护套; 2. 电缆标识清晰、完整; 3. 电器外部无损伤、变形; 4. 油漆、标识完整; 5. 仪表外观完整、表盘无破损、指针无脱落; 6. 螺纹接口无损伤
化工原材料、油漆涂料	1. 包装物外表完好,无破损、无泄漏; 2. 物资铭牌包括品名、规格、贮存特性、总重、净重、产地等标识,且标识清晰; 3. 属于有毒有害、易燃易爆、有腐蚀等特性的化学危险品应有使用说明书、安全标签
动设备	1. 设备连接螺栓是否松动、转动部位转动有无卡涩; 2. 包装方式是否合适、完好;运输中有无对设备造成损坏; 3. 设备附件是否完好; 4. 油漆、标识是否完好

物资类别	验收要点
静设备	1. 本体有无变形、开裂、锈蚀、起泡、修补等缺陷； 2. 焊缝有无气孔、咬边、凹陷等缺陷；焊缝布置是否符合规范； 3. 包装方式是否合适、完好；运输中有无对设备造成损坏； 4. 螺栓是否齐全； 5. 油漆、铭牌是否完好
金属材料	1. 黑色金属（包括镀覆材料）无锈蚀、轻锈、凹陷； 2. 铜材无锈蚀、水纹印； 3. 锌材、铝材无锈蚀、白浮锈

附件1.14 入库物资质量验收方案汇总表

序号	物资类别	物资代码	检验内容		抽查数量、比例	参加人员或检验单位	备注
			表面验收	内在检验			
1	焊接H型钢	010108、010110、010112	外观验收		100%	保管员	物资数量、品种、规格及质量证明文件
				尺寸、外形	10%（1～10）	外委	
2	合金型钢	0101、0103、0105、0107、0109、0113、0115	外观验收		100%	保管员	物资数量、品种、规格及质量证明文件
				尺寸、外形	10%（1～10）	外委	
				主要合金元素定量 光谱	10%（1～10）	外委	
3	螺纹钢	0111	外观验收		100%	保管员	物资数量、品种、规格及质量证明文件
				冷弯试验	2个样/批	外委	
				冷拉试验	2个样/批	外委	
				C、S、P、Si、Mn元素含量分析	1个样/批	外委	
4	工字钢、槽钢、角钢、扁钢、热轧及其他H形钢	0103、0105、0107、0109、0101	外观验收		100%	保管员	物资数量、品种、规格及质量证明文件
				尺寸、外形	10%（1～10）	外委	
5	合金钢板、不锈钢结构钢板	0125、0127、0129	外观验收		100%	保管员	物资数量、品种、规格及质量证明文件
				厚度	10%（1～10）	外委	
				主要合金元素定量 光谱	100%	外委	
				UT	1张/批	外委	

续表

序号	物资类别	物资代码	检验内容		抽查数量、比例	参加人员或检验单位	备注
			表面验收	内在检验			
6	碳素结构钢板	0123、0129	外观验收		100%	保管员	物资数量、品种、规格及质量证明文件
				厚度	10%(1~10)	外委	罐板,不少于1件;零星批量2个样/批或对零星采购同一供应商一批采购批不按采取随机油查的方式来控制采购质量
				UT	1张/批	外委	
7	复合钢板	0133	外观验收		100%	保管员	物资数量、品种、规格及质量证明文件
				厚度	10%(1~10)	外委	罐板,不少于1件;零星批量2个样/批
				主要合金元素定量光谱	100%	外委	限不锈钢管复合层
				UT	10%(1~10)	外委	
8	碳素无缝钢管	0137			不定期	年度检查或飞行检查	已开展框架协议采购的,联合相关单位到框架供应商年度检查或飞行检查,重点检查内容如下:1.检查供应商质量保证体系,包括组织机构及质量证明文件及复验验记录;2.材料原产地证明文件及复验证录;3.钢管几何尺寸及外形检查记录,包括壁厚、外径、弯曲度;4.表面质量检查记录,包括标示;5.无损探伤检查记录;6.理化性能检验记录,包括拉伸、冲击,硬度;7.工艺性能检验记录,包括压扁试验,环拉试验,扩口和卷边试验,弯曲试验等;8.金相分析记录
			外观验收		100%	保管员	物资数量、品种、规格及质量证明文件
				壁厚	10%(1~10)	外委	
				全元素定量光谱	1支/批	外委	$DN<20$ 该项不做

续表

序号	物资类别	物资代码	检验内容		抽查数量、比例	参加人员或检验单位	备注
			表面验收	内在检验			
9	合金无缝钢管	013902、013904、013906、013910、013912、013999			不定期	年度检查或飞行检查	已开展框架协议采购的,联合设备部门、运行部到框架供应商年度检查或飞行检查,重点检查内容如下:1.检查供应商产地质量保证体系,包括组织构架及制度;2.材料原产地质量证明文件及复验记录,包括化学成分和力学性能;3.钢管几何尺寸及外形检查记录,包括壁厚、外径、弯曲度;4.表面质量检查记录,包括标示;5.无损探伤检查记录;6.理化性能检验记录,包括拉伸、冲击、硬度;7.工艺性能检验记录,扩口和卷边试验,压扁试验,环拉试验,弯曲试验等;8.金相分析记录
			外观验收		100%	保管员	物资数量、品种、规格及质量证明文件
			壁厚		10%(1~10)	外委	DN<20 该项不做
				全元素定量光谱	1支/批	外委	
				主要合金元素定量光谱	100%(1~20)	外委	
				涡流探伤	1支/批	外委	

续表

序号	物资类别	物资代码	检验内容		抽查数量、比例	参加人员或检验单位	备注
			表面验收	内在检验			
		013908			不定期	年度检查或飞行检查	已开展框架协议采购的,联合设备部门,运行部门到框架供应商年度检查或飞行检查,重点检查内容如下:1.检查供应商产地质量保证体系,包括组织构架及制度;2.材料房产成分和力学性能;3.钢及复验记录,包括化学成分和力学性能;3.钢管几何尺寸及外形检查记录,包括壁厚、外径、弯曲度;4.表面质量检查记录;5.无损探伤检查记录;6.理化性能检查记录,包括拉伸、冲击、硬度。重点查低温冲击试验;7.工艺性能检验记录,弯曲试验,包括压扁试验,环拉试验,扩口和卷边试验,弯曲试验等;8.金相分析记录
10	低温合金无缝钢管		外观验收		100%	保管员	物资数量、品种、规格及质量证明文件
				壁厚	10%(1~10)	外委	DN<20 该项不做
				化学成份分析	1支/批	外委	
				主要合金元素定量光谱	100%(1~20)	外委	
				涡流探伤	1支/批	外委	
				低温冲击试验	2个样/批	外委	合同应规定材料必须做低温冲击试验,供应商带冲击试样

续表

序号	物资类别	物资代码	检验内容			抽查数量、比例	参加人员或检验单位	备注
			表面验收	内在检验				
11	普通不锈钢管 无缝钢管	014102、014112、014114、014199	外观验收			不定期	年度检查或飞行检查	已开展框架协议采购的,联合设备部门,运行部到框架供应商年度检查或飞行检查,重点检查内容如下:1.检查供应商质量保证体系,包括组织构架及制度;2.材料原产地证明文件及复验记录,包括化学成分和力学性能;3.钢管几何尺寸及外形检查记录,包括壁厚、外径、弯曲度;4.表面质量检查记录,包括标示;5.无损探伤检查记录;6.理化性能检验记录,包括拉伸、冲击、硬度;7.工艺性能检验记录,弯曲试验、压扁试验、环拉试验、扩口和卷边试验;8.金相分析记录等
				壁厚		100%	保管员	物资数量、品种、规格及质量证明文件
				全元素定量光谱		10%(1~10)	外委	DN<20 该项不做
					主要合金元素定量光谱	1支/批	外委	GB 222
					涡流探伤	100%(1~20)	外委	

续表

序号	物资类别	物资代码	检验内容		抽查数量、比例	参加人员或检验单位	备注
			表面验收	内在检验			
12	不锈钢炉管（包括裂化不锈管）	014104、014106、014108、014110	外观验收		不定期	年度检查或飞行检查	已开展框架协议采购的，联合设备部门、运行部到框架供应商进行检查或飞行检查，重点检查内容如下：1. 检查供应商质量保证体系，包括组织构架及制度；2. 材料原产地质量证明文件及复验记录，包括化学成分和力学性能；3. 钢管几何尺寸及外形检查记录，包括壁厚、外径、弯曲度；4. 表面质量检查记录，包括标示；5. 无损探伤检查记录；6. 理化性能检验记录，包括拉伸、冲击、硬度；7. 工艺性能试验，包括压扁试验，环拉试验、扩口和卷边试验、弯曲试验；8. 金相分析记录
				壁厚	100%	保管员	物资数量、品种、规格及质量证明文件
				全元素定量光谱	10%（1~10）	外委	
				看谱（半定量光谱）	10%（1~10）	外委	GB 222
				涡流探伤	20%（1~20）	外委	
					10%（1~10）	外委	

续表

序号	物资类别	物资代码	表面验收	内在检验	抽查数量、比例	参加人员或检验单位	备注
13	焊接钢管/螺旋管	0155/0157/0159	外观验收		100%	保管员	物资数量、品种、规格及质量证明文件
				壁厚	10%（1～10）	外委	
				焊缝X光	每批每种规格1件，按样件焊缝选择数量	外委	有缝管材射线检测部位为该批钢管中焊缝交叉部位（即钢管中钢带对头焊缝带）各抽拍1张，当该批管材无焊缝交叉部位时每条焊缝则抽检任一钢管的端头各抽拍1张
14	镀锌焊接钢管	015308	外观验收	全元素定量光谱	1支/规格	外委	仅限不锈钢、合金钢材质
15	普通石棉布	037904	外观验收		100%	保管员	物资数量、品种、规格及质量证明文件
16	石棉橡胶板	037902	外观验收		100%	保管员	物资数量、品种、规格及质量证明文件
17	石棉板	037912	外观验收		100%	保管员	物资数量、品种、规格及质量证明文件
18	耐油耐高温石棉橡胶板	037912	外观验收		100%	保管员	物资数量、品种、规格及质量证明文件
19	耐油石棉橡胶板	037902	外观验收		100%	保管员	物资数量、品种、规格及质量证明文件
20	波纹铝瓦	039999	外观验收		100%	保管员	物资数量、品种、规格及质量证明文件
21	玻璃钢制品	0361	外观验收		100%	保管员	物资数量、品种、规格及质量证明文件
22	彩涂压型板	016340	外观验收		100%	保管员	物资数量、品种、规格及质量证明文件
23	铝板	022504	外观验收		100%	保管员	物资数量、品种、规格及质量证明文件

续表

序号	物资类别	物资代码	检验内容		抽查数量、比例	参加人员或检验单位	备注
			表面验收	内在检验			
24	铝合金板	022504	外观验收		100%	保管员	物资数量、品种、规格及质量证明文件
25	矿物棉制品	035310	外观验收		100%	保管员	物资数量、品种、规格及质量证明文件
26	玻璃棉制品	035312	外观验收		100%	保管员	物资数量、品种、规格及质量证明文件
27	硅酸铝绝热制品	053518	外观验收		100%	保管员	物资数量、品种、规格及质量证明文件
28	复合硅酸盐制品	035399	外观验收		100%	保管员	物资数量、品种、规格及质量证明文件
29	浇注料	039126	外观验收		100%	保管员	物资数量、品种、规格及质量证明文件
30	08 化工(包括酸、碱、盐等)	08	外观验收		100%	保管员、业务员、质检员	1.包装物外表完好,无破损,无泄漏;2.铭牌(包括品名、规格,批号、生产日期、有效期等标识),桶装化工原材料总重(毛重)、净重、皮重(桶重)至少有二项;3.属于有毒有害、易燃易爆、有腐蚀等特性的化学危险品应有安全标签;4.按《化工原材料标准》规定对质量证明文件进行验证;5.业务员、质检员对照《化工原材料标准》就验收项目验收质量证明文件
				按《化工原材料标准》对要求检验的项目安排质技中心进行质检,其结果由质技中心上网公布;目录中无的品种作外观检验	按《化工原材料标准》要求频次	质技中心	化工原材料标准要求的检验项目部分

续表

序号	物资类别	物资代码	检验内容 表面验收	检验内容 内在检验	抽查数量、比例	参加人员或检验单位	备注
31	标准气体	080112	外观验收		100%	保管员	1.包装物外表完好,无破损,无泄漏;2.铭牌(包括品名、规格、批号、产地,桶装化工原材料总重(毛重)、有效期等标识)、净重、皮重(桶重)至少有二项;3.属于有毒有害、易燃易爆,有腐蚀等特性的化学危险品应有安全标签;4.按《化工原材料标准》规定项目对质量证明文件进行验证
				主要组分检查	按《测量设备管理规定》抽检比例抽检	质技中心	仅限用于气体检测报警仪检定用的标准气体CO、异丁烷、H_2S(以氮气为平衡气)、NH_3(安培瓶除外)、甲烷
32	10 炼化三剂	10	外观验收		100%	保管员	1.包装物外表完好,无破损,无泄漏;2.铭牌(包括品名、规格、批号、产地,桶装化工原材料总重(毛重)、有效期等标识)、净重、皮重(桶重)至少有二项;3.属于有毒有害、易燃易爆,有腐蚀等特性的化学危险品应有安全标签;4.按《化工原材料标准》进行验证;5.业务员、质检员对质量证明文件进行验证
				按《化工原材料标准》对要求检验的项目安排质技中心进行检验,其结果由质技中心上网公布;目录中无的品种作外观检验	按《化工原材料标准》要求频次	质技中心	就验证项目验收质量证明《化工原材料标准》要求的检验项目部分 镇海炼化《化工原材料标准》目部分

续表

序号	物资类别	物资代码	检验内容 表面验收 外观验收	内在检验	抽查数量、比例	参加人员或检验单位	备注
33	油漆涂料	13	外观验收		100%	保管员	物资数量、品种、规格及质量证明文件
				按《表面工程管理规定》要求检验的项目委托质技中心检验	按《表面工程管理规定》要求的频次	质技中心	《镇海炼化表面工程管理规定》要求的检验项目
34	塑料包装袋	160508、160708		按《固体出厂产品包装质量管理规定》要求检验的项目委托质技中心检验	按《固体出厂产品包装质量管理规定》要求的频次	质技中心	《固体出厂产品包装袋质量管理规定》的检验项目
35	一般劳保用品	18	外观验收		100%	保管员	物资数量、品种、规格及质量证明文件
36	绝缘防砸皮鞋	180906			不定期	飞行检查	已开展框架协议采购的，根据已到货部门到货质量或相关部门飞行到框架供应商年度品质量检查，联合相关部门重点检查供应商质量保证体系，包括组织结构及制度；检查内容如下：1.检查供应商质量保证情况，生产产品质量管理；2.原辅材料质量情况，生产产品质量管理；3.特种劳动防护用品各有效期及产品标识是否符合国标要求；4.外包装及内包装中标识内容是否正确；5.物理性能出厂检验情况。视情况对供应商进行重新风险评估
			外观验收		100%	保管员	物资数量、品种、规格及质量证明文件及生产日期

续表

序号	物资类别	物资代码	检验内容 表面验收/外观验收	检验内容 内在检验	抽查数量、比例	参加人员或检验单位	备注
37	防静电鞋	180399	外观验收		100%	保管员	物资数量、品种、规格及质量证明文件
						飞行检查	已开展框架协议采购的，根据已到货使用产品质量或相关部门联合检查，重点检查供应商供应框架及制度；1.检查供应商质量保证体系，包括组织构架及产品质量管理；2.原辅材料质量保证情况，生产工序质量管理；3.特种劳动防护用品各证有效期及产品标识是否符合国标要求；4.外包装内标识中标识内容是否不正确；5.物理性能出厂检验情况。视情况对供应商进行重新风险评估
38	耐高温靴	181508	外观验收		100%	保管员	物资数量、品种、规格及质量证明文件
					不定期	飞行检查	已开展框架协议采购的，根据已到货使用产品质量或相关部门联合检查，工会到安环处，重点检查供应商供应框架年度质量检查或飞行检查内容如下：1.检查供应商质量保证体系，包括组织构架及制度；2.原辅材料质量保证情况，生产工序质量管理；3.特种劳动防护用品各证有效期及产品标识是否符合国标要求；4.外包装内标识中标识内容是否不正确；5.物理性能出厂检验情况评估
39	防砸皮鞋	180314	外观验收		100%	保管员	进行物资数量、品名、规格、产地、生产日期、国标等铭牌（包括品名、规格、产地、生产日期、标识）检查

续表

序号	物资类别	物资代码	检验内容 表面验收	检验内容 内在检验	抽查数量、比例	参加人员或检验单位	备注
40	工作服	1801	外观验收		100%	保管员	物资数量、品种、规格及质量证明文件
					生产前中后	现场质量监管	已开展框架协议采购的,根据已到货使用产品质量情况,联合安环处、工会到框架供应商进行产品生产前中后监管
41	安全帽	181102	外观验收		100%	保管员	物资数量、品种、规格及质量证明文件
42	防毒器材	1817	外观验收		100%	保管员	物资数量、品种、规格及质量证明文件及生产日期
43	安全带	181104	外观验收		100%	保管员	物资数量、品种、规格及质量证明文件及生产日期
44	消防设备及器材	36	外观验收		100%	保管员	物资数量、品种、规格及质量证明文件
45	橡胶及其制品	11	外观验收		100%	保管员	物资数量、品种、规格及质量证明文件
46	塑料制品	12	外观验收		100%	保管员	物资数量、品种、规格及质量证明文件
47	杂品	19	外观验收		100%	保管员	物资数量、品种、规格及质量证明文件
48	工具	41	外观验收		100%	保管员	物资数量、品种、规格及质量证明文件
49	小型衡器	4141		测量等级校验	根据公司《测量设备管理规定》附表规定的抽检量抽检	计量中心	根据公司《测量设备管理规定》附表规定的物资名称委托计量中心检验

续表

序号	物资类别	物资代码	检验内容			抽查数量、比例	参加人员或检验单位	备注
			表面验收	内在检验				
			外观验收	测量等级校验				
50	千分尺	414306	外观验收	测量等级校验		100%	保管员	物资数量、品种、规格及质量证明文件
						根据《测量设备管理规定》附表规定的抽检量抽检	计量中心	根据《测量设备管理规定》附表规定的物资名称委托计量中心检验
51	百分表	414308	外观验收	测量等级校验		100%	保管员	物资数量、品种、规格及质量证明文件
						根据公司《测量设备管理规定》附表规定的抽检量抽检	计量中心	根据公司《测量设备管理规定》附表规定的物资名称委托计量中心检验
52	游标卡尺	414304	外观验收	测量等级校验		100%	保管员	物资数量、品种、规格及质量证明文件
						根据公司《测量设备管理规定》附表规定的抽检量抽检	计量中心	根据公司《测量设备管理规定》附表规定的物资名称委托计量中心检验
53	角度量仪	414508	外观验收	测量等级校验		100%	保管员	物资数量、外观及质量证明文件
						根据公司《测量设备管理规定》附表规定的抽检量抽检	计量中心	根据公司《测量设备管理规定》附表规定的物资名称委托计量中心检验

序号	物资类别	物资代码	检验内容		抽查数量、比例	参加人员或检验单位	备注
			表面验收	内在检验			
54	量油尺	412799	外观验收		100%	保管员	物资数量、品种、规格及质量证明文件
				测量等级校验	根据公司《测量设备管理规定》附表规定的抽检量抽检	计量中心	根据公司《测量设备管理规定》附表规定的物资名称委托计量中心检验
55	煤炭	04		性能指标	按规定采样	外委	水、硫、灰份、挥发份、热值等指标
56	碳钢螺栓螺母	43	外观验收		不定期	年度检查或飞行检查	已开展框架协议采购的,联合相关单位到框架供应商年度检查或飞行检查,重点检查内容如下:1.质量保证体系,包括组织架构和质量管理制度等;2.原材料原产地证明文件;3.原材料复检记录,包括化学成分、机械性能;4.热处理工艺及热处理后的检验记录,包括无损检测、机械性能检测等;5.成品外观标记记录,包括钢印标记的检查;6.成品存放管理(重点查不同材质是否易混)
					100%	保管员	物资数量、品种、规格及质量证明文件
				全元素定量光谱	1套/批	外委	
				PT 或 MT	10%(1~10)	外委	
				硬度	10%(1~10)	外委	检查有无裂纹

续表

序号	物资类别	物资代码	检验内容		抽查数量、比例	参加人员或检验单位	备注
			表面验收	内在检验			
					不定期	年度检查或飞行检查	已开展框架协议采购的,联合相关部门到框架供应商年度检查或飞行检查,重点检查内容如下:1.质量保证体系;2.原材料原产地证明文件;3.原材料复检记录,包括化学成分、机械性能;4.热处理工艺及热处理后的检验记录,包括无损检测、机械性能检测等;5.成品外观检查记录,包括钢印标记的检查;6.成品存放管理(重点查不同材质是否易混)
57	合金、不锈钢螺栓螺母	43	外观验收		100%	保管员	物资数量、品种、规格及质量证明文件
				全元素定量光谱	1套/批	外委	
				主要合金元素定量光谱	10%(1~10)	外委	仅限合金、不锈钢材质
				PT	10%(1~10)	外委	
				硬度	10%(1~10)	外委	检查有无裂纹
				MT(或PT)无损探伤	5	外委	

续表

序号	物资类别	物资代码	检验内容		抽查数量、比例	参加人员或检验单位	备注
			表面验收	内在检验			
58	低温合金螺栓螺母	43	外观验收		不定期	年度检查或飞行检查	已开展框架协议采购的,联合相关单位进行检查,重点检查内容如下:1.质量保证应商年度检查或飞行检查,包括组织架构和质量管理制度等;2.原材料复检记录,包括化学成分、机械性能、热处理工艺及热处理后的检验记录,重点查低温冲击试验;3.原材料原产地证明文件;4.成品机械性能检测、外观检查,包括低温冲击试验;5.成品外观检查记录,包括钢印标记的检查;6.成品存放管理(重点查不同材质是否易混)
				全定量光谱	100%	保管员	物资数量、品种、规格及质量证明文件;核查质保书的低温试验报告
				主要合金元素定量光谱	1套/批	外委	
				硬度	10%(1~10)	外委	
				低温冲击试验	10%(1~10)	外委	
					1个样/批	外委	合同应规定材料必须做低温冲击试验,并带批次材料的试样

续表

序号	物资类别	物资代码	检验内容		抽查数量、比例	参加人员或检验单位	备注
			表面验收	内在检验			
59	合金、不锈钢阀门	46	外观验收			联合机动处、运行部共同检查	已开展框架协议采购的，联合相关单位到框架供应商年度检查或飞行检查，重点检查内容如下：1.质量保证体系，包括组织架构和质量管理制度等；2.原材料（包括紧固件）原产地证明及复检记录；3.铸件的质量整件方案及记录，包括化学成分和力学性能。4.焊接工艺控制方案、焊后对铸件的影响的消除措施；5.加工精度控制方案（与图纸的一致性）；7.密封性、壳体强度试验见证或试验记录；8.按紧固件的紧固件供应商要求对配套的紧固件供应商进行检查
				主要合金元素定量光谱	100%	保管员	物资数量、品种、规格及质量证明文件
					100%	外委	包括阀体、阀盖。填料压盖，DN25以上阀门增加阀盖紧固件、填料压盖紧固件各一件
				密封性试验、壳体强度试验	100%	施工前由施工单位检验	试验有质量问题时，物供负责处理

序号	物资类别	物资代码	检验内容		抽查数量、比例	参加人员或检验单位	备注
			表面验收	内在检验			
60	合金不锈钢焊接阀门	46			不定期	年度检查或飞行检查	已开展框架协议采购的,联合相关单位到框架供应商年度检查或飞行检查内容如下:1.质量保证体系,重点检查组织架构和质量管理制度等;2.原材料(包括紧固件)原产地证明及复检记录,包括化学成分和力学性能;3.铸件的质量控制方案及记录,包括化学成分和力学性能;4.加工精度控制方案(与图纸的一致性);5.装配过程检查(与图纸的一致性);6.密封性、壳体强度试验见证或试验记录
			外观验收		100%	保管员	物资数量、品种、规格及质量证明文件
				主要合金元素定量光谱	100%	外委	包括阀体、阀盖。填料压盖,填料压盖紧固件,增加阀盖紧固件一件
				坡口PT	10%(1~10)	外委	不少于1件
61	低温阀门(-29℃ SHD 管道)	46			不定期	年度检查或飞行检查	1.质量保证体系,包括组织架构和质量管理制度等;2.原材料(包括紧固件)原产地证明及复检记录,包括化学成分和力学性能;3.铸件的质量控制方案及记录,包括化学成分和力学性能;4.焊接工艺控制措施,焊后对铸件性能的影响消除措施;5.加工精度控制方案;6.装配过程检查(与图纸的一致性);7.密封性、壳体强度试验见证或试验记录;8.按紧固件供应商要求对配套的紧固件供应商进行检查
			外观验收		100%	保管员	物资数量、品种、规格及质量证明文件
				主要合金元素定量光谱	100%	外委	限合金、不锈钢。包括阀体、阀盖。填料压盖,DN25以上阀门增加阀盖紧固件、填料盖紧固件各一件

续表

序号	物资类别	物资代码	检验内容 表面验收	检验内容 内在检验	抽查数量、比例	参加人员或检验单位	备注
62	合金不锈钢法兰（盲板、法兰、法兰毛坯）	4701、4703、4705			不定期	年度检查或飞行检查	已开展框架协议采购的，联合相关单位到框架供应商年度检查或飞行检查体系，包括组织架构和质量记录；如下：1.质量保证制度等；2.原材料原产地证明及复检记录，包括化学成分和力学性能；3.几何尺寸、密封面检查记录
			外观验收		100%	保管员	物资数量、品种、规格及质量证明文件
				主要合金元素定量光谱	100%	外委	GB 222
				硬度	10%（1~10）		DN<80的法兰因重量轻无法进行硬度检验时不做；硬度应在不同部位测三点
63	碳钢法兰（盲板、法兰、法兰毛坯）	4701、1703、4705	供应商年度考察或飞行检查		不定期	年度检查或飞行检查	已开展框架协议采购的，联合相关单位到框架供应商年度检查或飞行检查体系，包括组织架构和质量记录；如下：1.质量保证制度等；2.原材料原产地证明及复检记录，包括化学成分和力学性能；3.几何尺寸、密封面检查记录
			外观验收		100%	保管员	物资数量、品种、规格及质量证明文件

序号	物资类别	物资代码	检验内容			抽查数量、比例	参加人员或检验单位	备注
			表面验收	内在检验				
64	低温不锈钢法兰	4701、1703、4705	外观验收			不定期	年度检查或飞行检查	已开展框架协议采购的,联合相关单位到框架供应商年度检查或飞行检查内容如下:1. 质量保证体系,重点检查内容管理制度等;2. 原材料原产地证明及复验记录,包括组织架构和力学性能;3. 几何尺寸、密封面检查记录;4. 低温冲击试验检查
				主要合金元素定量光谱		100%	保管员	物资数量、品种、规格及质量证明文件,重点查低温冲击试验报告
						100%	外委	GB 222
				MT(或 PT 或 UT)无损检测		10%(1~10)	外委	
				硬度		10%(1~10)	外委	DN<80 的法兰因重量轻无法进行硬度检验时不做;硬度应在不同部位检测三点

续表

序号	物资类别	物资代码	检验内容 表面验收	检验内容 内在检验	抽查数量、比例	参加人员或检验单位	备注
					不定期	年度检查或飞行检查	已开展框架协议采购的，联合相关单位到到框架供货应商年度检查或飞行检查体系，重点架构内容如下：1.质量保证制度等；2.原材料原产地证明及复检记录，包括化学成分和力学性能；3.外观及外形尺寸检查记录；4.无损检测记录；5.壁厚检查记录
65	合金、不锈钢管管件	4707~4715	外观验收		100%	保管员	物资数量、品种、规格及质量证明文件
				主要合金元素定量光谱	100%	外委	GB 222
				测厚	10%（1~10）	外委	DN<20 该项不做
				硬度	10%（1~10）	外委	DN<80 的法兰轻因重量轻无法进行硬度检验时不做；硬度应在不同部位测三点
				MT（或PT或UT）无损检测	10%（1~10）	外委	

续表

序号	物资类别	物资代码	检验内容		抽查数量、比例	参加人员或检验单位	备注
			表面验收	内在检验			
66	低温不锈钢管件(SHD管道)	4707、4709、4711、4713、4715			不定期	年度检查或飞行检查	已开展框架协议采购的,联合相关单位到到框架供应商年度检查或飞行检查内容如下:1.质量保证体系,包括组织架构和质量管理制度等;2.原材料原产地证明及复检记录,包括化学成分和力学性能;3.外观及外形尺寸检查记录;4.无损检测记录;5.壁厚检查记录;6.低温冲击试验报告
			外观验收		100%	保管员	物资数量、品种、规格及质量证明文件
				主要合金元素定量光谱	100%	外委	
				测厚	10%(1~10)	外委	DN<20 该项不做
				硬度	10%(1~10)	外委	DN<80 的法兰因重量无法进行硬度检验时不做;硬度应在不同部位测三点
				MT(或PT或UT)无损检测	10%(1~10)	外委	
67	碳钢管件	4707、4709、4711、4713、4715			不定期	年度检查或飞行检查	已开展框架协议采购的,联合相关单位到框架供应商年度检查或飞行检查内容如下:1.质量保证体系,包括组织架构和质量管理制度等;2.原材料原产地证明及复检记录,包括化学成分和力学性能;3.外观及外形尺寸检查记录;4.无损检测记录;5.壁厚检查记录
			外观验收		100%	保管员	物资数量、品种、规格及质量证明文件
				测厚	10%(1~10)	外委	DN<20 该项不做
				全定量光谱	1件/批	外委	

序号	物资类别	物资代码	检验内容 表面验收	检验内容 内在检验	抽查数量、比例	参加人员或检验单位	备注
68	金属法兰垫(八角、椭圆垫等)	5309	表面验收	主要合金元素定量光谱	10%(1~10)	外委	仅限不锈钢、合金钢材质
69	膨胀节	4719	外观验收		100%	保管员	物资数量、品种、规格及质量证明文件
				主要合金元素定量光谱	100%	外委	仅限不锈钢、合金钢材质
				MT(或PT或UT)无损探伤	10%(1~10)	外委	检查焊缝
70	塔、反应器、容器类、换热设备类	2103、2105、2107、2109	驻厂监造		监造大纲目录内物资,或其他需要监造的质量类别为A类的物资	外委	监造目录为:1.催化装置的三(四)机组、增压机组、富气压缩机组、反应器、再生器、外取热器。 2.加氢装置的加氢反应器、高压换热器、高压容器、新氢/循环氢压缩机组、加氢空冷器、高压空冷器。 3.重整装置的重整反应器、再生器、立式换热器、新氢/循环氢压缩机组;制氢转化炉炉管。 4.焦化装置的富气压缩机组、焦炭塔、高压水泵、辐射进料泵。 5.乙烯装置的三大压缩机组、裂解炉炉管、冷箱、废热锅炉及重要低温设备;聚丙烯装置、丙烯腈装置的反应器。 6.PTA装置的干燥机组、过滤器、主要反应器、空气压缩机组;聚酯装置的反应器、主要换热设备。

续表

序号	物资类别	物资代码	检验内容		抽查数量、比例	参加人员或检验单位	备注
			表面验收	内在检验			
70	塔、反应器、容器类、换热设备类	2103、2105、2107、2109	驻厂监造	驻厂监造	监造大纲目录内物资,或其他需要监造的质量类别为A类的物资	外委	7.化肥装置的压缩机组、大型高压设备;气化炉、变换炉。8.空分装置的大型压缩机组、冷箱。9.氯碱装置的聚合釜、压缩机。10.电站锅炉、汽轮发电机组。11.其他需监造的设备材料
						关键控制点检验(含出厂检验)	质量类别为B类的物资联合相关单位对关键控制点检验(含出厂检验),主要包括:1.检查制造质量;2.检查是否与合同、技术附件相符;3.原材料原产地证明及复验记录
			开箱验收		100%	开箱验收	到货后应与使用、技术、管理等部门一起按合同(技术协议)、质量验收条款、国家相应标准)要求开箱验收
71	通用设备(机泵)	23、25	驻厂监造	驻厂监造	监造大纲目录内物资,或其他需要监造的质量类别为A类的物资	外委	监造目录为:1.催化装置的三(四)机组、增压机组、富气压缩机组、再生器、外取热器。2.加氢装置的加氢反应器、高压换热器、高压容器、新氢/循环氢压缩机组、制氢转化炉炉管、加氢进料泵、高压空冷器。3.重整装置的重整反应器、再生器、新氢/循环氢压缩机组、制氢转化炉炉管。4.焦化装置的富气压缩机组、焦炭塔、高压水泵、辐射进料泵。5.乙烯装置的三大压缩机组、裂解炉管、冷箱、废热锅炉及重要低温设备;聚丙烯装置的反应器。

续表

序号	物资类别	物资代码	检验内容			参加人员或检验单位	备注
			表面验收	内在检验	抽查数量、比例		
71	通用设备（机泵）	23、25		驻厂监造	监造大纲目录内物资，或其他需要监造的质量类别为A类的物资	外委	6.PTA装置的干燥器、过滤器、主要换热设备、空气压缩机组、聚酯装置的反应器；主要换热设备。7.化肥装置的压缩机组、大型高压设备；丙烯晴气化炉、变换炉。8.空分装置的大型压缩机组、冷箱。9.氯碱装置的聚合金、压缩机。10.电站锅炉、汽轮发电机组。11.其他需监造的设备材料
						关键控制点检验（含出厂检验）	质量类别为B类的物资合相关单位对关键控制点检验（含出厂检验），主要包括：1.检查制造质量；2.检查是否与合同、技术附件相符；3.检查装置配套记录，包括各关键间附控制值；4.性能测试见证，关键参数是否满足要求。
71	通用设备（机泵）	23、25	开箱验收		100%	开箱验收	到货后应与使用、技术、管理等部门一起按合同（技术协议、质量验收条款、国家相应标准）要求开箱验收
				使用情况评价	100%	使用部门	在质量保证期内的配件如出现质量问题，使用部门向机动、物装汇报，经确认属于质量问题的，物装负责处理
72	炉类配件（炉管等除外）	4802	开箱验收		100%	开箱验收	到货后应与使用、技术、管理等部门一起按合同（技术协议、质量验收条款、国家相应标准）要求开箱验收

续表

序号	物资类别	物资代码	检验内容		抽查数量、比例	参加人员或检验单位	备注
			表面验收	内在检验			
73	辐射管、钉头管、翅片管、转化管、回弯头	4802	开箱验收	主要合金元素定量光谱	100%	开箱验收	到货后应与使用、技术、管理等部门一起按合同（技术协议、质量验收条款、国家相应标准）要求开箱验收
					100%（1～20）	外委	仅限不锈钢、合金钢材质
			测厚	硬度	10%（1～10）	外委	仅限不锈钢、合金钢材质
					10%（1～10）	外委	如无法检测该项不做
74	乙烯裂解炉用制氢转化炉离心铸造管、静态铸造管及铸造管件及焊接件	480128		按照《中国石化乙烯裂解炉用高合金离心铸造管及静态铸造管件质量复检办法》执行	100%	按照《中国石化乙烯裂解炉用高合金离心铸造管及静态铸造管件质量复检办法》执行	按照《中国石化乙烯裂解炉用高合金离心铸造管及静态铸造管件质量复检办法》执行。
75	塔、容器、冷换设备类配件（静设备）	4803、4805、4807、4809	外观验收		100%	保管员	物资数量、品种、规格及质量证明文件
76	石化专用配件（动设备）	4843、4815、4817	外观验收		不定期	年度检查或飞行检查	对水力除焦等重要配件联合机动处、运行部对供应商进行生产中检查、发货前验收
					100%	保管员	物资数量、品种、规格及质量证明文件

续表

序号	物资类别	物资代码	检验内容 表面验收/外观验收	检验内容 内在检验	抽查数量、比例	参加人员或检验单位	备注
77	工矿配件（工业钢炉及辅机配件除外）	49（4933、4923除外）			不定期	年度检查或飞行检查	对水力除焦等重要配件联合机动处、运行部对供应商进行生产中检查，发货前验收
			外观验收		100%	保管员	物资数量、品种、规格及质量证明文件
			装配前复测		100%	施工单位	由施工单位安装前复测尺寸，如存在质量问题，物装负责处理
			使用情况评价		100%	使用部门	在质量保证期内的配件如出现机动、物装汇报，经确认属于质量问题的，物装负责处理
78	工业钢炉及辅机配件	4933	外观验收	主要合金元素定量光谱	100%	保管员	物资数量、品种、规格及质量证明文件
					100%	外委	仅限不锈钢、合金钢材质
79	环境污染防治设备配件	55	外观验收	主要合金元素定量光谱	100%	保管员	物资数量、品种、规格及质量证明文件
					10%（1~10）	外委	不锈钢、合金钢材质
80	玻璃温度计	380112	外观检查	测量等级校验	按《测量设备管理规定》要求抽检量	保管员	物资数量、品种、规格及质量证明文件
						计量中心	委托计量中心检验
81	双金属温度计	380110	外观检查	测量等级校验	按《测量设备管理规定》要求抽检量	保管员	物资数量、品种、规格及质量证明文件
						计量中心	委托计量中心检验

续表

序号	物资类别	物资代码	检验内容		抽查数量、比例	参加人员或检验单位	备注
			表面验收	内在检验			
			外观检查				
82	标准压力表	380308	外观检查		100%	保管员	物资数量、品种、规格及质量证明文件
				测量等级校验	按《测量设备管理规定》要求抽检量	计量中心	委托计量中心检验
83	耐震压力表	380310	外观检查		100%	保管员	物资数量、品种、规格及质量证明文件
				测量等级校验	按《测量设备管理规定》要求抽检量	计量中心	委托计量中心检验
84	膜盒膜片压力表	380312	外观检查		100%	保管员	物资数量、外观及质量证明文件
				测量等级校验	按《测量设备管理规定》要求抽检量	计量中心	委托计量中心检验
85	弹簧管压力表	380314	外观检查		100%	保管员	物资数量、品种、规格及质量证明文件
				测量等级校验	按《测量设备管理规定》要求抽检量	计量中心	委托计量中心检验
86	真空压力表	380316	外观检查		100%	保管员	物资数量、品种、规格及质量证明文件
				测量等级校验	按《测量设备管理规定》要求抽检量	计量中心	委托计量中心检验

续表

序号	物资类别	物资代码	检验内容			抽查数量、比例	参加人员或检验单位	备注
			表面验收	内在检验				
			外观检查					
87	旋涡流量计	380504	外观检查			100%	保管员	物资数量、品种、规格及质量证明文件
				测量等级校验		按《测量设备管理规定》要求抽检量	计量中心	委托计量中心检验
88	涡轮流量计	380506	外观检查			100%	保管员	物资数量、品种、规格及质量证明文件
				测量等级校验		按《测量设备管理规定》要求抽检量	计量中心	委托计量中心检验
89	电磁流量计	380508	外观检查			100%	保管员	物资数量、品种、规格及质量证明文件
				测量等级校验		按《测量设备管理规定》要求抽检量	计量中心	委托计量中心检验
90	腰轮流量计	380510	外观检查			100%	保管员	物资数量、外观及质量证明文件
				测量等级校验		按《测量设备管理规定》要求抽检量	外委	委托计量中心检验
91	刮板流量计	380512	外观检查			100%	保管员	物资数量、品种、规格及质量证明文件
				测量等级校验		按《测量设备管理规定》要求抽检量	计量中心	委托计量中心检验

129

续表

序号	物资类别	物资代码	检验内容			抽查数量、比例	参加人员或检验单位	备注
			表面验收	内在检验				
			外观检查					
92	椭圆齿轮流量计	380514	外观检查	测量等级校验		100%	保管员	物资数量、品种、规格及质量证明文件
						按《测量设备管理规定》要求抽检量	计量中心	委托计量中心检验
93	质量流量计	380518	外观检查	测量等级校验		100%	保管员	物资数量、品种、规格及质量证明文件
						按《测量设备管理规定》要求抽检量	计量中心	委托计量中心检验
94	超声波流量计	380520	外观检查	测量等级校验		100%	保管员	物资数量、品种、规格及质量证明文件
						按《测量设备管理规定》要求抽检量	计量中心	委托计量中心检验
95	水表	380526	外观检查	测量等级校验		100%	保管员	物资数量、品种、规格及质量证明文件
						按《测量设备管理规定》要求抽检量	计量中心	委托计量中心检验
96	在线粘度计	380910	外观检查	测量等级校验		100%	保管员	物资数量、品种、规格及质量证明文件
						按《测量设备管理规定》要求抽检量	计量中心	委托计量中心检验

续表

序号	物资类别	物资代码	检验内容			抽查数量、比例	参加人员或检验单位	备注
			表面验收	内在检验				
			外观检查					
97	砝码	383336	外观检查			100%	保管员	物资数量、品种、规格及质量证明文件
				测量等级校验		按《测量设备管理规定》要求抽检量	计量中心	委托计量中心检验
98	PH计	383302	外观检查			100%	保管员	物资数量、品种、规格及质量证明文件
				测量等级校验		按《测量设备管理规定》要求抽检量	计量中心	委托计量中心检验
99	分光光度计	383306	外观检查			100%	保管员	物资数量、品种、规格及质量证明文件
				测量等级校验		按《测量设备管理规定》要求抽检量	计量中心	委托计量中心检验
100	石油密度计	390799	外观检查			100%	保管员	物资数量、品种、规格及质量证明文件
				测量等级校验		按《测量设备管理规定》要求抽检量	计量中心	委托计量中心检验
101	在线可燃有毒气体检测器	380926	外观检查			100%	保管员	物资数量、品种、规格及质量证明文件
				测量等级校验		按《测量设备管理规定》要求抽检量	计量中心	便携式气体报警仪

131

续表

序号	物资类别	物资代码	检验内容 表面验收	检验内容 内在检验	抽查数量、比例	参加人员或检验单位	备注
102	电工仪器仪表（电表、电阻测量仪器）	382502、382506	外观检查		100%	保管员	物资数量、品种、规格及质量证明文件
				测量等级校验	10%（1～10）	计量中心	委托计量中心检验
103	节流装置	380530	外观检查		100%	保管员	物资数量、品种、规格及质量证明文件
				主要合金元素定量光谱	10%（1～10）	外委	限合金、不锈钢材质
104	仪表管件	3823		主要合金元素定量光谱	30%（1～10）	外委	限合金、不锈钢材质
105	仪表阀门	3821			不定期	年度检查或飞行检查	已开展框架协议采购的，联合相关部门到框架供应商年度检查或飞行检查，重点检查内容如下：1.质量保证体系，包括组织架构和质量管理制度等；2.原材料（包括紧固件）原产地证明及复检记录；3.加工精度控制方案；4.装配过程检查（与图纸的一致性）；5.密封性、壳体强度试验见证或记录
106	调节阀	3817	开箱验收	主要合金元素定量光谱	30%（1～10）	外委	限合金、不锈钢材质
			开箱验收		100%	开箱验收	到货后应与使用、技术、管理等部门一起按合同（技术协议、质量验收条款、国家相应标准）要求开箱验收

续表

序号	物资类别	物资代码	检验内容 表面验收	检验内容 内在检验	抽查数量、比例	参加人员或检验单位	备注
107	工业自动化系统(整机成套)	3815	开箱验收		100%	开箱验收	到货后应与使用、技术等部门一起开箱验收,按合同(技术协议、质量验收条款、国家相应标准)要求及现场检查情况提出,由业务员组织
108	视频监控系统(整机成套)	3433	开箱验收		100%	开箱验收	到货后应与使用、技术等部门一起开箱验收,按合同(技术协议、质量验收条款、国家相应标准)要求及现场检查情况提出,由业务员组织
109	仪表机柜及操作台(整机成套)	3819	开箱验收		100%	开箱验收	到货后应与使用、技术等部门一起开箱验收,按合同(技术协议、质量验收条款、国家相应标准)要求及现场检查情况提出,由业务员组织
110	物位仪表(成套设备)	380708~380730	开箱验收		100%	开箱验收	到货后应与使用、技术等部门一起开箱验收,按合同(技术协议、质量验收条款、国家相应标准)要求及现场检查情况提出,由业务员组织
111	在线分析仪(成套设备)	380902~380908,380920~380924	开箱验收		100%	开箱验收	到货后应与使用、技术等部门一起开箱验收,按合同(技术协议、质量验收条款、国家相应标准)要求及现场检查情况提出,由业务员组织
112	实验室仪器及装置(成套设备)	383302~383314	开箱验收		100%	开箱验收	到货后应与使用、技术等部门一起开箱验收,按合同(技术协议、质量验收条款、国家相应标准)要求及现场检查情况提出,由业务员组织

序号	物资类别	物资代码	检验内容 表面验收	检验内容 内在检验	抽查数量、比例	参加人员或检验单位	备注
113	变压器	291502、291504、291506、291508	开箱验收		100%	开箱验收	到货后应与使用、技术等部门一起开箱验收,按合同(技术协议、质量验收条款、国家标准)要求及现场检查情况提出,由业务员组织
114	开关设备	292102、292104、292106、292108、292110	开箱验收		100%	开箱验收	到货后应与使用、技术等部门一起开箱验收,按合同(技术协议、质量验收条款、国家标准)要求及现场检查情况提出,由业务员组织
115	高压并联电容器	293102	开箱验收		100%	开箱验收	到货后应与使用、技术等部门一起开箱验收,按合同(技术协议、质量验收条款、国家标准)要求及现场检查情况提出,由业务员组织
116	不间断电源装置	295198	开箱验收		100%	开箱验收	到货后应与使用、技术等部门一起开箱验收,按合同(技术协议、质量验收条款、国家标准)要求及现场检查情况提出,由业务员组织
117	自动化系统	295502	开箱验收		100%	开箱验收	到货后应与使用、技术等部门一起开箱验收,按合同(技术协议、质量验收条款、国家标准)要求及现场检查情况提出,由业务员组织
118	继电保护装置(组柜)	295798	开箱验收		100%	开箱验收	到货后应与使用、技术等部门一起开箱验收,按合同(技术协议、质量验收条款、国家标准)要求及现场检查情况提出,由业务员组织

序号	物资类别	物资代码	检验内容		抽查数量、比例	参加人员或检验单位	备注
			表面验收	内在检验			
119	变频装置	295902	开箱验收		100%	开箱验收	到货后应与使用、技术等部门一起开箱验收,按合同(技术协议、质量验收条款、国家相应标准)要求及现场检查情况提出,由业务员组织
120	电机		开箱验收	抽芯及接线盒检查	100%	电气部	到货后应与使用、技术协议等部门一起开箱验收,按合同(技术协议、质量验收条款、国家相应标准)要求及现场检查情况提出,由业务员组织 由电气部负责抽芯检查,存在质量问题由物装负责责任处理
121	直流屏	29	开箱验收		100%	开箱验收	到货后应与使用、技术协议等部门一起开箱验收,按合同(技术协议、质量验收条款、国家相应标准)要求及现场检查情况提出,由业务员组织
122	控制屏	29	开箱验收		100%	开箱验收	到货后应与使用、技术等部门一起开箱验收,按合同(技术协议、质量验收条款、国家相应标准)要求及现场检查情况提出,由业务员组织
123	电抗器	29	开箱验收		100%	开箱验收	到货后应与使用、技术协议等部门一起开箱验收,按合同(技术协议、质量验收条款、国家相应标准)要求及现场检查情况提出,由业务员组织
124	空气开关(断路器)	3101	外观检查	通电动作	100%	保管员	物资数量、品种、规格及质量证明文件 安装前施工单位测试,有质量问题同装卸负责处理

续表

序号	物资类别	物资代码	检验内容		抽查数量、比例	参加人员或检验单位	备注
			表面验收	内在检验			
125	热继电器	310708	外观检查	通电动作	100%	保管员	物资数量、品种、规格及质量证明文件
					100%		安装前施工单位测试,有质量问题随物装负责处理
126	桥架	30	外观检查		100%	保管员	物资数量、品种、规格及质量证明文件
127	电缆	30	外观验收		100%	保管员	检查型号、规格、数量、品牌、产品的质量证明文件。
128	照明电器	32	外观检查		100%	保管员	物资数量、品种、规格及质量证明文件

附件1.15 物资紧急需求计划审批表

记录编号			使用单位		
序号	物料编码	物资名称及规格型号	数量及单位	大修及工程项目相关信息	紧急需求原因说明

需求单位经办人签名： 电话： 年 月 日	需求单位负责人签名： （公章） 年 月 日	业务主管单位领导签字： 年 月 日	公司分管领导签字： 年 月 日	物资采购部门登记签字： 年 月 日

附件 1.16　承包商考核细则

类别	考核内容	扣款及扣分	制订部门
1. 工艺技术考核细则	1.1　作业场所未能提供有效的岗位操作法或操作作业方案	每次扣200元,扣1分	生产部门
	1.2　作业人员未按岗位操作法和操作作业方案要求认真执行	每次扣500元,扣3分	
	1.3　对岗位人员未进行操作技能培训,岗位人员操作业务不熟练	每次扣500元,扣3分	
	1.4　连续作业的外包业务未建立交接班制度和巡回检查制度	每次扣500元,扣3分	
	1.5　交接班日志记录内容不齐全,反映的问题未闭环	每次扣100元,扣1分	
	1.6　未按规定进行巡回检查	每次扣100元,扣1分	
	1.7　变更作业未应制订具体方案	每次扣300元,扣1分	
	1.8　主管技术人员未定期对岗位操作人员作业情况进行检查	每次扣500元,扣3分	
	1.9　对作业过程中发生的问题未及时向所在单位反映	每次扣500元,扣3分	
	1.10　未制订文明生产管理要求,现场操作环境恶劣	每次扣100元,扣1分	
	1.11　未制订节电、节水、节汽等管理要求	每次扣100元,扣1分	
	1.12　现场发现有"跑冒滴漏"、"三长一乱"等问题	每次扣100元,扣1分	
	1.13　未按规定进行产品标识	每次扣500元,扣3分	
	1.14　对堆放现场的化工原材料未规定做好防护	每次扣100元,扣1分	
	1.15　化工原材料堆放区域没有"名称"、"合格"标识,使用过期的化工原材料	每次扣200元,扣1分	
	1.16　现场堆放药剂应规范,药剂标签应完整规范,药剂不能过期	每次扣100元,扣1分	
	1.17　药剂投加应规范,严格按照化工原材料相关HSE说明书进行投加	每次扣100元,扣1分	
	1.18　未按规定采取防冻防凝措施,影响装置正常运行	每次扣100元,扣1分	
	1.19　未按规定要求进行废弃物料的处理	每次扣100元,扣1分	
	1.20　未经许可,随意动改工艺、设备联锁设置	每次扣800元,扣5分	

类别	考核内容	扣款及扣分	制订部门
1. 工艺技术考核细则	1.21　取代的在线质量仪表因维护原因导致数据比对差值超过允许范围，对于用于产品和公司工艺卡片有控制要求的	每次扣 200 元，扣 1 分；(其他的每月达两次时扣 100 元，每增加一次加扣 50 元。比对频次一月一次的每季达两次时扣 100 元)	生产部门
	1.22　取代的在线质量仪表异常、发生故障和工艺提出要求处理的，对于用于产品和公司工艺卡片有控制要求的处理恢复时间不超过 12h	扣 200 元，扣 1 分，每增加 2h 加扣 50 元。其他的不超过 24h，否则扣 100 元，每增加 4h 加扣 50 元(非自身原因导致不能及时恢复的不在考核范围)	
	1.23　未取代的在线质量仪表当组织比对发现偏差大于再现性时，应在 48h 内积极想办法处理并恢复	扣 50 元，每增加一天加扣 20 元	
	1.24　当比对数据出现异常，化验室或质量仪表科人员通知维护单位进行处理未及时反馈的	每次扣 50 元	
	1.25　质量仪表科在设备检查中查出的质量仪表问题未及时反馈或整改的	每条扣 50 元	
	1.26　在线使用的质量仪表改造大修、更换关键部件或改变测量方式等未与质量仪表科沟通而影响正常的数据抄录工作的	每次扣 200 元	
	1.27　"在线质量仪表运行分析周会纪要"提出的问题未按纪要要求完成的	每条扣 100 元	
	1.28　对于取代的在线质量仪表全月比对未出现超差，其中涉及产品和工艺卡片有要求的	每台加 50 元，加 1 分，其他的每台加 0.2 分，可以与其他扣款、扣分项抵扣	
2. 设备检修和保运考核细则	2.1　日常维护及施工管理：		机动部门
	2.1.1　保运单位必须保证 24h 值班保运。接到装置故障检修委托通知后，未按规定时间(炼油老区为 15min；炼油新区一部、五部、Ⅱ电站、化工部、乙烯装置白天 15min、晚上 30min；港储部 15min 赶到现场	每次扣 200 元，扣 2 分	
	2.1.2　未按要求执行甲方各类设备管理制度	每项扣 300 元，扣 3 分	
	2.1.3　不按时参加应参加的会议，或不按时上交应交的各类报表	每次扣 200 元，扣 2 分	
	2.1.4　未按要求执行大型机组关键设备特护制度影响生产	每次扣 2000 元，扣 10 分	

续表

类别	考核内容	扣款及扣分	制订部门
2. 设备检修和保运考核细则	2.1.5 因工作不到位,造成设备损坏,因此影响生产	视情况,另行考核。	机动部门
	2.1.6 主动协助装置解决设备疑、难、急问题	每次奖3000元,加5分	
	2.1.7 主动协助装置解决设备疑、难、急问题避免装置停工	每次奖10000元,加10分	
	2.1.8 检修过程中未按现场交底或擅自改变施工方案	每次扣200元,扣2分	
	2.1.9 检修过程中未按设备检修方案或维护规程要求进行检修的	每次扣1000元,扣5分	
	2.1.10 检修过程中未及时编写设备检修竣工资料	每次扣500元,扣2分	
	2.1.11 未办理检修施工安全许可票、电气工作票擅自检修施工	每次扣3000元,扣10	
	2.1.12 检修施工结束后未及时在检修施工安全许可票上签字确认	每张扣50元,扣1分	
	2.1.13 月度检修计划完成率应大于90%,因施工单位原因使完成率下降	每下降2%扣500元,扣2分	
	2.1.14 未按要求做好安全阀校验工作	每台扣200元,扣2分	
	2.1.15 未按规定进行电机状态监测并记录或未按规定对电动机加注油	每台扣100元,扣1分	
	2.1.16 电气第一种、第二种、线路工作票、临时用电票填写不规范,或未及时进行封票	每次扣50元,扣1分	
	2.1.17 自行管辖变电所电气"三三二五"制不齐全的,或者管理不到位影响系统安全供电	每次扣5000元,扣20分	
	2.1.18 无故不执行或借故拖延执行电气调度命令的	每次扣2000元,扣10分	
	2.1.19 接到项目委托后,以项目太小、无施工力量、无施工机具等理由加以推诿,不予接受,或配合不积极	每次扣5000元,扣20分	
	2.1.20 对有库存的物资材料,超过两天无故未领取	每次扣200元,扣2分	
	2.1.21 压力容器、管道缺陷返修资料未在检(返)修结束后两周内提供	每台扣500元,扣2分	

140

类别	考核内容	扣款及扣分	制订部门
	2.1.22 因检修承包单位内部分工不清而处理设备缺陷不主动,产生推诿情况	每次扣500元,扣2分	
	2.1.23 因检修承包单位内部分工不清而处理设备缺陷不主动,产生推诿,因此生产波动甚至影响生产的。	视情况另行考核	
	2.1.24 检修承包单位在检修现场施工用的特种设备等按国家(或行业)规定应当定期检验(或检查)而未进行	每台扣500元,扣2分	
	2.1.25 施工过程中,对于业主提出的合理的整改要求未及时整改	每次扣200元,扣2分	
	2.2 检维修质量控制:		
	2.2.1 设备缺陷处理不及时(配件或装置原因除外)	每次扣200元,扣2分	
	2.2.2 设备缺陷处理不及时(配件或装置原因除外),因此影响生产	每次扣5000元,扣20分	
2. 设备检修和保运考核细则	2.2.3 对已交底的埋地或架空设备管线缺陷处理的相关配合工作(挖土、搭架、拆保温等),无特殊原因未在10天内完成	每次扣500元,扣2分	机动部门
	2.2.4 设备故障处理不当造成返工	每次扣500元,扣5分	
	2.2.5 设备故障处理不当造成返工影响生产	每次扣3000元,扣10分	
	2.2.6 由于施工单位原因,检修后的机泵运行不到72小时需再次检修	每台扣2000元,扣10分	
	2.2.7 由于施工单位原因,同一台机泵一个月内检修二次以上	每台扣1000元,扣5分	
	2.2.8 由于施工单位原因,特护设备检修后由于检修质量、配件质量(施工单位制作或提供,以及对物装中心提供的配件验收未把好关安装上去)等原因导致设备连续运行不满一个月	每台扣2000元,扣10分	
	2.2.9 因工程施工把关不严出现质量问题	每项扣1000元,扣5分	
	2.2.10 当月机泵检修评定不合格率如大于4%	每月扣5000元,扣15分	
	2.2.11 发生机泵、电动机抱轴事故	每台扣2000元,扣10分	
	2.2.12 全年未发生电机(100KW以上)及泵抱轴事故	每年奖10000元,加20分	

类别	考核内容	扣款及扣分	制订部门
	2.2.13　汽化炉烧嘴质量考核:		
	2.2.13.1　使用寿命在一个月内,免费修理	每次扣3000元,扣5分	
	2.2.13.2　使用寿命在二个月以内,修理费减半	每次扣1500元,扣3分	
	2.2.13.3　使用寿命在三个月以内,修理费按80%计取,如属焊缝质量问题	每次扣1000元,扣2分	
	2.2.13.4　使用寿命在三至六个月内	不扣不奖	
	2.2.13.5　使用寿命在六至九个月内	每次奖2000元,加5分	
	2.2.13.6　使用寿命在九个月以上	每次奖4000元,加10分	
	2.2.14　由于施工单位原因引起设备跳机	每次扣500元,扣2分	
	2.2.15　因管理不力,工程施工进度拖迟严重	每次扣2000元,扣5分	
2. 设备检修和保运考核细则	2.3　文明施工管理:		机动部门
	2.3.1　未按要求做好现场管理、文明检修的、如检修后现场未达到"工完、料净、场地清",一经查实	每次扣500元,扣2分	
	2.3.2　未按要求做好现场管理、文明检修的、如检修后现场未达到"工完、料净、场地清",重复发生此类事件	每次扣1000元,扣10分	
	2.3.3　项目结算要诚实守信,如有虚假按合同约定进行考核;项目结算实行按月结算,月月结清,未按要求完成工作	每次扣1000元,扣10分	
	2.3.4　没有严格执行仪表作业票制度或作业监护人不到位情况下擅自作业的	扣200元,扣1分	
	2.3.5　施工中存在明显不符合要求的质量问题的。重复出现的加倍处罚	扣500元,扣3分	
	2.3.6　检修施工作业存在野蛮作业现象的	扣300元,扣1分	
	2.3.7　维保队伍对公司、部里统一布置的任务不执行或有拖拉现象,无正当理由	扣500元,扣3分	
	2.3.8　维保设备用载气、标准气要求钢瓶气一律放现场,必须标识清楚,摆放整齐,不符合要求的	扣200元,扣3分	
	2.4　维保人员配置要求:		

续表

类别	考核内容	扣款及扣分	制订部门
2. 设备检修和保运考核细则	2.4.1 维保单位为装置保运配备的人员未达到人员配置测算表、维保人员详细清单及技术配比要求,若提出警告后在1个月警告期内未整改好的	每人次扣1000元,扣10分	机动部门
	2.4.2 维保单位为装置保运配备的人员未达到人员配置测算表、维保人员详细清单及技术配比要求,若提出警告后超过1个月仍未整改的	每人次扣3000元,扣15分	
	2.4.3 维保单位为装置保运配备的人员未达到人员配置测算表、维保人员详细清单及技术配比要求,若提出警告后超过3个月仍未整改,并提出书面解除维保合同警告	每人次扣5000元,扣20分	
	2.5 违反电气安全工作规程	每次扣2000元,扣10分	
3. 计量考核细则	3.1 制度及人员:		计量部门
	3.1.1 应执行甲方相应的计量管理要求,并制定本单位管理规定。制定的规定内容不符合双方协议	每次扣1000元,扣10分	
	2.1.2 不配合甲方计量工作安排,如不按时参加的会议、不按时上交各类报表等	每次扣200元,扣2分	
	3.1.3 未配备本单位专(兼)职计量管理人员、计量器具维护人员,未落实具体管理职责	每次扣500元,扣5分	
	3.1.4 计量操作人员未持证上岗、计量操作技能不规范	每人次扣100元,扣、1分	
	3.2 计量器具:		
	3.2.1 未按要求建立计量器具台账,维护保养不到位	每次扣200元,扣2分	
	3.2.2 使用不符合安装规范和管理要求的计量器具	每台次扣100元,扣1分	
	3.2.3 汽车衡过磅时,有汽车车速超5km/h、车辆未整体进入秤台面、司机未下车以及其他违规现象	每次扣200元,扣2分	
	3.2.4 未定期安排计量器具比对,交接用计量器具比对误差超范围	每台次扣100元,扣1分	
	3.2.5 不能提供有效的计量器具检定/校准证书,检定/校准记录不符合要求	每台次扣100元,扣1分	

类别	考核内容	扣款及扣分	制订部门
3. 计量考核细则	3.3　计量数据、操作及其他:		计量部门
	3.3.1　计量数据采集及计算不符合国家现行标准	每点次扣100元,扣1分	
	3.3.2　计量数据的原始记录有涂改不规范。使用非法定计量单位,贸易计量数据未保存5年	每点扣10元,每次限扣100元,扣1分	
	3.3.3　人工录入ERP的计量数据有误	每次扣200元,扣2分	
	3.3.4　比对数据超差量后,未进行原因分析、未落实整改及预防措施	每次扣100元,扣1分	
	3.3.5　未经甲方同意,变更计量方式及计量数据	每点次扣500元,扣5分	
	3.3.6　提供虚假的计量数据,日、月盘库数据不真实	按情节轻重每次扣5000元,扣10分	
	3.3.7　接客户投诉少量后未及时查找原因、未将信息传递至甲方	每次扣200元,扣2分	
	3.3.8　因外包商原因引起计量纠纷	每次扣500元,扣5分	
	3.3.9　以批控器预发量数据为交接数据时,单批次10t(含)以上车辆实发量与预发量差率超0.2%	每次扣100元,扣1分	
	3.3.10　以批控器预发量数据为交接数据时,实发量与预发量月平均差率超0.1%	每月扣1000元,扣5分	
	3.3.11　以汽车衡计量出厂的汽、液二相产品,未经批准装车过程接气相放空,而又未安排重新过磅计量	每次扣500元,扣5分	
4. HSE考核细则	4.1　施工人员未经安全教育合格就擅自作业的	扣500元,扣3分	安环部门消防部门工程管理部门
	4.2　项目专职HSE管理人员未满足配备比例或实际施工期间不在岗	每人次扣500元,扣3分	
	4.3　穿带铁钉鞋进入生产装置和油罐区	扣500元,扣3分	
	4.4　未戴安全帽或安全帽帽带未系进入检维修、施工现场及生产装置	扣500元,扣3分	
	4.5　在作业时,未穿戴相应的防护用品或防护用品不符合要求;项目施工人员未着统一企业标识的劳保用品	扣500元,扣3分	

144

类别	考核内容	扣款及扣分	制订部门
4. HSE 考核细则	4.6 搭设的脚手架跳板未进行有效绑扎、脚手架未按规范要求设置相应栏杆或步距、跨距不符合要求	扣500元,扣3分	安环部门 消防部门 工程管理部门
	4.7 机动车辆未按规定安装消火器或使用不完好的消火器、未办理车辆通行证或挪用、转借车辆通行证而进入厂区	扣500元,扣3分	
	4.8 临时用电设施、线路、管理未严格执行《临时用电管理制度》	扣500元,扣3分	
	4.9 转动设备无防护罩、脚手架所使用的材料存在缺陷或不符合规定要求	扣500元,扣3分	
	4.10 吊装作业时未按要求设警戒区	扣500元,扣3分	
	4.11 在用火作业、临时用电、进入受限空间作业、高处作业、破土作业等作业过程中,有代签作业许可证、实际作业人员与作业许可证上作业人员不符、实际作业部位与作业许可证上作业部位不符、作业人员未持有效作业许可证、超时作业等其中一项违章行为的	扣500元,扣5分	
	4.12 未经批准在禁火区使用可燃、易燃材料搭建临时工棚或工具房	扣500元,扣5分	
	4.13 堵塞消防设施、通道或任意侵占消防通道,尚未造成后果的	扣800元,扣5分	
	4.14 堵塞消防设施、通道或任意侵占消防通道,造成一定后果的	扣3000元,扣10分	
	4.15 携带火种进入禁火区或在禁火区内每发现一个烟蒂	扣1000元,扣3分	
	4.16 在禁火区内违章吸烟	扣5000元,扣10分	
	4.17 未掌握公司火警电话正确拨号方法的。	扣500元,扣3分	
	4.18 氧气瓶、乙炔瓶与明火间的距离、氧气瓶与乙炔瓶之间的距离不符合要求	扣500元,扣5分	
	4.19 以在役工艺管线为锚点进行吊装作业	扣500元,扣5分	
	4.20 未对作业现场存在的空洞、临边等危险环境采取围护、警示等安全措施	扣800元,扣5分	
	4.21 用火作业中,气瓶未按规定使用回火器或减压阀不完好	扣800元,扣3分	

类别	考核内容	扣款及扣分	制订部门
4. HSE 考核细则	4.22 起重机械未进行作业前安全检查、未按照安全操作规程作业、吊物捆扎不符合要求等	扣800元,扣5分	安环部门 消防部门 工程管理部门
	4.23 现场存放或运输过程中,乙炔(丙烷气)瓶与氧气瓶混放	扣1000元,扣3分	
	4.24 未经办理作业票或者同意擅自进入变配电区域	扣1000元,扣5分	
	4.25 在用火作业、进入受限空间作业、临时用电作业过程中,监护人不在现场仍在作业或擅自涂改作业许可证	扣1000元,扣3分	
	4.26 承包商人员冒名顶替参加安全教育等弄虚作假行为的	扣1000元,扣3分	
	4.27 在铁路两侧10m内施工或施工可能影响铁路正常运行而未经铁路作业区会签	扣1000元,扣3分	
	4.28 每月现场HSE综合检查少于4次,或业主方、项目管理方、监理方的HSE问题整改通知单未在规定时间内整改或答复	扣1000元,扣5分	
	4.29 在吊装过程中,没有严格执行"十不吊"原则	扣1500元,扣5分	
	4.30 未经安环处同意,随意处置施工过程中产生的废液、废渣	扣1500元,扣3分	
	4.31 高处作业人员未按规定佩戴安全带或高空抛物	扣1500元,扣3分	
	4.32 作业前未进行安全技术交底,HSE措施未落实就施工作业的	扣2000元,扣5分	
	4.33 所使用的工机具不完好、安全附件不齐全或脚手架不符合搭设要求就投入使用	扣2000元,扣5分	
	4.34 特种作业人员没有《特种作业操作证》或持过期作业证进行特种作业的	扣2000元,扣5分	
	4.35 擅自动用或损坏公司在役的生产、安全设施,如消防设施、通讯设施、防火堤、工艺管线、设备、阀门、地下管线、各种电缆、基础等,未造成后果的	扣2000元,扣5分	
	4.36 未办理车辆《特别通行证》或挪用、转借《特别通行证》进入生产装置和油罐区	扣2000元,扣3分	

类别	考核内容	扣款及扣分	制订部门
4. HSE 考核细则	4.37 机动车辆未按《特别通行证》规定的通行路线在生产装置区域行驶的,机动车辆进出生产装置区域未按要求落实《特别通行证》上规定的安全措施的	扣 500 元,扣 3 分	安环部门 消防部门 工程管理部门
	4.38 机动车辆进入生产装置区域不服从装置管理人员及车辆通行安全监护人监督、检查及指挥的	扣 800 元,扣 5 分	
	4.39 挪用或占用本项目中的 HSE 技术措施费的,或未能按要求提供 HSE 费用详细使用清单.	扣 2000 元,扣 5 分	
	4.40 在用火、进入受限空间、高处作业、破土作业、临时用电作业等施工作业前,应办而未办理相应作业许可证擅自作业	扣 2000 元,扣 7 分	
	4.41 公司有关管理部门要求整改的问题或隐患未按时、未按要求整改	扣 2000 元,扣 7 分	
	4.42 施工现场专职 HSE 管理人员未设置或人员变更时未及时备案	扣 2000 元,扣 10 分	
	4.43 随意排放易燃、易爆物料和危险化学品	扣 2500 元,扣 10 分	
	4.44 因 HSE 措施未落实而对装置生产造成影响的	扣 3000 元,扣 10 分	
	4.45 擅自动用或损坏公司在役的生产、安全设施,如消防设施、通讯设施、防火堤、工艺管线、设备、阀门、地下管线、各种电缆、基础等,造成一定后果的	扣 3000 元,扣 10 分	
	4.46 因施工影响生产、安全、消防设施等正常或应急使用,且不采取临时措施或不报告的	扣 3000 元,扣 10 分	
	4.47 拒不接受安全管理人员监督检查	扣 3000 元,扣 7 分	
	4.48 施工过程中未落实相关 HSE 措施而影响 2 套及以上装置日生产量的 50% 或造成 1 套装置切断进料	扣 5000 元,扣 10 分	
	4.49 损坏公司在役的生产、安全设施,如消防设施、通讯设施、防火堤、工艺管线、设备、阀门、地下管线、各种电缆、基础等,造成较大后果的	扣 5000 元,扣 10 分	

类别	考核内容	扣款及扣分	制订部门
4. HSE 考核细则	4.50　在铁路两侧施工,未采取有效安全措施,已影响铁路正常运行	扣 5000 元,扣 10 分	安环部门 消防部门 工程管理部门
	4.51　对发生的运行部级、公司级事故(含未遂事故)负有一定责任	扣 10000 元,扣 10 分	
	4.52　损坏公司在役的生产、安全设施,如消防设施、通讯设施、防火堤、工艺管线、设备、阀门、地下管线、各种电缆、基础等,造成严重后果的	扣 20000 元,扣 15 分	
	4.53　施工过程中未落实相关 HSE 措施而造成多套装置切断进料	扣 20000 元,扣 15 分	
	4.54　对发生的公司级事故负有主要(全部)责任	扣 20000 元,扣 15 分	
	4.55　未经甲方同意,擅自将工程项目进行分包或承接分包项目的承包商未经甲方安全部门审查备案	扣 20000 元,扣 20 分	
	4.56　对发生的股份公司级一般事故负有次要责任	扣 30000 元,扣 20 分	
	4.57　对发生的股份公司级一般事故负有主要责任	扣 50000 元,扣 20 分	
	4.58　对发生的股份公司级一般事故负有全部责任	扣 100000 元,扣 30 分	
	4.59　承包商未组织内部三级安全教育或把关不严,仍有文盲参加公司安全教育等问题的,经安全教育管理人员警告后,再次出现此类问题的	每人次扣 200 元,扣 1 分	
	4.60　装置大修没有建立健全 HSE 管理等相关文件或体系运行不正常的	扣 500 元,扣 3 分	
5. 放射性同位素与射线装置放射防护考核细则	5.1　有下列违章现象的单位或个人:		安环部门
	5.1.1　未取得公司颁发的《放射工作许可证》和《射线作业证》,或其资质未经安环处审批擅自进行射线作业的	每次扣 8000 元,扣 8 分	
	5.1.2　射线装置未经省、市级环保部门审核,无《辐射安全工作许可证》施工单位而实施放射工作的	每次扣 8000 元,扣 8 分	

类别	考核内容	扣款及扣分	制订部门
5. 放射性同位素与射线装置放射防护考核细则	5.1.3　放射源未到省级环保部门办理转入、转出手续,擅自进入公司辖区进行施工作业的	每次扣8000元,扣8分	安环部门
	5.2　有下列违章现象的单位或个人:		
	5.2.1　持有公司颁发的《放射工作许可证》和《射线作业证》的单位,擅自将射线项目或工程扩散、转包给无证单位或无证个人作业时	每次扣5000元,扣6分	
	5.2.2　射线作业单位未办理《射线探伤、拍片作业票》擅自在生产区域或非生产区域进行射线作业的	每次扣5000元,扣6分	
	5.2.3　射线作业单位未办理《含密封源检测仪表检修作业票》擅自在生产区域或非生产区域进行射线作业的	每次扣5000元,扣6分	
	5.2.4　射线作业中发生放射事故的	每次扣5000元,扣6分	
	5.3　有下列违章现象的单位或个人:		
	5.3.1　射线作业单位未按《射线探伤、拍片作业票》或《含密封源检测仪表检修作业票》当天规定的作业时间进行射线作业的	每次扣3000元,扣4分	
	5.3.2　射线作业单位未落实《射线探伤、拍片作业票》或《含密封源检测仪表检修作业票》规定的安全措施进行射线作业时	每次扣3000元,扣5分	
	5.3.3　射线作业施工单位委托民工或无《射线作业证》者进行射线作业时	每次扣3000元,扣6分	
	5.4　有下列违章现象的单位或个人:		
	5.4.1　射线作业单位由于防护措施不到位,造成管理区放射剂量超标(>0.004mSv/h)的	每次扣1000元,扣2分	
	5.4.2　射线作业单位放射工作人员上岗时不佩带卫生部门颁发的射线个人剂量计	每次扣1000元,扣2分	
	5.4.3　射线作业单位放射工作人员在装置区射线作业期间严重违章违规的	每次扣5000元,扣6分	
	5.4.4　射线作业单位未按《射线探伤、拍片作业票》或未按《含密封源检测仪表检修作业票》有关辐射安全规定进行射线作业时	每次扣5000元,扣6分	
	5.4.5　射线施工单位现场安全监护人未按落实现场防护措施,造成施工现场辐射剂量超标的	每次扣3000元,扣4分	

类别	考核内容	扣款及扣分	制订部门
5. 放射性同位素与射线装置放射防护考核细则	5.4.6　放射源出入库未按规定手续办理的	每次扣5000元,扣6分	安环部门
	5.4.7　外委管理单位未按规定做好放射源库的治安保卫、设备完好及及各类台帐的管理	每次扣3000元,扣4分	
	5.5　在公司内持有《放射工作许可证》施工单位考核分值与处罚:		
	5.5.1　射线施工单位违章扣分达4分时	给予警告、处罚并限期改正。	
	5.5.2　射线施工单位违章扣分达6分时	给予处罚并责令其停止射线作业进行整改。	
	5.5.3　射线施工单位违章扣分累计超过12分时	吊销该单位的《放射工作许可证》,其所属人员吊销《射线作业证》,吊证时间为一年	
	5.6　各射线作业单位全年考核分值为12分,累积扣分满12分的违章单位	给予取消当年公司辖区内射线探伤资质	
6. 工程考核细则	6.1　对工程施工承包商、专业工程分包商和EPC总承包商的考核:		工程管理部门
	6.1.1　施工准备:		
	6.1.1.1　人员或机具入场未及时报验的,或未报验或报验不合格就进场作业的,或更新后不再进行报验的	每次扣500元,扣3分	
	6.1.1.2　没有开工报告而擅自开工的	扣3000元,扣10分	
	6.1.1.3　对具有较大危险性的分部分项工程,未编制专项施工方案和风险评估、危害识别的	扣2000元,扣10分	
	6.1.1.4　对于需要进行专家论证的专项施工方案未组织论证的	扣3000元,扣20分	
	6.1.1.5　体系人员中有非本单位在聘人员（专业分包除外）	每次扣200元,扣2分	
	6.1.1.6　未制定各级岗位人员的管理职责、关键责任人员职责不清	扣300元,扣2分	
	6.1.1.7　对建设单位发布的各类文件、各类工程会议纪要上的要求未贯彻执行的	每次扣300元,扣2分	
	6.1.1.8　无相关管理文件、使用失效标准规范,经提出未整改的	每次扣300元,扣2分	

类别	考核内容	扣款及扣分	制订部门
	6.1.1.9 未按规定参与设计交底或图纸会审的	扣300元,扣2分	
	6.1.1.10 施工过程中使用无效版本的图纸、施工方案的	每次扣200元,扣2分	
	6.1.1.11 计量、特种设备在有效期外使用	每台扣100元,扣1分	
	6.1.2 质量控制:		
	6.1.2.1 施工现场专职质量管理人员未设置或不在岗的	扣1500元,扣10分	
	6.1.2.2 未设置质量控制点的	扣1000元,扣10分	
	6.1.2.3 质量控制点未报验或检验不合格就进入下道工序的	扣500元,扣3分	
6. 工程考核细则	6.1.2.4 承包商各项目部每月未进行现场质量综合检查的、承包商总部质管部门每季未进行现场质量综合检查的	扣2000元,扣10分	工程管理部门
	6.1.2.5 检查出的质量问题未及时整改、整改不彻底或整改不符合要求、同一个项目中的质量问题经建设或监理单位提出未举一反三整改或又重复发生的	每次扣100元,扣1分	
	6.1.2.6 自查问题、业主方、项目管理方或监理方的质量问题整改通知单未在规定时间内整改或答复的	每次扣500元,扣5分	
	6.1.2.7 焊工、电工、无损检测、热处理工等特殊工种人员未持证上岗或超证作业的	每发现1名,扣100元,扣1分	
	6.1.2.8 焊工、电工、无损检测、热处理工等特殊工种人员无上岗证进行作业的	每发现1名,扣500元,扣5分	
	6.1.2.9 焊工、电工、无损检测、热处理工等特殊工种人员持假证上岗的	每发现1名,扣1000元,扣10分	

类别	考核内容	扣款及扣分	制订部门
6. 工程考核细则	6.1.2.10 有以下现象之一者： A. 工程材料或设备未进行入场检验或入场检验不合格仍投入使用的、不按规定程序处理不合格品的。 B. 原材料检测、焊接、热处理、无损检测、质量验收、电仪调试等过程记录不符合要求或造假的。 C. 入场的工程材料或设备未按规定要求进行保护和存放的、工程材料设备由于保管不善造成污染或损坏的。 D. 压力管道、压力容器试压作业不符合规范的。 E. 工艺管道材质错用或混用的、标识不清或标识未移植、管道焊口无标识的、在实体未完成前进行焊口标注的、焊口标识与实际不符合的、更改(涂改)焊口实体编号的。 F. 焊材保存、烘烤管理混乱、非焊工本人领用焊材、焊材错用；在风雨天气中无防护措施下进行焊接作业，经提出后未整改的；隐瞒焊口返修过程，人为提高焊接一次合格率的；焊接月累计合格率低，经提出后仍得不到控制或焊接月累计合格率在 90% 以下的。 G. 未进行见证取样的、制作见证取样假试件的	每发现 1 处，扣 500 元，扣 5 分	工程管理部门
	6.1.2.11 违反工艺纪律或未按施工程序进行施工的	扣 300 元，扣 2 分	
	6.1.2.12 质量问题未及时通报建设单位的	扣 300 元，扣 2 分	
	6.1.2.13 开工过程中发现工艺管道或设备由于施工单位作业不到位造成泄漏的	扣 500 元，扣 5 分	
	6.1.2.14 发生重大质量事故的	扣 5000 元，扣 15 分	
	6.1.2.15 发生质量事件或事故，未能在第一时间内向工程处报告的	扣 3000 元，扣 10 分	
	6.1.3 进度控制:		
	6.1.3.1 未及时按要求向业主方上报施工网络计划的	扣 1000 元，扣 5 分	
	6.1.3.2 由于工程施工承包商、专业工程分包商和 EPC 总承包商自身原因，导致现场进度与计划进度滞后，无法满足统筹计划的	扣 5000 元，扣 15 分	
	6.1.3.3 由于非承包商原因可能导致现场进度与计划进度滞后，但承包商未及时向监理/项目管理单位或业主方反映的	扣 2000 元，扣 10 分	

类别	考核内容	扣款及扣分	制订部门
6. 工程考核细则	6.1.3.4 未及时领料导致业主方材料积压或现场物资供应不足,甲供物资到货有问题未及时向监理/项目管理单位或业主方反映的	扣2000元,扣10分	工程管理部门
	6.1.3.5 未按已批准的施工组织设计(方案)施工的	扣1000元,扣5分	
	6.1.3.6 对于业主方、监理方或工程管理承包方下达的指令拒不执行的	扣5000元,扣10分	
	6.1.3.7 对于业主方、监理方或工程管理承包方下达的指令拒不执行且造成后果的	扣10000元,扣20分	
	6.1.4 投资控制:		
	6.1.4.1 设计变更申请、施工变更申请未在规定时间内办理相关手续的	扣200元,扣2分	
	6.1.4.2 提出的书面变更内容与现场实体不符的	扣500元,扣5分	
	6.1.5 合同管理:		
	6.1.5.1 项目分包而未及时报工程处审批备案的,或现场实际分包行为与报批备案的分包情况不符的	扣1000元,扣10分	
	6.1.5.2 未按合同文件承诺的配备相应的管理人员,组建各类施工管理体系的,或施工过程中擅自变更的	扣2000元,扣10分	
	6.1.5.3 项目经理每周到位率不足80%的	扣1000元,扣5分	
	6.1.6 信息管理:		
	6.1.6.1 工程结束后未按规定时间提供竣工资料的	扣200元,扣2分	
	6.1.6.2 工程交工技术文件上的数据与原始记录数据或事实不符合,存在弄虚作假现象的	扣500元,扣5分	
	6.1.7 文明施工管理:		
	6.1.7.1 有以下现象之一者 A. 施工现场未按规定要求设置"五图三牌"的。 B. 施工现场未按要求进行维护隔离,未设置相应警示标志的。 C. 现场材料未分区堆放,未设置相应标志牌,堆放杂乱不整洁的	扣500元,扣5分	

类别	考核内容	扣款及扣分	制订部门
6. 工程考核细则	D. 施工结束后现场未及时清扫,做到"工完料净场地清"的。 E. 施工作业区域照明不能满足作业要求的。 F. 施工机械未当按照施工总平面布置图规定的位置设置,任意侵占厂内道路的。 G. 对原有设施、施工成品或半成品保护不力,造成破坏的。 H. 现场未配备足够合格灭火器等消防设施的。 I. 现场临时用电、电线电缆架设、开关箱设置、施工照明以及防雨防雷等方面控制措施未满足要求的。 J. 已预制的管段或已安装的设备内发现杂物的	扣500元,扣5分	工程管理部门
	6.1.7.2 对施工成品、半成品和上道工序成品未采取保护措施造成成品损坏的	扣300元,扣2分	
	6.1.7.3 对施工成品、半成品和上道工序成品未采取保护措施造成成品损坏且隐瞒不报的	扣500元,扣5分	
	6.1.7.4 施工单位未能搞好社会治安综合治理,有打架斗殴事件,有黄、赌、毒等社会丑恶现象的	扣10000元,扣25分	
	6.2 对工程管理承包商、工程监理单位的考核:		
	6.2.1 所管理或监理的单位发生的6.1各款违约行为的	扣200元,按50%比例扣分。发生重大安全质量事故时,按施工单位违约金的25%追加处以违约金	
	6.2.2 管理或监理人员配备不符合投标文件,未经审批擅自更换相关人员的,或总监、监理工程师、监理员、项目管理人员资质和能力不符合要求的	每发现1名扣200元,扣1分	
	6.2.3 未按投标文件配备相应的检测工器具,或检测工器具计量不合格,记录不完善的	扣100元,扣1分	
	6.2.4 开工前未及时提供经审批的监理规划和监理细则的	扣200元,扣2分	
	6.2.5 工程未达到开工条件而同意其开工,或发现施工单位在未得到批准就开工而未予以立即制止的	扣2000元,扣10分.	

续表

类别	考核内容	扣款及扣分	制订部门
6. 工程考核细则	6.2.6 施工前,未对施工组织设计、施工方案和技术措施进行审查的,或对具有较大危险性的分部分项工程,未要求施工单位编制专项施工方案和风险评估、危害识别的,或没有对其方案进行审查、签字就实施的	扣500元,扣5分	工程管理部门
	6.2.7 施工前,未及时跟进施工单位分包报批备案、人员机具报验,工程迟迟不能开工未主动催促的	扣200元,扣1分	
	6.2.8 未积极检查施工单位的各类管理组织机构建立情况和专职管理人员到位情况,对于不合格的单位未及时下达《隐患整改通知单》,限期整改的	扣100元,扣2分	
	6.2.9 对工程施工过程中出现的各类问题未及时主动进行协调解决	扣200元,扣2分	
	6.2.10 未对工程施工进行动态管理,及时检查工程各类指标完成情况,对工程施工控制不力的	扣1000元,扣5分	
	6.2.11 每周未对施工现场进行综合检查,发现问题未及时纠正,必要时未下达《隐患整改通知单》,限期整改,对于不及时整改的,未要按规定进行处罚的	扣100元,扣2分	
	6.2.12 质量控制点及工序验收、隐蔽工程验收不认真、检查不及时、评价不准确的	扣100元,扣2分。因此造成工期延误的,扣200元,扣5分	
	6.2.13 对重要部位和关键环节未进行旁站,见证取样不及时的或不符合要求的	扣100元,扣2分	
	6.2.14 未认真核算现场实际完成工作量、签证工作量的,或在签证时未认真核查变更原因和影响的	扣200元,扣5分	
	6.2.15 施工过程中未及时认真检查施工单位分包情况的,发现实际分包情况与施工单位报批备案的分包情况不符的	扣5分	
	6.2.16 工程结束后未按规定时间组织竣工图审查、提供竣工资料的	扣100元,扣2分	
	6.2.17 监理竣工资料存在弄虚作假现象的	扣100元,扣2分	

类别	考核内容	扣款及扣分	制订部门
7. 人力资源考核细则	7.1 人员资质、人数及人员的稳定性要求不符合甲方要求的。乙方从业人员的调动未经甲方合同主签单位同意的	每次扣2000元,扣10分	人教部门
	7.2 未与从业人员建立劳动关系,或未依法做好劳动合同的变更、中止、终止、解除等	每次扣1000元,扣8分	
	7.3 未按有关规定建立薪酬制度,未足额发放工资、欠薪的	每次扣1000元,扣6分	
	7.4 未按国家有关规定为从业人员缴纳各项社会保险,或对从业的非全日制用工人员未缴纳雇主责任险等商业保险	每次扣400元,扣4分	
	7.5 未依法遵守国家关于劳动者工作时间和休息休假、加班加点规定,合理安排工作时间,保证乙方从业人员依法休假的	每次扣300元,扣3分	
	7.6 未建立劳动安全卫生制度,没有向从业人员提供必要的劳动防护用品。未建立劳动防护用品的发放登记卡片	每次扣2000元,扣10分	
	7.7 未依法对乙方从业人员进行岗前、定期体检和离职体检,未对从事有职业危害作业的劳动者定期做好职业健康体检(包括岗前体检、在岗体检和离职体检)	每次扣2000元,扣10分	
	7.8 对应持证上岗外包人员未按要求实行持证上岗,未对从业人员进行上岗前安全教育、上岗培训和上岗取复证工作。未建立安全教育登记卡、安全培训等记录卡片	每次扣800元,扣5分	
	7.9 乙方从业人员的基本信息表(如姓名、性别、学历、职称等)及与从业相关证件的复印件(身份证、毕业证书、上岗证和特种作业证等)未按要求及时到甲方合同主签单位备案	每次扣200元,扣1分	
8. 治安保卫交通考核细则	8.1 违反《治安保卫管理制度》行为:		人教部门
	8.1.1 冒用、转借门禁卡	个人行为扣100元/人;单位行为扣300元/人,扣1分	
	8.1.2 使用伪造的门禁卡	个人行为扣200元/人;单位行为扣500元/人,扣2分	

类别	考核内容	扣款及扣分	制订部门
8. 治安保卫交通考核细则	8.1.3 门禁卡遵循"谁办证、谁负责"的原则,承包商要做好门禁卡管理,人员离开单位后,要及时办理退卡手续,在有效期截止后,半年以上未办理退卡手续的	过期卡 10 张以下扣单位 100 元,扣 1 分;10 张以上 50 张以下,扣单位 500 元,扣 2 分。50 张以上,扣单位 1000 元,扣 3 分	事务中心
	8.1.4 无门禁卡人员,通过攀爬围墙、钻洞沟或其他方式进入生产区(施工区)	每人次扣 100 元;单位使用无门禁卡人员扣 300 元/人,扣 1 分	
	8.1.5 未经批准,擅自开围墙、挖洞进行施工的	每次扣 500 元,扣 2 分	
	8.1.6 超越权限借用、挪用公、私财物或涂改领料单及其他凭证,虚报、冒领财物,或出生产区物资规格、数量、名称与出门证不符,或一证多车、计量不确切等违反公司物资出门证管理有关规定	情节轻微的,每次扣 500 元,扣 2 分。情节较重的,每次扣 3000 元,扣 5 分	
	8.1.7 窝藏、包庇犯罪或窝赃、销赃,为违法犯罪提供场所	情节轻微的,每次扣 500 元,扣 2 分	
	8.1.8 传播黄色书刊、音像电子物品等	情节轻微的,每次扣 200 元,扣 1 分	
	8.1.9 发生殴打他人或参与斗殴	情节轻微的,每次扣 200 元,扣 1 分。情节较重的,每次扣 2000 元,扣 4 分。发生群体性斗殴事件,每次扣 10000 元,扣 5 分	
	8.1.10 赌博或变相赌博、提供赌博场所或赌具	情节轻微的,每次扣 100 元,扣 1 分。情节较重的,每次扣 1000 元,扣 3 分	
	8.1.11 偷窃公、私财物	情节轻微的,价值较小的,每次扣 100 元;扣 1 分。价值在 200 元以上扣 500 元及以下的,每次扣 500 元,扣 2 分。价值在 500 元以上的,移交公安机关处理,扣 3 分。公安机关未作处理退回的,每次扣 2000 元,扣 3 分。一个月内连续发生偷窃公、私财物 3 起的,加倍处罚	

类别	考核内容	扣款及扣分	制订部门
	8.1.12 未列举的其他违反《治安保卫管理制度》的行为或造成较大影响的治安、刑事案件	另行处理	
	8.2 违反《交通安全管理制度》行为:		
	8.2.1 不按规定的时间、路线行驶的	每次扣100元,扣1分	
	8.2.2 不按规定的时速行驶:		
	8.2.2.1 超速100%以下的	每次扣100元,扣1分	
	8.2.2.2 超速100%以上的。	每次扣200元,扣2分	
	8.2.3 不审批封堵占道	每次扣100元,扣1分	
	8.2.4 不审批运载超限物品("四超")或不按规定行驶的	每次扣100元,扣1分	
	8.2.5 未系安全带驾驶乘座车辆	每次扣100元,扣1分	
	8.2.6 客货混装行驶或规定部位以外坐(站)人	每载1人扣100元,扣1分	
8.治安保卫交通考核细则	8.2.7 借用、冒用车辆门禁卡的	个人行为每次扣200元,扣1分。单位行为每次扣500元,扣2分	事务中心
	8.2.8 无准驾证或借用、冒用证件的驾驶车辆	每次扣300元,扣2分	
	8.2.9 不按交通标志、标线所示道路行驶或停放;影响公司辖区内道路安全畅通的	每次扣100元,扣1分	
	8.2.10 不避让执行任务的特种车辆的	每次扣200元,扣2分	
	8.2.11 机动车辆在职工上下班高峰期间通行的	每次扣100元,扣1分	
	8.2.12 佩带戴不合格消火器在生产区行驶的	每次扣200元,扣2分	
	8.2.13 开车时拨打接听手持电话等妨碍安全驾驶的行为	每次扣100元,扣1分	
	8.2.14 驾驶员每月发生各类违章违规行为两次以上(含两次)	相应处罚加倍	
	8.2.15 同一车辆每月累计发生各类违章违规行为三次以上(含三次)	除相应处罚外,再扣单位5000元	
	8.2.16 发生厂内交通事故的或造成较大影响的违章行为	另行处理	

类别	考核内容	扣款及扣分	制订部门
8. 治安保卫交通考核细则	8.2.17 未列举的其他种类违章行为	参照《中华人民共和国道路交通安全法》和《中华人民共和国道路交通安全法浙江省实施条例》处理。拒不承担违约责任或在一年内三次以上违章违规承担违约责任的驾驶员或车辆单位,不再办理车辆门禁	事务中心
9. 环境卫生绿化考核细则	9.1 违反《爱国卫生管理规定》行为:		事务中心
	9.1.1 施工建筑垃圾随意倾倒	每次扣200元,扣1分	
	9.1.2 未做到工完、料尽、场地清	每次扣400元,扣2分	
	9.1.3 施工单位在马路路面上直接搅拌混凝土和进行水泥浆作业	每次扣300元,扣2分	
	9.1.4 施工中发生油漆、涂料污染路面	每次扣800元,扣3分	
	9.1.5 手续未齐全在道路上进行开挖	每次扣500元,扣3分	
	9.2 违反《环境卫生考核细则》行为:		
	9.2.1 垃圾清运车辆在清运过程中垃圾撒落、渗漏	每次扣500元,扣2分	
	9.2.2 各种工程车辆在运输过程中产生撒落、渗漏	每次扣500元,扣2分	
	9.3 违反《绿化管理规定》行为:		
	9.3.1 未按规定穿戴劳保进行施工的	每人次扣50元,扣1分	
	9.3.2 未按规定办理入厂手续的施工人员	每人次扣50元,扣1分	
	9.3.3 擅自占用绿地100m² 内的(以上的按"绿化管理规定"考核)	除恢复绿地外,每次扣200元,扣1分	
	9.3.4 损坏树木10株以内的(以上的按"绿化管理规定"考核)	除恢复绿地外,每次扣200元,扣1分	
	9.3.5 损坏园林设施在1000元以内的(以上的按"绿化管理规定"考核)	除按价赔偿外,每次扣100元,扣1分	
	9.3.6 在绿地内倾倒废物垃圾的	每次扣100元,扣1分	
	9.3.7 在绿地内乱停车的	每次扣200元,扣2分	
	9.3.8 绿地内有枯枝、病害,影响行人及车辆的安全的	每次扣100元,扣1分	
	9.3.9 进行绿化修剪、治虫、种植等作业时,有安全隐患的	每次扣100元,扣1分	

类别	考核内容	扣款及扣分	制订部门
9. 环境卫生绿化考核细则	9.3.10 进行绿化修剪、治虫、种植等作业时,造成轻微安全事件的	每次扣500元,扣2分	事务中心
	9.3.11 绿化养护管理不倒位,有质量、安全隐患的	每次扣100元,扣1分	
	9.3.12 绿化养护管理不倒位,造成质量、安全事件的	每次扣500元,扣2分	
	9.3.13 未按规定办理动土等相关手续擅自进行绿化施工的	每次扣1000元,扣5分	
10. 质量考核细则	10.1 未按要求对装运容器检查确认、记录内容不齐全或不符合要求	每次扣100元,扣2分	质技部门
	10.2 液体产品储罐变更收油品种、牌号,没有书面指令	每次扣100元,扣2分	
	10.3 液体产品储罐、管线变更或检修作业,没有书面方案	每次扣100元,扣2分	
	10.4 液体产品装车后未落实铅封要求	每次扣100元,扣2分	
	10.5 汽油槽车等不符合要求时,未向用户提出,未落实用户签字确认	每次扣100元,扣2分	
	10.6 生产和服务全过程的产品标识、记录不正确	每次扣100元,扣2分	
	10.7 产品交付、出库等操作与制度规定不符的	每次扣200元,扣2分	
	10.8 产品防护措施落实不到位的	每次扣200元,扣2分	
	10.9 液体产品罐未按规定进行沉降、脱水,管线未按规定顶线操作的	每次扣100元,扣2分	
	10.10 液体产品罐未在规定周期内清罐、记录内容不齐全或不符合要求	每次扣200元,扣2分	
	10.11 固体产品未按规定牌号、标识进行堆放,发现破包、标识不清等不符合要求的	每次扣500元,扣3分	
	10.12 特洗槽车洗涮设施维护不到位影响洗涮质量的,特洗质量不符合要求未及时整改的	每次扣200元,扣2分	
	10.13 检查出的质量问题未及时整改或整改不符合要求	每次扣200元,扣2分	
	10.14 同一个质量问题经提出未整改或又重复发生的	每次扣500元,扣3分	

类别	考核内容	扣款及扣分	制订部门
10. 质量考核细则	10.15　未按要求操作造成不合格产品或杂物混入合格产品中,或包装设施发生故障未及时处理等,影响产品质量或包装质量	每次扣1000元,扣3分	质技部门
	10.16　因管理不到位、异常信息未及时传递、或因包装袋质量等问题,影响包装质量、产品外观及产品质量等,造成出厂产品质量不合格或用户投诉	每次扣1000~3000元,扣5分	
	10.17　在接到投诉后,未对生产作业等过程进行复查并分析原因	每次扣1000元,扣3分	
	10.18　对出厂产品质量有问题未能及时进行原因分析、落实纠正与预防措施	每次扣1000元,扣3分	
	10.19　发生质量事件或事故,未能在第一时间内向职能部门报告的	每次扣1000元,扣3分	
	10.20　因管理不到位,发生产品质量事故	参照公司事故规定考核	
11. 物资装运考核细则	11.1　汽车运输管理:		物资采购部门
	11.1.1　运煤车满车运输时未盖蓬布	每次扣100元,扣1分	
	11.1.2　配送车辆车容不整影响物资装运、破损	每次扣100元,扣1分。如受损严重照价赔偿	
	11.1.3　配送危化品车辆、无押运人员	每次扣100元,扣1分	
	11.1.4　配送车辆不及时到(超过20min)	每次扣50元,扣1分	
	11.1.5　配送物料驾驶员,押运员未戴安全帽,未穿劳保服进作业现场	每次扣100元,扣1分	
	11.2　装卸作业管理:		
	11.2.1　不听从用工人员要求摆放物资和装卸	每次扣100元,扣1分	
	11.2.2　在工作时无理处闹、打架斗殴、饮酒	每次扣500元,扣2分。严重的按治安处罚条例规定执行	
	11.2.3　不按规定野蛮装卸	每次扣100元,扣1分。如货物受损照价赔偿	
	11.2.4　在作业时没有穿戴好劳动保护用品	每次扣100元,扣1分	
	11.2.5　民工作业后,向用工人员无理要工账	每次扣50元,扣1分	
	11.3　切割发料管理:		
	11.3.1　在仓库钢材堆场切割时未开动火票	每次扣300元,扣2分	

类别	考核内容	扣款及扣分	制订部门
11. 质量考核细则	11.3.2　按时上下班,有事未请假	每次扣50元,扣1分	物资采购部门
	11.3.3　设备检查保养不到位,影响工作	每次扣300元,扣2分。(有故障及时汇报不算)	
	11.4　污水、污油等废物转移:使用单位通知后,车辆未及时去转运污油、污水等废物料	每次扣300元,扣2分	

注:1.未列举的其他形式违章违纪和未遂事故,可根据情节轻重,参照条款作相应的处理;

　　2.同一事项按就高原则,不重复处理;

　　3.制订部门涉及的各项条款,其他部门、单位均可引用。

附件 1.17　工程项目分包审批表

中国石化 SINOPEC	中国石油化工股份有限公司 xxxx 分公司管理体系			
	建设工程施工专业分包审批表			
	记录编号		使用单位	
项目名称			项目号	
施工总承包人/ EPC 总承包人				
合同编号				
分包策划	分包工程主要内容及所属专业			
	工程数量			
	拟分包工程合同额			
	分包工程占全部工程			
	拟分包单位及资质等级	单位名称： 资质等级：		
	拟分包单位管理人员情况	项目经理： 技术负责人：		执业资格： 职称：
	拟分包单位在中国石化工程建设市场资源库中编号			
申请单位意见			日期　　　　　(章)	
项目管理单位意见	专业工程师：　　项目负责人：　　日期　　　(章)			
建设单位意见	项目经理：　　　日期　　　(章)			

注:1.本表一式三份,总包单位、项目管理单位和建设单位各留存一份;

2.申请时应附拟分包单位的中国石化工程建设市场资源库成员证明、营业执照、资质证书、安全生产许可证和分包单位主要管理人员资格材料。

附件1.18 工程项目分包商施工资格确认证书

中国石化 SINOPEC	中国石油化工股份有限公司xxxx分公司管理体系			
	工程项目分包商施工资格确认证书			
	记录编号		使用单位	
证书编号				
企业名称			法定代表人	
企业性质			代理人	
企业地址			注册资金	
项目经理		资格	联系电话	
营业执照号		发证部门		
企业资质等级				
资质证书号		发证机构		
工程管理单位				
工程服务范围：				
有效期	本工程结束,证书即无效		发证日期	
发证部门	xxxx分公司承包商资源市场专业委员会办公室		年 月 日 （公章）	

附件 1.19　分包方能力调查和评审表

中国石化 SINOPEC	中国石油化工股份有限公司 xxxx 分公司管理体系		
	工程项目分包商施工资格确认证书		
	记录编号		使用单位	
分包单位名称			
机构认可情况			
承担分包项目能力			
仪器设备			
人员素质			
环境条件			
量值溯源			
报告质量			
评审结果	 评审人：　　年　　月　　日		
技术负责人意见	 签字：　　年　　月　　日		

附件 1.20　分包台账

中国石油化工股份有限公司××××分公司管理体系

建设工程施工分包台账（20××年度）

序号	项目名称	记录编号	总承包单位名称	分包内容	使用单位		分包申请表号	分包备案表号
					分包单位名称			

附件 1.21　劳务分包备案表

中国石化 SINOPEC	中国石油化工股份有限公司 xxxx 分公司管理体系			
	工程项目分包商施工资格确认证书			
	记录编号		使用单位	
项目名称			项目号	
施工总承包人/ EPC 总承包人				
合同编号				
分包策划	分包工程主要内容			
	拟分包单位名称			
	拟分包单位资质			
	拟分包单位管理人员	项目负责人： 安全员：		
申请单位意见			日期	（章）
项目管理单位意见	专业工程师：	项目负责人：	日期	（章）
建设单位备案意见		项目经理：	日期	（章）

注：1. 本表一式三份，总包单位、项目管理单位和建设单位各留存一份；

　　2. 申请时应附拟分包单位的营业执照、资质证书、安全生产许可证和分包单位主要管理人员资格材料。

附件1.22 装置检修改造项目劳动力资源汇总表

总承包单位：

序号	总承包商	分包单位	管工	铆工	焊工	钳工	仪表	电工	架设	起重	油漆保温	无损检测	其他	合计
1	劳动力总投入													
2	总包商自有人员													
3	分包商人员合计													
3.1		XX工程建设有限公司												
3.2		XX工程检测有限公司												
3.3		XX防腐保温有限公司												
……		……												

附件1.23 装置检修改造施工机具汇总表

承包商	装置名称	吊机									叉车	板车	其他主要机械							合计
		500t及以上	350t	250t	200t	120t	80t	55t	50t	50t以下			液压扳手	焊机	热处理设备	抽芯机	试压胎具	试压泵	高压清洗机	
XX公司	装置1																			
	装置2																			
	小计																			
XX公司	装置1																			
	装置2																			
	小计																			
合计																				

附件1.24　装置检修改造停工条件确认表

序号	项目	工作内容	完成标志	责任单位	完成时间	确认意见
1	组织准备	组织体系	停工组织体系已建立	运行部		
2		职责分工	成员分工已落实			
3		人员安排	人员安排已落实、责任清晰			
4	检修准备	检修计划下达	正式计划下达	机动处		
5		需设计项目完成设计	设计图纸交付			
6		需订货项目物资到位	到货率95%			
7		承包商确定	外委合同签订			
8		施工方案	方案正式批准			
9		项目交底	施工单位班组交底完成			
10		施工机具	准备到位,检查合格			
11		预制施工	预制率60%			
12		项目管理	按照项目管理控制节点要求			
13	改造准备	项目详细设计	设计图纸交付	工程处		
14		物资订货	到货率95%			
15		承包商确定	外委合同签订			
16		施工方案	方案正式批准			
17		项目交底	施工单位班组交底完成			
18		施工机具	准备到位,检查合格			
19		预制施工	预制率60%			
20		项目管理	按照项目管理控制节点要求			
21	工艺准备	装置停工方案	方案已批准、下发	生产处		
22			方案培训已完成,岗位人员已掌握	运行部		
23			停工任务表已经编制完成	运行部		
24			停工吹扫置换表已发到班组	运行部		
25			停工方案抽考已经完成	生产处		
26		系统外围	系统物料准备完成	生产处		
27			公用工程部条件已落实	生产处		
28		停工流程、设施	系统配套流程已就绪	生产处		
29			临时措施安装就位	运行部		
30			停开工所用设备已经准备完毕、合格好用	运行部		

续表

序号	项目	工作内容	完成标志	责任单位	完成时间	确认意见
31	工艺准备	隔离盲板	盲板已准备就绪	运行部		
32			已有专人负责	运行部		
33			台账已建立、现场挂牌	运行部		
34		联锁报警	联锁预报警值及联锁值清单已准备	生产处		
35			工况报警值清单已准备	运行部		
36		化工原材料	停工相关化工原材料已到货,质量检验合格	物装中心		
37			或已与运行部对接不影响装卸	运行部		
38			装卸剂方案,并获得批准 检修期间换剂网络已经确定	运行部		
39			换卸剂设施、人员已落实、责任清晰	运行部		
40						
41			贵金属新剂杜绝浪费、旧剂回收措施已落实	运行部		
42		除臭钝化	实施方案正式批准	运行部		
43		化学清洗	实施方案正式批准	生产处		
44		需设备打开后验证的问题	停工前一周清理好并报生产处备案	运行部		
45		在线分析仪停用	提前联系停用	运行部		
46		通讯指挥	停工用对讲机已经准备好	运行部		
47	HSE准备	HSE措施	停工HSE技术规定和检修项目风险控制措施已审核	安环处		
48		射线防护	方案正式批准			
49		三废处理	办法已确定			
50			处置手续已办理	运行部		
51		对外联络	装置停工检修事宜已与地方环保部门沟通	安环处		
52		安全教育	专题教育已完成	运行部		
53		消防供水设施使用	申请手续已办理	运行部		
54	质量分析	停工交出化验分析	方案已制定,人员已落实	质技中心		
55		在线质量分析仪表	停用、管线处理方案已落实			

序号	项目	工作内容	完成标志	责任单位	完成时间	确认意见
56	仪表	仪表引压管线	处理方案已落实	仪控部		
57		装置仪表检修方案	已确定			
58		检修组织体系	建立、职责分工明晰、人员落实			
59	电气	装置电气检修方案	已确定	电气部		
60		检修组织体系	建立、职责分工明晰、人员落实			
61	物装准备	物资订货	订货合同签订完成	物装中心		
62		物资到货	到货率85%,新订物资已与工程部门对接,不影响检修改造			
63		物资出库	出库率85以上%			
64		物资入库验收	按制度及技术协议要求执行			
65	质量控制	质量管理方案	方案正式批准	机动处/工程处		
66		质量管理人员	质量检查监督人员已到位			
67	后勤服务	劳动竞赛方案	方案已落实	运行部		
68		运行部宣传报道策划	方案已落实、人员到位	运行部		
69		后勤服务方案	方案已落实、人员到位	运行部		
70		公司宣传报道策划	总体方案已落实、人员已到位	新闻中心		
71		交通管理	停工倒班和节假日加班车已满足要求	事务中心		
72		医疗救护	已准备就绪	事务中心		
73		治安管理	现场保卫的组织、人员、交通工具等已落实	事务中心		

附件1.25 装置停工交付检修确认表

中国石油化工股份有限公司×××分公司管理体系

停工交付检修确认表

停工检修单位		记录编号		
单 位	确认内容			
停工单位	1. 装置与系统是否有效隔离并提供对应的盲板表？ 2. 是否有专用氮气线，是否专用？ 3. 管线及容器是否吹扫并提供吹扫作业确认表？ 4. 容器及塔测爆及氧含量是否合格？ 5. 风险系数较大的作业是否进行危害识别分析 6. 对塔、容器仪表监控手段是否上墙？ 7. 动火作业项目是否全上墙？ 8. 对本单位、施工单位参加检修的人员安全教育并考试是否进行？ 9. 明沟、地面上是否有油？轻污分流设施是否投用？ 10. 对装置内电缆沟是否作出明显标志？ 11. 设备、容器、管道是否全部打开并在设备人孔处挂"危险空间！严禁人内"的警示牌？ 12. 检修现场下水井、地漏、明沟的是否封闭，泵沟等是否建立水封？ 13. 检修设备是否停电？			
电气部	1. 是否已按用电单位停送电要求实施停送电？ 2. 参加大修的电气人员是否进行电工作业资格的确认和相应的安全教育？ 3. 其他			

装置	使用单位			
	存在问题	时间	确认意见	年 月 日 确认人

续表

停工检修单位		确认内容	装置	存在问题	时间	确认意见	年 月 日	确认人
单位								
仪控部		1. 对本单位、施工单位参加检修的人员安全教育并进行考试是否进行?						
		2. 机柜间运行装置的机柜与检修的区域是否采用明显有效的隔离措施?						
		3. 仪表吹扫排放中相关安全环保措施是否明确落实?						
		4. 放射线同位素仪表停工检修防护措施是否落实?						
		5. 工器具是否进行相关安全检查?						
		6. 重大作业项目是否编写施工作业方案和进行危害识别与评价?						
		7. 高处作业的脚手架是否搭设妥当并验收合格?						
		8. 每项作业施工是否具有合格的施工检修作业票?相关安全措施是否落实到位?						
		9. 劳保用品穿戴是否符合要求?						
		10. 检修质量和检修内容是否符合要求?						
消防部门		1. 现场消气器材是否齐全、完好?						
		2. 消防、疏散通道是否符合要求?						
		3. 其他						
生产部门	技术科	1. 检查吹扫作业票的确认签名是否落实?						
		2. 现场检查盲板是否按方案和盲板清单进行安装?						
		3. 检查瓦斯、氮气和工艺介质等物料在装置边界是否进行有效隔离?						
		4. 催化剂、保护剂、胺液或按方案不退的介质是否安全隔离?						
	管理科	1. 检查配合外系统的吹扫是否已满足要求可以停运?						
		2. 其他						

停工检修单位 单位		确认内容	装置	存在问题	时间	确认意见	年 月 日	确认人
机动部门	设备科	1. 已按停工方案要求抽堵盲板,且要做好明显标记,并指定专人统一编号登记,严防漏堵、漏拆。盲板的材质、厚度符合安全要求。 2. 与炉、塔、容器相连的蒸汽、氮气等有害介质的阀门,已加盲板隔离。 3. 未经吹扫处理的设备、容器、管道已与系统隔离,设置明显警示标志,并向职工和施工单位交底。 4. 冬季停工,装置要做好防冻防凝工作						
机动部门	动力科	1. 变配电所内电气安全用具、消防器材已检查并在有效期限内; 2. 变配电所内的工器具已检查合格; 3. 电气现场检修动力箱(固定)、临时变电所已经检查合格; 4. 配送电单位、施工单位参修人员已经安全教育并考试合格; 5. 外来人员已经安全教育考试合格; 6. 工艺要提供装置停工后仍需使用的仪表清单; 7. 电气专业提供停工期间同停电网络,仪表提前准备						
安环部门	管理科	1. 对本单位、施工单位参加检修的人员安全教育并考试是否进行? 2. 其他						
安环部门	环保科	1. 明沟、地面上是否有油?轻污分流设施是否投用? 2. 其他						

续表

停工检修单位		装置		时间	确认意见	年 月 日	确认人
单 位			存在问题				
安环部门	安全科	1. 现场固定式可燃气体报警仪、H_2S报警仪等探头是否进行妥善保护？ 2. 对装置内电缆沟是否作出明显标志？ 3. 设备、容器、管道是否全部打开并在设备人孔处挂"危险空间！严禁入内"的警示牌？ 4. 检修现场下水井、地漏、明沟的是否封闭，泵沟等是否建立水封？ 5. 打开的设备、容器、管道测爆分析是否合格？ 6. 运行的装置与检修的区域必须采用明显有效的隔离措施？存在工艺介质的工艺管线是否作出标志？ 7. 其他					
领导意见							

附件 1.26　装置检修交回开工确认表

中国石油化工股份有限公司×××分公司管理体系

停工交付检修确认表

开工装置					
记录编号					
		使用单位			
		时间		年　　月　　日	
单位	要求	存在问题	确认意见	确认人	
施工单位	1. 检修项目以及改造项目已施工完成，并验收合格。 2. 施工用临时设施已全部拆除；现场清洁，无杂物。 3. 除用于开工查漏、热紧用的架子保留外，其他架子、跳板均拆除。 4. 设备、管线等保温复位。 5. 因检修拆除的劳动保护、照明设施已恢复。 6. 塔器设备、安全阀、现场仪表、管线等均已复位				
项目所属单位	1. 设备位号和管道介质名称、流向标示齐全。 2. 检查现场设备、管线、保温等安装符合规范，试用情况正常。 3. 机组等设备联锁试验正常。 4. 工艺联锁装置试验正常。 5. 盲板拆、装清单已确认。 6. 装置吹扫、试压通过。 7. 现场消防、气防器材及岗位工器具配齐，现场环保设施投用。 8. 开工化工原材料准备完毕。 9. 备品配件齐全				

续表

开工装置 单位	要求	时间	存在问题	年 月 日 确认意见	确认人
电气部	1. 变电所已正常投用,高低压电送电正常。 2. 现场电气设备如电动阀、电加热器、电机等试运正常。 3. 现场照明等恢复正常				
仪控部	1. 现场仪表调试、DCS调试、联校正常。 2. 配合工艺、设备的联锁调试已完成				
公用工程部	循环水、新鲜水、蒸汽、仪表风/工厂风、氮气等公用介质供应正常				
储运部	储运系统已具备正常供料以及接收产品条件				
化验部门	1. 现场采样器已复位正常。 2. 分析项目已具备分析条件				
消防部门	1. 现场消气防器材齐全、完好。 2. 消防、疏散通道符合要求				
安环部门 环保	1. 现场环保设施,如轻污分流设施等已投用。 2. 后续环保装置具备接收物料条件				
安环部门 安全	1. 现场固定式可燃气体报警仪、H_2S报警仪等已投用。 2. 拟开工装置与临近的检修区域采用已采用明显有效的隔离措施。 3. 现场安全设施如平台围栏、护栏等符合要求,现场无容易坠落物品。 4. 如有零星动火项目,动火票需升级				
工程管理部门	负责的改造项目已施工完成,并验收合格				

续表

开工装置		时间		年　　月　　日	
单位	要求		存在问题	确认意见	确认人
机动部门 设备科	1. 检修项目已完成,并验收合格。 2. 保运工作已落实				
机动部门 动力科	1. 电气、仪表检修改造项目已完成,并投用正常。 2. 电气现场检修动力箱,临时变已拆除				
技术科	1. 开工方案已审批完成。 2. 盲板已按方案和盲板清单进行安装。 3. 开工用化工原材料已落实。 4. 其他专项方案已落实或审批				
生产部门 管理科	1. 外围的公用、储运系统以及相关装置已可支持装置开工。 2. 开工用原料已落实				
人教部门	操作人员已经过学习、培训,并考试合格				
项目所属单位领导意见	签名:		公司意见: 　　　　　　　签名:		

附件 1.27 检修改造安全管理具体要求

1. 检修改造准备阶段安全工作

（1）公司成立检修改造总指挥部，运行部成立检修改造分指挥部，并定期召开协调会，协调解决检修改造全过程的施工安全管理。

（2）运行部组织完成参检人员（施工单位、本单位）安全教育。承包商应对作业人员进行本工种安全知识教育和本次大修专项教育，并组织考试。各单位组织完成检修工机具、防护用品检查。

（3）运行部完成装置停工方案（包括吹扫方案，除臭、钝化方案，安全环保消防专篇）编写。

（4）运行部完成公司级重点检修项目与运行部级重点检修项目以及装置停工处理的危害识别、风险评估，并制定、落实安全措施，同时做好对重污油、轻污油、瓦斯系统的识别工作。对装置的重污油吹扫，各单位必须服从生产处统一协调安排、有序吹扫；对瓦斯排放，装置要注意脱液，以防系统瓦斯管线液击；对装置的 $C_3 \sim C_5$ 组分不能向轻污油系统排放，先经低瓦系统泄压平衡后并控制温度不大于 40℃，以防轻污油罐超压。

（5）运行部制定装置停工吹扫表，做好吹扫记录，严格把好吹扫质量关，执行三级检查确认制，保证检修装置环境合格和用火安全。

（6）运行部制定落实防止硫化亚铁自燃安全措施。

（7）运行部完成检修设备管线化验检测安全分析委托清单，报质技中心。

（8）运行部完成编制"大检修期间需动火设备管线一览表"、"进入受限空间作业一览表"、"停工检修盲板表"。

（9）运行部准备"内部有人作业、注意安全"、"危险空间、严禁入内"、"动火设备管线动态表"、"进入受限空间作业动态表"和"曝光台"公示牌，"禁动"、"有物料注意防火或防毒"等警告、警示牌。完成"电缆沟"警示标志。

（10）承包商编制起重设备、用电设备（设施）脚手架、施工机械、防护用品等安全符合性检查表，完成各类施工设备、工机具、防护用品等进场前的专项检查，并加贴合格标签。

（11）承包商在施工中从事特种作业（电工作业、金属焊接、切割作业、起重机械作业、企业内机动车辆驾驶、登高架设作业、压力容器作业、危险物品作业等）人员，必须经有关政府行政主管部门考核合格，取得特种作业操作资格证书。

（12）承包商应给施工人员配置五点式双大钩安全带，脚手架采用金属材料和金属跳板（对设备有特殊要求的除外）。

（13）承包商对立体交叉作业、大型吊车作业的检修现场，必须制定可靠的安全技术措施和施工方案。

2. 装置停工阶段安全管理

（1）装置停工前，停工装置所在运行部应对装置停工、吹扫及重点检修项目进行危害识别、风险评估，根据识别结果，制订及落实相应的安全防范措施。在编制装置停开工方案时，应有装置停开工安全环保消防的内容。

（2）停工装置必须严格执行《施工作业安全管理规定》，落实装置停工吹扫方案。①装置停工后，按停工方案切断进出装置物料，各种物料应按有关规定退出装置区。②不允许任意排放易燃、易爆、有毒、有腐蚀物料,易燃、易爆、有毒介质排放要严格执行国家工业卫生标准。③不得向大气或加热炉等设备容器中排放可燃、爆炸性气体。④具有制冷特性介质的设备容器管线等,停工时要先退干净物料再泄压,防止产生低温损坏设备。⑤在吹扫过程中要做到"五不",即不流、不爆、不燃、不中毒、不水击。

(3)停工单位应制定装置停工吹扫表,做好吹扫、冲洗、置换记录,严格把好吹扫质量关。要保证吹扫、置换用蒸汽,氮气,水等介质的压力,保证吹扫、冲洗、蒸塔、蒸罐时间,认真执行"运行部、作业区和班组"三级检查确认制,签名落实责任。以确保吹扫、冲洗、置换,不留死角和盲肠。

(4)停工吹扫过程中,应根据具体情况,禁止明火作业及车辆通行,以确保停工吹扫期间安全。

(5)停工吹扫和检修期间,仪控部对现场固定式可燃气体报警仪、H_2S 报警仪等探头要进行妥善保护。装置交付检修前,必须对装置内电缆沟作出明显标志,禁止载重车辆及吊车通行及停放。

(6)装置交付检修前,原则上不得进行搭高大型脚手架、大型设备摆放等前期准备工作,以减少对装置停工吹扫期间安全操作的影响,确因工期紧张,需由施工单位编制方案,经运行部、机动处、消防支队、安环处会签、批准后实施。

(7)为防止硫化氢中毒和硫化亚铁自燃风险,运行部必须做好设备、管线的除臭钝化,要有足够的除臭钝化时间,由生产处提供除臭钝化合格标准。对除臭废液处理,运行部须提前申报,由物装中心联系业务外包单位统一安排槽车,进行回收处理。

(8)严格执行《装置盲板管理规定》,做好加拆盲板的管理,使之按要求与运行的设备、管道及系统相隔离,并做好明显标识。盲板的厚度必须符合工艺压力等级的要求。盲板必须指定专人统一管理,按照编制的盲板表执行,不得随意变更,并编号登记,防止漏堵漏拆。

(9)打开设备人孔时,应使其内部温度降到安全条件以下,并从上而下依次打开。在打开底部人孔时,应先打开最底部放料排渣阀门,待确认内部没有残存物料时方可进行作业,警惕有堵塞现象。人孔盖在松动之前,严禁把螺丝全部拆开。在打开的设备人孔处挂"危险空间、严禁入内"的警示牌。

(10)检修现场下水井、地漏、明沟的清洗、封闭,必须做到"三定"(定人、定时、定点)检查。下水井井盖必须严密封闭,泵沟等应建立并保持有效的水封。在下水井盖上严禁站人、放置物品、用火。

(11)对槽、罐、塔、管线等设备存留易燃、易爆、有毒、有害物质时,其出入口或与设备连接处所加的盲板,应挂上"有物料、注意防火或防毒"或"禁动"的警告牌。

(12)落实检修装置的测爆分析检测。质技中心出具的《安全分析(检测)报告单》的内容、样数应与运行部提供的《安全分析委托单》委托的分析项目,采样地点,采样个数保持一致,不得漏项。

(13)凡需要检修的设备、容器、管道必须达到二级用火条件,以保证检修安全。对个别测爆分析不合格设备必须继续做好安全处置工作,直至测爆分析合格。

(14)需要进入受限空间检修作业时,必须按《进入受限空间作业安全管理规定》的有关要求进行吹扫、置换、化验分析合格,用盲板切断与之相连的所有管线物料。为保证样品的真实有效,从采样开始到分析结束要求在1小时内完成。

（15）用火作业必须严格执行《安全用火管理规定》，明火作业周围必须清除一切可燃物，作业周围不允许排放可燃液体或可燃气体。装置区的明沟、平台、设备、管线外表的油污、物料必须冲洗干净，避免动火时发生着火爆炸。

（16）运行的装置与检修的区域，必须采用明显有效的隔离措施，并设置警示标志。

（17）对装置含放射源仪表，本次停工检修将放射源取出来或关门锁上进行屏蔽，在拆除或安装时应检查铅防护罐并设置铅防护屏，并根据放射源的防护要求选用不同的屏蔽材料对放射源进行屏蔽；凡参加拆除或安装放射源仪表作业的放射工作人员，必须做好辐射安全个体防护。

（18）检修期间，用火、受限空间作业许可证应集中办理，地点由运行部指定办证地点，并做好明显标志、办证时间、办证联系人、联系电话等，以方便施工单位办理作业许可证。

3. 装置检修阶段安全管理

（1）装置交付检修前，由安环处负责组织各生产职能部门、相关单位进行装置停工交付检修安全确认。停工检修装置交付检修安全确认通过后，方可进入检修阶段。

（2）停工检修装置交付检修后，运行部及相关单位必须高度重视检修初期安全措施的落实工作，应尽可能避免交叉作业，用火作业许可证、进入受限空间作业许可证实行在由作业区主管审核的基础上，由运行部安全总监、主管生产安全的副主任及以上领导统一签发。

（3）检修装置所在运行部应在大修期间集中办票处设立"动火设备管线动态表"、"进入受限空间作业动态表"，避免在设备、容器内进行受限空间作业时，在与该设备、容器相连的管线（未经有效隔离）上同时进行明火作业。

（4）设备、容器未经彻底、有效清扫、置换和取样分析合格，在该设备、容器内（包括未经有效隔离的相连管线）不得进行明火作业与受限空间作业。

（5）在容器、反应器、再生器等设备内清扫，施工单位应在出入口悬挂"内部有人作业，注意安全"的警示牌，禁止非作业人员进入。作业人员必须配备长管式呼吸面具或其他防毒器具以作应急备用，同时监护人员在作业前对人员、工器具入内进行登记，作业完后对人员离开和工器具带出进行清点。

（6）在装置设备、容器内动火，指派的用火监护人必须熟悉工艺流程，物料特性及具备初期火灾扑救能力。对设备管线首次用火（明火）新增用火点应安排在白天进行。

（7）进入受限空间作业，经质技中心检测分析合格后，作业期间每隔 4 小时一次的分析，由运行部安排专人用便携式检测仪检测并记录（放在现场），并要加强作业现场监护和其他配套安全措施的落实。

（8）夜间不得进行起重机械吊装作业、高处作业和搭设脚手架，如果特殊情况，必须经运行部审批和项目主管部门批准。

（9）检修期间禁止使用汽油或挥发性溶剂洗刷配件、车辆及洗手、洗衣服。严禁将污油、有毒有害物质排入下水道、明沟和地面上。

（10）禁止高空抛物件、工具和杂物。高处施工作业时留下的遗弃物必须及时清除，以免高空落物。

（11）在损坏的或施工临时拆除的栏杆、平台处，必须加临时硬防护措施，施工完后，应恢复原样。

（12）进入检修现场人员，一律执行劳动保护穿戴有关规定；凡两人以上的检修作业，必须指定一人负责安全。

（13）各有关单位应加强对现场规格化和文明施工管理,工机具、材料、自行车和工业垃圾等物品要按指定地点摆放。

（14）安环处、运行部各自组织人员设立现场安全监督组,对检修现场进行 HSE 检查,发现问题及时处理,对违反安全规定的单位、个人实行处罚,特别对违反安全生产禁令的人员实行"零宽容"规定,在 HSE 检查通报中进行通报,并在现场设立曝光台。

4. 防硫化亚铁自燃的对策和措施

（1）硫化亚铁性质。干燥的硫化亚铁在空气中的自燃温度一般为 300~350℃。当硫化亚铁含水量在 20% 以下时,会导致硫化亚铁的自热,从而使硫化亚铁发生自燃。但当硫化亚铁含水 60% 以上时,则可以有效抑制硫化亚铁自热和自燃现象的发生。

（2）各单位在装置停工前,应根据装置特点,制定落实防止硫化亚铁自燃措施,对存在硫化亚铁自燃风险的设备、管线,要进行危害识别,并制定钝化清洗方案,通过采取化学处理的方法,消除硫化亚铁自燃的风险。对未进行钝化清洗的塔、容器、换热器等设备,要采取有效的防范措施,防止硫化亚铁自燃。

（3）含有硫化亚铁的设备、管线,应在温度降至常温后方可打开,设备在拆开接触空气后,应及时安排人员用水冲洗和清洗,并在现场配置消防水带,一旦发现硫化亚铁自燃现象应立即采取喷淋等应急措施,防止硫化亚铁自燃烧坏设备和管线。

（4）设备、容器未经有效彻底置换清扫前,其附属的热电偶不得提前拆除。进入受限空间作业期间,操作人员应随时在 DCS 显示屏上关注设备容器内温度的变化,监控硫化亚铁自燃情况。一旦出现异常,作业人员必须立即撤出,停止作业。

（5）清扫出来的硫化亚铁应用水浇湿,进行妥善处理并及时运走,防止硫化亚铁氧化自燃引发火灾。

附件 1.28　承包商施工作业 HSE 管理要求

1. 承包商(施工单位)应具有国家有关部门颁发的相关专业承包和许可资质证书(如:《建筑业企业资质证书》《安全生产许可证》)等,在其资质等级许可的范围内承揽工程。

2. 承接工程项目施工的所有承包商都必须按照《承包商资源市场管理制度》进行准入申请,获得《承包商资源市场成员证》或《工程类服务商准入证》,并签订 HSE 管理协议书作为工程施工合同附件,明确双方 HSE 管理工作的内容及应负的责任。

3. 承包商的主要负责人、项目负责人、专职安全生产管理人员必须经省级安监局或城建厅(委)考核合格,取得相应资格证书后才能从事相关安全管理工作。承包商作业人员应具有与施工作业相适应的身体条件,禁止有职业禁忌症的人员从事施工作业。

4. 承包商在检修现场要求实行安全网格化管理。(1)安排现场安全监督人员和监护人员深入施工检修现场;(2)承包商必须按施工作业人员 50∶1 的比例配备专职安全管理人员(持有安全资质证书)进行现场安全管理,作业人员不到 50 人的,按不少于 1 人配备专职安全管理人员;(3)检修现场按 50∶1 的比例配备班组兼职安全员,并佩戴红袖章。(4)承包商的施工作业人员在进入检修现场前,必须接受本单位的三级安全教育培训。(5)施工单位应加大自身安全检查和监督管理力度,组织检查队伍每天按照《检修施工现场 HSE 日检表》进行检查,及时纠正和制止违章,重点对起重设备、用电设备(设施)脚手架、施工机械、防护用品、规范作业等方面进行检查,并做好检查记录。

5. 承包商在检修期间每周不少于二次在现场按区域对所有施工人员进行集中安全喊话,对近期安全状况进行讲评、提出安全管理要求。运行部派人参加,结合检修情况和暴露出的问题提出相关安全要求。

6. 从事特种作业(电工作业、金属焊接、切割作业、起重机械作业、企业内机动车辆驾驶、登高架设作业、压力容器作业、危险物品作业等)承包商人员必须取得特种作业操作资格证书才能上岗作业。

7. 施工作业人员进入施工区必须持有公司门禁卡,并贴有运行部安全教育合格证标识的安全教育检查卡,严禁携带烟火入厂。进入生产装置的施工作业人员,必须穿戴符合国家标准的安全帽及适应工作要求的劳动保护用具,各承包商应统一人员着装,劳动防护用品上有明显的本企业标识,便于识别管理。

8. 承包商在施工作业前,应编制施工方案、HSE 安全策划(安全技术措施)书;进入施工现场检维修和施工作业时,应严格执行中石化集团公司和公司的相关安全管理规定。施工作业涉及用火、临时用电、进入受限空间、射线、高处等作业时,应办理相应的作业许可证。

9. 施工现场氧气瓶、乙炔瓶与明火间距保持 10m 以上,氧气瓶与乙炔瓶间距保持 5m 以上,不得接近火源。

10. 高处作业人员应系用与作业内容相适应的五点式双大钩安全带,安全带应系挂在施工作业上方的牢固构件上,安全带应高挂(系)低用。作业现场无高点可系挂时,应在施工方案中事先考虑安全措施,如设置挂安全带的安全钢丝绳、安全栏杆等,严禁系挂在仪电管线及直径小于 40mm 工艺管线上。严禁用绳子捆在腰部代替安全带。

11. 脚手架搭设工作必须安排在白天进行,不能安排在夜间进行。脚手架材料和脚手架搭设必须符合规范要求,必须使用金属跳板(对设备有特殊要求的除外),经施工单位检查验收合格并挂有准许使用的标识牌后,方可使用。脚手架搭设与拆除时,应设警戒区,并应派专人监护,严禁上下同时拆除。

12.载重车辆、25t以上吊车进入现场,只允许停在检修道上,严禁压坏地下设施和堵塞消防道;对立体交叉作业、大型吊车作业的检修现场,承包商必须制定可靠的安全技术措施和方案,起重司索人员和指挥人员必须持证上岗。

13.临时用电的配电箱必须设有漏电保护器,配电箱应挂设"已送电"、"已停电"标志牌,由施工单位专业电工每天对配电系统实施巡回检查,并建立检查记录,确保用电设备完好。临时用电的单相和三相混用线路应采用五线制,要规范电焊机等电气设备接线。检修现场用电线路连接应采用工业用的接插装置(插座、插头),禁止使用民用的插座、插头,用电设备的开关箱必须实行"一机一闸一保护"制。

14.承包商进入作业现场的所有施工机具都应符合安全标准,并已检查合格。对现场发现的严重不符合安全要求的工机具,业主单位人员要予以暂停作业、收交不合格工机具等处置。

15.在塔、炉、容器内明火作业时,应清除可燃物。施工单位在当天检修收工后,应对塔、炉、容器内焊渣及各类火险隐患进行现场检查确认,切断电源,清除火源,使之处于安全受控状态。

16.检修、改造工程不得转包,总包单位应加强对分包单位的管理。装置检修工作量大,时间紧,施工单位要合理安排好人员,防止疲劳作业。

附件 1.29　HSE 现场检查与考核

1. 检查目的

运用国家法律法规、行业标准、企业管理规定,通过深入检修施工现场,查找发现检修现场不安全因素和不安全行为,提出消除或控制不安全因素的方法和纠正不安全行为和措施,防止事故的发生,实现整个大修安全无事故。

2. 检查形式

大修现场 HSE 检查由公司安环部门、运行部、施工单位各自组织进行检查。安环部门、运行部各自成立安全督察组,每套装置均有专职安全督察员。每次安全督察组现场 HSE 检查均要有施工单位安全管理人员或项目负责人参加一起进行检查。施工单位自主检查要有安全检查表、检查记录。

为促进、推动施工单位自主管理,抓好施工队伍的安全管理,公司重点对承包商体系运行情况进行检查。

3. 检查要求

领导重视(要由各级领导带队进行 HSE 检查),统一思想、统一检查标准,检查人员应熟悉有关安全标准、规定,恪守客观、公正的原则。

4. 检查依据

国家法律法规、行业标准、集团公司、公司管理规定,公司一体化检查标准等。

5. 检查问题处理

检查只是一种手段,制定整改措施,消除不安全因素与不安全行为,达到安全检修无事故,才是真正的目的。

为进一步强化承包商安全管理,提高安全管理水平,落实承包商安全生产责任制,深入现场加强直接作业环节安全监控,对检查发现的违章问题,由批评教育为主,但辅以交纳安全违约金处理。

(1)对交纳安全违约金按公司《承包商考核细则》执行。

(2)对检查发现的违章现象,当事人当场立即纠正整改的,给予批评教育。

(3)对当事人违章屡教不改的,违章三次给予立即清退,并对施工单位进行交纳安全违约金处理。

(4)对一周内检查发现十起以上违章的,由安环部门约谈施工单位项目经理,必要时进行重新教育培训。

(5)对一月内施工单位项目经理被约谈三次,要求施工单位撤换项目经理。

(6)对违章问题进行通报、曝光。

6. HSE 现场检查标准

6.1　临时用电

(1)配备合格的持证电工,每天要对配电系统进行检查,并建立检查记录。

(2)现场施工临时用电配电箱,应选用带漏电保护的安全配电箱。要有防雨措施,箱门应能紧密关闭。放置在施工现场的临时用电箱应挂设"已送电"、"已停电"标志牌。

(3)配电系统执行"三相五线制",符合"三级配电二级保护"要求。配电箱的电器安装板上必须分设 N 线端子板和 PE 线端子板;N 线端子板必须与金属电器安装板绝缘;PE 线端子板必须与金属电器安装板做电气连接;进出线中的 N 线必须通过 N 线端子板连接;PE 线必须通过 PE 线端子板连接。

(4)电缆及接头无破损,绝缘良好;临时用电的电缆横穿马路路面的保护管应采取固定措施和缓坡措施,架空布线时,在装置区内高度不得低于 2.5m,穿越道路不得低于 5m;严禁在树上或脚手架上架设临时用电线路,严禁用金属丝绑扎。

(5)用电严格执行"一机一闸一保护"。分配电箱和开关箱内漏电保护器,其动作指标应不大于 30mA、0.1s,在特别潮湿的场所应不大于 15mA、0.1s。

(6)按要求配置保护零线和工作零线,工作接地、保护接地和重复接地完好。

(7)安全电压符合作业环境要求,行灯电压不得超过 36V,在特别潮湿的场所或塔、釜、罐、槽等金属设备内作业的临时照明灯电压不得超过 12V,灯泡外面要有金属防护网。

(8)现场施工临时用电线路使用工业插头、插座,禁止使用民用插头、插座。

6.2 用火作业

(1)用火作业实行"三不动火"原则。

(2)焊把线无破损,连接器完好。

(3)气瓶配备齐全的防震圈,气瓶与胶管使用专用夹县连接,完好无漏气,气瓶按规定使用回火器或减压阀,并保持完好。

(4)现场氧气瓶、乙炔瓶与明火间距保持 10m 以上,氧气瓶与乙炔瓶间距保持 5m 以上。

(5)15m 内严禁排放各类可燃液体,在同一动火区域不得同时进行可燃溶剂清洗和刷漆、喷漆等施工作业。

(6)用火点周围 15m 内下水系统、地漏已有效封堵,无可燃物。

(7)高处用火已采取有效的隔离措施(接火盆、石棉布等),避免火花四溅。

6.3 高处作业

(1)高处作业、脚手架搭设人员,应持证上岗。配备五点双大钩安全带。

(2)Ⅲ级以上高处作业需办理《高处作业许可证》,有效期 7 天。

(3)脚手架必须设置纵、横向扫地杆。纵向扫地杆应采用直角扣件固定在距底座上不大于 200mm 处的立杆上。横向扫地杆亦应采用直角扣件固定在紧靠纵向扫地杆下方的立杆上。当立杆基础不在同一高度上时,必须将高处的纵向扫地杆向低处延长两跨与立杆固定,高低差不应大于 1m。靠边坡上方的立杆轴线到边坡的距离不应小于 500mm。

(4)搭设和拆除脚手架时,地面应设围栏和警戒标志,并派专人看守,严禁非操作人员入内。

(5)立杆和水平杆上的对接扣件应交错布置:两根相邻立杆和水平杆的接头不应设置在同步同跨内。脚手架通道和作业平台栏杆应不少于 3 根(1 根挡脚栏杆,2 根护栏),作业层脚手板应铺满、铺稳,搭设的脚手架跳板进行有效绑扎

(6)安全带应高挂(系)低用,不得采用低于腰部水平的系挂方法,作业现场无高点可系挂时,应在施工方案中事先考虑安全措施,如设置挂安全带的安全钢丝绳、安全栏杆等,严禁系挂在仪电管线及直径小于 40mm 工艺管线上。严禁用绳子捆在腰部代替安全带

(7)脚手架搭设完成验收合格挂牌使用。由搭设施工单位自行检查验收,同时现场挂设验收合格牌(标签),注明验收人、日期、承载重量等。

(8)禁止高空抛扔物件、工具和杂物。

6.4　受限空间

(1)进入受限空间作业实行"三不进入"原则。《进入受限空间作业许可证》实行一点一证

(2)对所要进行作业的受限空间进行吹扫、蒸煮、置换,并分析合格。所有与受限空间相连接的管线、阀门应进行有效隔离,盲板处应挂标识牌。

(3)出入口内外不得有障碍物,在受限空间入口处必须设置"危险空间,严禁入内"或"内部有人作业,注意安全"警示牌。

(4)对有可能发生硫化亚铁自燃的设备、容器必须经充分的钝化脱臭处理,并在现场配置消防水带。

(5)作业期间"进入受限空间作业人员、器具登记表"和"进入受限空间作业许可证"(第三联),须放在"内部有人作业,注意安全"警示牌后文件袋中。

(6)监护人认真履职,作业现场配备必要的救护器具和灭火器材等。

(7)进入受限空间作业应使用安全电压和安全行灯,电压不得超过36V,在潮湿场所或金属容器内电压不得超过12V。

6.5　消防

(1)检修场所消防设施和器材保持完好。因检修需要,应按要求办理"消防设施停用"审批手续。

(2)消防安全通道保持畅通。确因施工需要,应按规定办理"临时堵塞消防专用道路"审批手续。

(3)严禁擅自使用、挪用、拆除、损坏公司在役的消防设施、器材。对在检修区域内容易发生碰撞的消火栓、消防炮要进行防护。

(4)严禁埋压、圈占、遮挡消火栓、消防炮、消防接口。

(5)检修期间,必须使用消防水的,应按规定办理审批手续。

6.6　作业安全

(1)施工人员经三级安全教育合格,并经施工所在单位运行部安全教育合格。施工单位按50:1的比例配备安全专职管理人员,每天按检查表进行施工现场安全检查,并有检查记录。各施工班组每天开展班前危害分析与告知活动并有记录。

(2)对作业现场存在的空洞、临边等危险环境采取围护、警示等安全措施。对拆除的栏杆、损坏的平台处加临时防护措施,施工结束后应恢复原样。

(3)配戴合格安全帽,并根据作业任务佩戴专用眼部、面部、手部等防护用品。

(4)施工区和生产应落实安全防范隔离措施,制定边生产、边施工作业的事故处理应急预案。

(5)检修现场下水井、地漏必须严密封闭,机泵前明沟无浮油并建立水封。

6.7　收工检查

(1)配电系统一级箱断电,关闭气瓶角阀,能量上锁。

(2)现场火种检查清理完毕。

(3)清理各作业面材料和杂物等,做到工完料净场地清。

附件 1.30 检修施工现场 HSE 日检表

序号	检查内容	存在问题	检查人员	整改情况	验证人	备注
1	临时用电					
1.1	配备合格的持证电工					
1.2	配电箱合格、有防雨措施,按要求标识并上锁					
1.3	配电系统执行"三相五线制",符合"三级配电二级保护"要求,安装匹配的漏电保护器,漏保动作灵敏好用,并进行日常试验和记录					
1.4	电缆及接头无破损,绝缘良好;铺设规范,走向清晰,标识明确					
1.5	用电严格执行"一机一闸一保护"					
1.6	按要求配置保护零线和工作零线,工作接地和重复接地完好					
1.7	安全电压符合作业环境要求					
1.8	使用工业插头、插座					
2	施工机具					
2.1	各种机具设备安全要求进行定期检查,确保完好					
2.2	设有机械保护装置(如转动设备等)的设备,保护装置处于完好状态					
2.3	用电机具、设施接地完好					
2.4	配备与作业要求相匹配的劳动防护用品					
2.5	空气压缩机压力表、安全阀等在检验期内并处于完好状态,高压气管和软管固定连接可靠					
2.6	气瓶垂直放置,瓶体固定可靠;气瓶分类摆放并保持安全距离,防护措施到位,气瓶阻火器、压力表等安全附件完好,气管无老化破损,连接可靠					
3	脚手架					
3.1	脚手架搭设人员是专业架子工,并持证上岗。搭设人员按要求着装,配备五点双大钩安全带					

序号	检查内容	存在问题	检查人员	整改情况	验证人	备注
3.2	编制脚手架搭设方案,进行安全技术交底并有记录					
3.3	按规范要求搭设脚手架,且有良好的整体稳固性					
3.4	搭设和拆除过程必须有专人监督,周边设置警戒区					
3.5	连墙件设置可靠,各节点扣件扭矩力符合要求					
3.6	通道、护栏、腰杆、踢脚板等符合要求					
3.7	作业面满铺跳板,无孔洞,跳板可靠固定且无探头板					
3.8	作业面临时放置的材料等在允许荷载范围内,严禁超载荷;放置必须稳固,无坠物风险					
3.9	脚手架搭设完成验收合格挂牌使用					
3.10	消防设施保持完好,灭火器和消防水桶按要求配置					
3.11	消防安全通道保持畅通					
3.12	用火作业前,清理周边易燃物,采取接火措施					
4	起重					
4.1	编制了吊装方案、进行交底并有记录					
4.2	起重设备操作人员、司索、指挥持有效证件					
4.3	起重机械证照齐全有效					
4.4	起重机械安全设施、附件完好					
4.5	机索具检查完好,钢丝绳无磨损,连接可靠,绳卡数量和间距满足要求					
4.6	吊装作业半径设置了警戒区,禁止无关人员入内					
4.7	吊装前进行评估,确保在额定起升载荷范围内进行起重作业,不得超载					
4.8	吊车支腿符合要求					

序号	检查内容	存在问题	检查人员	整改情况	验证人	备注
4.9	吊物捆绑符合要求,使用溜绳					
4.10	吊装作业天气、环境、风力等符合要求					
5	焊接、气割					
5.1	设备接地完好					
5.2	焊把线无破损,连接器完好					
5.3	有专人监护,接火、防火措施到位					
5.4	可燃性气瓶与胶管连接完好,无漏气,气瓶有阻火器,					
5.5	现场气瓶与明火源保持安全距离					
6	受限空间					
6.1	对所要进行作业的受限空间进行吹扫、蒸煮、置换,并分析合格。所有与受限空间相连接的管线、阀门应进行有效隔离,盲板处应挂标识牌,并经工艺技术人员签字确认					
6.2	出入口内外不得有障碍物,在受限空间入口处设置"危险!严禁入内"警告牌或采取其他封闭措施					
6.3	对有可能发生硫化亚铁自燃的设备、容器必须经充分的钝化脱臭处理,并在现场配置消防水带					
6.4	《进入受限空间作业许可证》实行一点一证					
6.5	进入受限空间作业实行"三不进入"原则,即:(1)没有经批准有效的《进入受限空间作业许可证》不进入;(2)安全措施未落实不进入;(3)监护人不在场不进入					
6.6	作业现场配备必要的救护器具和灭火器材等					
6.7	进入受限空间作业应使用安全电压和安全行灯					
7	作业安全					
7.1	作业前进行班前安全教育和安全技术交底,作业人员清楚当天作业内容和安全风险及注意事项					

序号	检查内容	存在问题	检查人员	整改情况	验证人	备注
7.2	特殊工种持证上岗					
7.3	配戴合格安全帽,并根据作业任务佩戴专用眼部、面部、手部等防护用品,高处作业人员系挂安全带					
8	收工检查					
8.1	配电系统一级箱断电,关闭气瓶角阀,能量上锁					
8.2	现场火种检查清理完毕					
8.3	清理各作业面材料和杂物等,做到工完料净场地清					
8.4	落实夜间值班、巡检人员,职责到位,检查内容明确					

附件 1.31 检修改造环保管理要求

1. 总体要求

(1)停工检修装置所在单位应对检修装置分别开展开停工和检修作业环境因素识别与评价,检修施工单位应对检修装置开展检修作业环境因素识别与评价,要根据评价结果制定控制措施,并将控制措施落实到停工方案和检修方案中。

(2)各停工装置要在停工方案中编制环保篇:①除臭剂使用方案和密闭吹扫方案;②设备吹扫放空监测点(以列表形式,选择可能会对周边环境产生影响的重要点位,不宜过多,要有代表性),主要包括放空点的设备名称、位号、污染介质、估计监测时间等;③三废排放要有三废排放明细表,包含排放部位、排放量、时间、去向及有关相应的环保对策措施,联系人及联系方式等,除臭水、钝化水排放的时间、水量及去向都要有说明,原则上要求除臭水通过槽车或污水专线进污水处理场集中处理,钝化水直接通过含油污水系统排放至污水处理场;除臭水、钝化水及各股污水排放前都必须有分析数据,严格遵守先监测后排放的原则。

(3)污水处理场在装置检修前制定出停工污水处理方案。

(4)停工装置产生的突发性污染物排放,要提前进行申报和登记。

(5)停工装置产生的工业废物应分类收集,集中规范堆放,工业废物处置应提前申报登记。

(6)环境监测站根据装置停工吹扫实际情况,结合风向、风速等气象因素,做好现场空气环境监测工作。

2. 大气专业主要环保要求

(1)停工装置吹扫尾气放空要预先申报,落实好设备吹扫放空监测点,明确吹扫装置范围,污染介质的性质、组成以及初步排放时间、去向等。明确好停工环保联系人及联系方式等。

(2)密闭吹扫,有序排放,排放时必须做到先监测后排放,排污单位提前1小时通知环保联系人,环保管理部门通知监测站分析。监测站采样分析后及时向环保管理部门发送监测报告,根据监测结果确定处理方式。

(3)涉及除臭的装置,要制定除臭方案,做好密闭除臭工作,及时处理阀门内漏、除臭剂用量不足、除臭时间不够等影响除臭效果的问题,同时要加强除臭过程检查,避免除臭处理过程中产生二次污染。

(4)各停工装置在吹扫前必须将塔、容器、换热器、空冷、机泵、管线等设备的物料及处理介质退干净,尽量不留死角。各脱硫装置和含硫污水系统及接触含硫、氨较高介质的塔、容器等设备在吹扫前均需使用脱臭剂进行处理。

(5)停工装置的吹扫要先实施密闭吹扫,吹扫后的汽相经本装置冷却器冷却后引入低压瓦斯系统,将设备内的恶臭物质基本吹扫干净,吹扫时尤其要注意冷却器后的系统吹扫及置换工作,控制好压力和温度,确保吹扫不留死角,同时要防止系统瓦斯气倒窜影响。重油装置延长蒸塔、水冲洗时间,防止油气污染。

(6)放空采样前,停工装置要做好采样点的置换工作,以确保样品的准确性。经环保管理部门根据采样监测数据确认后再实施放空,期间要注意控制好放空汽量,不能影响周边环境。设备放空吹扫时,要注意风向,必须按照先低点再高点放空的顺序,先小气量后大气量的原则,以减轻对周边环境的影响。

(7)重污油管线吹扫气必须进重污油罐恶臭治理设施。储运部门的恶臭治理设施必须保持完好运行状态,及时更换除臭液,装置向系统重污油线吹扫时要分批分步进行,吹扫时要控制好蒸汽用量,以罐顶不冒蒸汽为准,排污单位要加强与储运部门的信息沟通。储运部门要加强恶臭治理设施运行的现场监控,避免造成恶臭污染,同时加强对火炬系统的监控,确保瓦斯气完全燃烧。

3. 水专业主要环保要求

(1)各停工装置要制定停开工环保措施,杜绝乱排乱放现象,确保不发生环境污染。

(2)各停工装置在停开工方案中要有环保专篇,涉及高浓度污水排放的装置,要制定高浓度污水系统的排放方案,包括排放水量、时间、排放水质情况、排放去向及采取的控制措施等,涉及除臭的装置,要制定除臭方案,包括除臭部位、除臭剂用量、除臭水量、排放要求(如先化验分析再排放)排放流程等。

(3)各停工装置要开展停开工环境因素识别与评价,要根据评价结果制定控制措施,并将控制措施落实到停开工方案中。

(4)各停工装置要编制污水排放计划表及装置停工明细表,详细列出污水排放点、污水排放量、污水排放时间、污水排放去向、重大操作步骤、注意事项等。停工污水排放要落实专人负责制。

(5)各停工装置要及时操作清污分流设施,防止雨水系统污染。

(6)污水处理场要做好污水接收准备工作,通过各种信息渠道掌握上游装置排污情况,根据生产调度的停工安排及各停工装置排污计划及时编制好停工污水处理方案,停工前拉低污水罐液位,留出足够的罐容。

4. 固废专业主要环保要求

(1)各停工装置要编制固体废弃物排放计划表,详细列出固废排放点、排放量、排放时间等。

(2)停工装置固体废弃物排放前要预先申报,明确好停工环保联系人及联系方式等。

(3)停工装置产生的工业废物应分类收集,集中规范堆放,杜绝乱排乱放现象,确保不发生环境污染。

5. 环境监测要求

5.1 装置停工排放废水监测

5.1.1 目的:防止高浓度停工污水无序排放对污水处理场造成冲击,为污水排放、接纳、贮存、处理提供依据;

5.1.2 程序:停工装置对排放污水进行预申报,排放时必须做到先监测后排放,排污单位提前1小时通知环保联系人,环保管理部门通知监测站分析。环境监测站安排人员24小时值班,对停工污水进行监测,采样后两小时向环保管理部门发送监测报告。环保管理部门根据监测结果确定接纳、贮存、处理方式。

5.1.3 废水主要监测内容:

(1) 塔、罐残液及蒸罐冷凝液:COD、NH_3-N、硫化物

(2) 除臭清洗液:COD、NH_3-N、硫化物

(3) 酸洗水:COD、pH

（4）钝化液：COD、pH

5.2　装置停工排放废气监测

5.2.1 目的：对吹扫尾气排放浓度进行监控、对厂界和周边环境空气进行不间断巡检和监测，监视环境空气质量的变化，防止恶臭污染的发生。

5.2.2 程序：停工装置对吹扫尾气放空进行预申报，排放时必须做到先监测，监测合格后才能排放，排污单位提前1小时通知环保联系人，环保管理部门通知监测站分析。环境监测站安排人员24小时值班，对放空尾气进行监测，采样后2小时向环保管理部门发送监测报告，环保管理部门根据监测结果及现场的吹扫情况，通知装置是否可以排放。

5.2.3 废气主要监测指标：吹扫尾气排放控制指标为非甲烷总烃、苯系物和硫化物。非甲烷总烃、苯系物执行《大气污染物综合排放标准》（GB 16297—1996），排放控制浓度为 3000mg/m³、1000 mg/m³。硫化物执行《恶臭污染物排放标准》（GB 14554—93），主要污染物硫化氢和甲硫醇控制浓度 50mg/m³ 和 10 mg/m³。

附件 1.32 检修改造职业卫生管理具体要求

1. 检修装置所属单位职业卫生须知

（1）装置开停工前，开停工装置所在运行部对装置存在的职业病危害因素进行识别、评价，制定和落实相应的职业病防治措施。在编制装置开停工方案时，应有职业卫生内容，并严格落实。各相关单位应对检修装置中的有毒有害因素进行识别，根据本单位识别的大修职业危害因素提出针对性防范措施，并在检修过程中实施。

（2）在检修交底时，应明确告知检修单位本装置所存在的职业病危害因素，可能存在的职业病风险，要求检修单位配备相应的个体防护用品，并发放到每个检修人员。

（3）参加大修的作业人员经 HSE 教育后，应能自觉、正确使用个体防护用品，了解装置中职业病危害对健康的损害，杜绝违章作业。

2. 检修期间射线作业的管理要求

2.1 装置探伤现场"射线公告牌"设置要求

施工现场的射线探伤作业，要求在检修装置主要路口设置"射线探伤公告牌"。

（1）设置原则：单独的一套检修装置必须在主要出入路口各设置一块"射线公告牌"；几套装置在同一区域、同一时间检修时，可以选定在装置的二个主要出入路口各设置一块"射线公告牌"。

（2）"射线公告牌"内容、规格按照《工作场所职业病危害警示标识》（GBZ 158—2003）设置。

2.2 检修装置射线探伤（X、γ射线）施工须知

（1）检修装置区域内 X、γ 射线作业的施工单位，必须配置合格的专职安全人员负责本单位的射线防护和现场联系工作，配备必要的防护用品和监测仪器。施工单位经公司安环处对其射线探伤资质确认和放射防护法规、防护知识考试后发给《射线探伤许可证》和《射线作业证》后方可作业。

（2）检修装置射线探伤作业前，施工单位应执行业主《放射性同位素与射线装置防护管理规定》中有关要求，到所在检修装置办理射线探伤拍片作业票，由相关单位会签后送安环处审批；射线施工作业时须指定专人施工、专人负责辐射安全联系。施工单位须在检修装置主要路口设置"射线探伤公告牌"，夜间在控制区周围道路上设置辐射警告牌（有警灯）和警戒线，主要路口有专人看管。施工单位现场监护人必须持证上岗，负责做好现场清场、临时停机、现场监测、应急处理等辐射安全工作。

（3）按照国家射线探伤放射卫生防护标准，流动式 X 射线机进行探伤时将测到的剂量当量在 $15\mu Sv/h$ 以上的范围作为控制区，控制区内未经许可的非放射工作人员严禁入内。控制区边界外射线剂量当量大于 $1.5\mu Sv/h$ 的范围作为监督区，公众不得进入该区域。流动式 γ 射线机进行探伤时将测到的剂量当量控制在 $15\mu Sv/h$ 以上的范围作为控制区，控制区内未经许可的非放射工作人员严禁入内。控制区外射线剂量当量大于 $2.5\mu Sv/h$ 的范围作为监督区，公众不得进入该区域。

（4）安环处专业人员对控制区和管理区辐射强度进行不定期监测，发现辐射剂量超标立即通知施工单位停止拍片。施工单位应采取必要的辐射防护措施；如因探伤时防护措施未落实造成放射线剂量超标（包括试拍），按违章处罚。对违反《放射性同位素与射线装置防

护管理规定》的单位和个人,安环处可视其情节轻重给予通报警告、停业整改、罚款、吊销《分公司射线探伤许可证》等处理。严重违反安全防护规定造成后果者,由公司安环处根据国家《放射性同位素与射线装置防护条例》有关处罚条例从严处理。

3.检修施工个体防护意识和用品管理

(1)检修单位在进入现场前,对检修过程中的职业病危害因素进行识别、评价,制定相应的职业病危害防护措施、应急救援预案,配置相适应的职业病危害防护设施和个体防护用品。

(2)进入含有毒有害介质的设备检修时,必须处理干净并检测有毒有害物质浓度及氧含量,合格后方可作业;作业时,须穿戴好劳动防护用品,有专人监护并有应急救援措施;

(3)施工人员必须严格执行操作规程,普及防尘防毒知识,正确使用劳动保护用品和防尘防毒器材,爱护防尘防毒设施,提高个人防护能力。

(4)加强对检维修场所的职业卫生管理。对存在严重职业危害的生产装置,在制定检修方案时,应有职业卫生人员参与,提出对尘、毒、噪声、射线等的防护措施,确定检维修现场的职业卫生监护范围和要点,严格设置职业危害警示标识,相关人员做好现场的职业卫生监护工作。

(5)凡进入噪声作业区域从事检修施工人员必须佩戴护耳器(耳罩或耳塞)等防护用品,施工单位应加强对检修人员个体劳动防护用品使用情况的检查监督,凡不按规定佩戴使用噪声防护用品者不得进入噪声作业区上岗作业;发现违章作业者按规定进行考核和处罚。

4.施工单位人员的健康要求

(1)检修装置中存在有职业病危害因素的作业,施工人员必须到具有职业卫生技术服务资质的医院进行职业性健康体检,检查内容根据《职业健康监护技术规范》(GBZ 188—2007)规定执行。

(2)体检合格人员,由医院出具体检报告后方可进入施工现场作业。施工人员体检结果交装置所在运行部备案。

(3)严禁职业禁忌证人员从事所禁忌的作业。

附件 1.33　检修改造消气防管理具体要求

1.消防要求

(1)检修相关单位要充分识别检修中的各类火灾危险性,对检修中可能发生火灾的部位,应制订相应的防范措施,并组织人员认真学习;参加检修的全体人员应熟知相关防范措施,并能正确报火警。

(2)确保检修场所消防设施和器材完好。因检修需要,必须停用在役消防设施的,应办理"消防设施停用"审批手续,并落实好应急措施。

(3)保持消防和疏散通道畅通,确因施工需要,必须临时占用消防通道的,应办理"临时堵塞消防专用道路"审批手续。

(4)检修期间,必须使用消防水的,应按规定办理相应审批手续。

(5)严格用火管理,确保消防安全。动火时应及时清理现场的可燃物,用火结束,必须对现场进行认真检查,确认无明火后方可离开现场。

(6)严禁擅自使用、挪用、拆除、损坏公司在役的消防设施、器材。对在检修区域内容易发生碰撞的消火栓、消防炮要进行防护。

(7)严禁埋压、圈占、遮挡消火栓、消防炮、消防接口;严禁把地上式消火栓、箱式消火栓、消防炮、消防管线等作为支撑或受力点。

(8)施工用的临时电源线,其架空线最大弧垂至地面的距离,穿越机动车道的不低于5m。当天施工结束必须切断电源。

(9)检修装置要与临近正在运行的装置进行有效的防火隔离,确保检修装置的施工用火不影响临近装置。

(10)消防部门要经常到施工现场熟悉情况,并根据道路状况,随时调整或修订灭火预案,必要时派消防车到现场监护。

2.气防要求

(1)气防现场监护以确保现场作业人员安全为原则,项目所属单位、施工单位和消防支队三方密切配合,规范操作。根据各自职责做好各项安全措施。

(2)在检维修过程中,因无法彻底清除、或有效隔离,有可能发生泄漏并导致中毒(窒息)事故发生的施工作业,可向所在单位提出气防监护申请。告知监护地点、时间、联系人及电话,并严格按气防现场监护有关规定执行。

(3)对进入受限空间作业的气防监护,按《进入受限空间作业安全管理规定》执行。

(4)监护作业前,项目所属单位应制定相应的安全措施,指定专人对作业人员进行相关安全教育。

(5)监护作业过程中,当工艺条件发生变化时,项目所属单位安全技术人员应及时通知现场监护人员及作业人员停止作业,待恢复正常后再重新开始作业。

(6)作业人员按要求落实各项安全措施,服从监护人员的监督。当作业中出现异常情况时,应立即退出作业区域。作业中没有征得监护人员同意,不得摘下防护面具。

(7)项目所属单位、施工单位和监护人员应根据各自职责共同做好各项安全措施,施工单位应指派一名监护人员,配合进行监护,并做好现场协调工作。

附件 1.34　装置检修质量检查卡片

1. 动设备检修质量检查卡片

检修装置名称：

附表 1.34.1　滑阀检修质量检查卡片

分项工程名称：　　　　　　　　　　施工单位：

序号	检查标准	控制级别	检查结果	检查人	检查时间	备注
1	附属管线拆除，封好开口，做好复位标记	C				
2	大盖拆除，衬里检查，填料函、吹扫蒸汽口检查，油缸保护好	C				
3	阀体内搭架，复测座圈、阀板、导轨间配合间隙 阀板平面与阀座端面间隙，标准： 阀板与导轨单侧间隙，标准：	A				
4	拆出阀板、阀杆、检查阀座圈、阀板衬里，检查阀板、阀杆冲刷、磨损情况 测量阀杆与阀板T形槽的配合间隙，标准： 测量阀杆直径，标准： 测量阀杆圆柱度，标准：	A				
5	拆导轨螺栓，取出导轨，检查导轨冲刷磨损情况	A				
6	拆阀座圈螺栓，取出座圈，检查座圈冲刷、衬里磨损情况	A				
7	阀体衬里修复	C				
8	座圈、阀板、导轨复位 阀板平面与阀座端面间隙，标准： 阀板与导轨单侧间隙，标准：	C				
9	阀体复位，检查各接管连通情况、填料函完好	C				
10	蓄能器皮囊更换复位，确认充压情况，标准：	B				
11	油泵检修，油系统无泄漏情况	A				

注："A"级为施工单位、运行部、机动处共同验收，"B"级为施工单位、运行部共同验收，"C"级为施工单位自行验收。

199

检修装置名称：

分项工程名称：

施工单位：

附表 1.34.2　离心泵检修质量检查卡片

序号	检查标准	控制级别	检查结果	检查人	检查时间	备注
1	半联轴器与轴配合尺寸	C				
2	对中径向圆跳动	C				
3	对中端面圆跳动	C				
4	径向轴承与轴配合尺寸	C				
5	止推轴承与轴配合尺寸	C				
6	轴承外圈的轴向间隙	C				
7	轴承外圈与轴承箱内壁配合尺寸	C				
8	更换后密封弹簧压缩量	C				
9	密封压盖与轴套的径向间隙	C				
10	压盖与密封腔间的垫片厚度	C				
	密封压盖与静环密封圈接触部位的粗糙度要求	C				
	密封轴套的粗糙度要求	C				
	静环防转销根部与防转销顶部轴向间隙	C				
	叶轮密封环径向圆跳动	C				
11	轴套径向圆跳动	C				
	叶轮端面圆跳动	C				
	轴套与轴配合尺寸	C				
	轴套处表面粗糙度要求	C				
	叶轮与轴配合尺寸	C				

续表

序号	检查标准	控制级别	检查结果	检查人	检查时间	备注
	叶轮与轴装配时键顶部留有间隙	C				
	叶轮与端盖衬里应保持间隙	C				
	主轴颈圆柱度要求	C				
	主轴颈表面粗糙度要求	C				
	联轴器和轴中段的径向圆跳动公差	C				
	壳体与叶轮口环径向间隙	C				
	测定总轴向窜动量,转子定位时取其一半	C				
11	基本评定要求	A				
	振动速度值	A				
	密封泄漏量	A				
	轴承壳体温度	A				

注:"A"级为施工单位、运行部、机动处共同验收,"B"级为施工单位、运行部共同验收,"C"级为施工单位自行验收。

附表 1.34.3　低温筒袋泵检修质量检查卡片

检修装置名称：

分项工程名称：　　　　　　　　　　　　　　施工单位：

序号	检修项目	质量标准	控制级别	检查结果	检查人	检查时间	备注
1	联轴器	联轴器两端的对中偏差要求	C				
		联轴器与轴配合尺寸	C				
		轴承的清洗符合要求	C				
2	轴承箱	与轴相配合的零件清洗符合要求	C				
		轴承与各部件安装精度符合要求	C				
		轴承振动速度值	A				
		轴承箱温度	A				
3	主轴	轴的各配合表面精度要求	C				
		主轴颈圆柱度及直线偏差要求	C				
		总轴向窜动量	C				
4	密封更换	密封更换后密封弹簧压缩量	C				
		密封冲洗线连接正确，投用正常	A				
		密封罐置换干净	A				
		密封泄漏量达到要求	A				
5	泵体	筒袋内部保持干燥、清洁	B				
		拆卸时连接管线用塑料薄膜封口，复位后无泄漏	B				
		入口过滤器回装完毕	B				
		氮气置换，露点测试合格	B				
6	综合评定	基本评定要求	A				
		现场规格化	B				

注："A" 级为施工单位、运行部、机动处共同验收，"B" 级为施工单位、运行部共同验收，"C" 级为施工单位自行验收。

附表1.34.4 干式真空泵检修质量检查卡片

检修装置名称：

分项工程名称：

施工单位：

序号	检修项目	质量标准	控制级别	检查结果	检查人	检查时间	备注
1	资料核对	检查主轴与叶轮、主轴套各主要配合面符合设备说明书要求	C				
2	跳动量	主轴径向跳动（不超过主轴颈的0.25‰）	C				
3	叶轮径向间隙	叶轮间的径向间隙符合0.01~0.02 mm	C				
4	叶轮隔板间隙	叶轮与隔板的径向间隙不大于0.02 mm	C				
5	叶轮轴向间隙	叶轮间的轴向间隙符合0.01~0.02 mm	C				
6	传动盘与滑板间隙	转矩限制器传动盘与滑板间隙符合0.1~0.4 mm	C				
7	联结器与传动爪间隙	联结器与传动爪间隙符合1.5~3.0 mm	C				
8	冷却液配比	冷却液:水按1:200配比好后加入冷却腔	B				
9	润滑油及润滑脂	变速箱油位处于视镜min与max之间（上轴承：脂润滑 FOmBLIN CR861；下轴承：重负荷工业齿轮油 SH5150）	B				
10	试运	试运时泵壳体温度不大于90℃,无异常振动	B				

注："A"级为施工单位、运行部、机动处共同验收,"B"级为施工单位、运行部共同验收,"C"级为施工单位自行验收。

附表1.34.5 离心压缩机检修质量检查卡片

检修装置名称：

分项工程名称：

施工单位：

序号	检查标准	控制级别	检查结果	检查人	检查时间	备注
1	拆中间联轴节，测量联轴节轴向移动量	C				
2	对中复测（热态），打表找正数据，标准：	C				
3	拆卸压机端对轮，测量原推进量，标准：	C				
	测压机推力瓦，止推盘，测量止推盘推进量，标准：	C				
	检查止推盘推进量，标准：	C				
4	拆压机后轴承	C				
	测量后径向瓦顶隙，标准：	C				
	测量后径向瓦背紧力，标准：	C				
	测量后径向瓦油封间隙（半径），标准：	C				
5	拆压机前轴承	C				
	测量前径向瓦顶隙，标准：					
	测量前径向瓦背紧力，标准：					
	测量前径向瓦油封间隙（半径），标准：					
6	拆前端干气密封	A				
	轴向尺寸检查，标准：					
	测送宫密封间隙，标准：					
7	拆后端干气密封	A				
	轴向尺寸检查，标准：					
	测送宫密封间隙，标准：					
8	拆筒体大盖螺栓，油内筒体	A				
	检查筒体轴向位置	C				

续表

序号	检查标准	控制级别	检查结果	检查人	检查时间	备注
8	检查筒体O形环是否完好	C				
9	解体内筒体,清洗转子、内筒体	C				
10	测量各气封间隙	C				
	____级叶轮(前端/后端),标准:					
	____级叶轮(前端/后端),标准:					
	____级叶轮(前端/后端),标准:					
	____级叶轮(前端/后端),标准:					
	____级叶轮(前端/后端),标准:					
	____级叶轮(前端/后端),标准:					
	____级叶轮(前端/后端),标准:					
	____级叶轮(前端/后端),标准:					
	测量平衡鼓气封,标准:					
	测量前轴端气封,标准:					
	测量后轴端气封,标准:					
11	吊出转子,测量轴径尺寸、轴跳动	C				
	前瓦处轴颈尺寸,标准:					
	后瓦处轴颈尺寸,标准:					
	测量转子跳动,标准:					
12	转子低速动平衡校验等级,G1级	A				
13	组转子、内筒体,测量各级气封间隙	C				
	____级叶轮(前端/后端),标准:					
	____级叶轮(前端/后端),标准:					

205

续表

序号	检查标准	控制级别	检查结果	检查人	检查时间	备注
13	一级叶轮（前端/后端），标准：					
	一级叶轮（前端/后端），标准：					
	一级叶轮（前端/后端），标准：					
	一级叶轮（前端/后端），标准：					
	一级叶轮（前端/后端），标准：					
	一级叶轮（前端/后端），标准：					
	测量平衡鼓气封，标准：					
	测量前轴端气封，标准：					
	测量后轴端气封，标准：					
14	回装前端干气密封	A				
	轴向尺寸检查，标准：					
	测迷宫密封间隙，标准：					
15	回装后端干气密封	A				
	轴向尺寸检查，标准：					
	测迷宫密封间隙，标准：					
16	回装压机后轴承	A				
	检查后径向瓦瓦顶间隙，标准：					
	检查后径向瓦瓦背紧力，标准：					
	检查后径向瓦瓦油间隙（半径），标准：					
	检查确认测温热电偶					
17	回装压机前轴承	A				
	检查后径向瓦瓦顶间隙，标准：					

续表

序号	检查标准	控制级别	检查结果	检查人	检查时间	备注
17	检查后径向瓦背紧力,标准: 检查后径向瓦油封间隙(半径),标准: 检查确认测温热电偶	A				
18	回装压机推力瓦,止推盘 检查止推间隙,标准: 检查止推盘飘偏,标准: 检查止推推进量,标准: 检查确认测温热电偶	A				
19	汽机前瓦检查 检修前径向瓦顶隙测量,标准: 检修前径向瓦背紧力测量,标准: 检修前径向瓦油封间隙(半径)测量,标准: 止推间隙测量,标准:	A				
20	汽机后瓦检查 检修后径向瓦顶隙测量,标准: 检修后径向瓦背紧力测量,标准: 检修后径向瓦油封间隙(半径)测量,标准:					
21	汽机调速系统检查 检查汽机调节伐杆及密封是否磨损	C				
22	润滑油泵大修	C				
23	对轮回装 测量对轮推进量,标准: 汽、压机同心度,标准: 联轴节轴向移动量,标准:	A				
24	汽机静态调试	A				

注:"A"级为施工单位、运行部、机动处共同验收,"B"级为施工单位、运行部共同验收,"C"级为施工单位自行验收。

附表 1.34.6　往复压缩机检修质量检查卡片

检修装置名称：

分项工程名称：　　　　　　　　　　　　　　　　　　施工单位：

序号	检查标准	控制级别	检查结果	检查人	检查时间	备注
1	拆卸卸荷装置及进出口气伐，检查卸荷装置的灵活性	C				
2	新气阀试漏，不允许有连续的滴状渗漏	C				
3	测量各缸死点间隙	C				
	标准：＿级缸（轴侧/盖侧）　／					
	标准：＿级缸（轴侧/盖侧）　／					
	标准：＿级缸（轴侧/盖侧）　／					
	标准：＿级缸（轴侧/盖侧）　／					
4	测量活塞杆跳动	C				
	标准：＿级缸（上下/左右）：　／					
	标准：＿级缸（上下/左右）：　／					
	标准：＿级缸（上下/左右）：　／					
	标准：＿级缸（上下/左右）：　／					
5	检查滑道间隙	C				
	标准：＿级缸（最大/最小）：　／					
	标准：＿级缸（最大/最小）：　／					
	标准：＿级缸（最大/最小）：　／					
	标准：＿级缸（最大/最小）：　／					
6	松十字头与活塞杆联接螺母，检查松开时液压压力	C				

续表

序号	检查标准	控制级别	检查结果	检查人	检查时间	备注
6	——级缸,标准: ——级缸,标准: ——级缸,标准: ——级缸,标准:	C				
7	抽出活塞,检查活塞杆直径和圆柱度 ——级缸,标准: ——级缸,标准: ——级缸,标准:	C C				
8	检查托瓦,活塞环磨损情况 ——级缸,标准: ——级缸,标准: ——级缸,标准:	C				
9	拆填料组件,检查刮油环、填料、填料盒磨损情况	C				
10	检查气缸直径和磨损情况, ——级缸,标准: ——级缸,标准: ——级缸,标准:	C				
11	——级活塞组装 新活塞杆直径	C	活塞杆椭圆度			

续表

序号	检查标准	控制级别	检查结果	检查人	检查时间	备注
11	活塞背帽紧力，标准：					
	托瓦侧间隙，标准：					
	活塞环侧间隙，标准：					
	活塞环开口间隙，标准：					
	一级活塞组装	C				
	新活塞杆直径					
	活塞杆椭圆度					
12	活塞背帽紧力，标准：					
	托瓦侧间隙，标准：					
	活塞环侧间隙，标准：					
	活塞环开口间隙，标准：					
	二级活塞组装	C				
	新活塞杆直径					
	活塞杆椭圆度					
13	活塞背帽紧力，标准：					
	托瓦侧间隙，标准：					
	活塞环侧间隙，标准：					
	活塞环开口间隙，标准：					
	三级活塞组装	C				
	新活塞杆直径					
	活塞杆椭圆度					
14	活塞背帽紧力，标准：					
	托瓦侧间隙，标准：					
	活塞环侧间隙，标准：					
	活塞环开口间隙，标准：					

续表

序号	检查标准	控制级别	检查结果	检查人	检查时间	备注
15	回装填料组件	C				
	测量填料轴向间隙,标准:					
	节流圈轴向间隙,标准:					
16	回装刮油环组件	C				
	测量刮油环轴向间隙,标准:					
	刮油环活塞杆间隙,标准:					
17	回装活塞,测量活塞杆跳动	A				
	标准:____级缸(上下/左右): /					
	标准:____级缸(上下/左右): /					
	标准:____级缸(上下/左右): /					
	标准:____级缸(上下/左右): /					
18	检查活塞杆与十字头联接紧力	A				
	标准:____级缸: /					
	标准:____级缸: /					
	标准:____级缸: /					
	标准:____级缸: /					
19	回装气伐、缸盖等,测死点间隙	A				
	标准:____级缸(轴侧/盖侧),标准: /					
	标准:____级缸(轴侧/盖侧),标准: /					
	标准:____级缸(轴侧/盖侧),标准: /					
	标准:____级缸(轴侧/盖侧),标准: /					

注:"A"级为施工单位、运行部、机动处共同验收,"B"级为施工单位、运行部共同验收,"C"级为施工单位自行验收。

2. 静设备检修质量检查卡片

检修装置名称：

附表 1.34.7 板式塔检修质量检查卡片

分项工程名称：

施工单位：

塔器名称：

序号	检修项目	质量标准	控制级别	检查结果	检查人	检查时间	备注
1	塔盘拆装	拆装塔盘时，严禁各层塔盘互换	C				
		塔盘上所有连接螺栓必须配齐，符合装配的要求	C				
2	塔内清理	塔内部及内件检修后应清理干净	B				
3	内件质量	塔内件应符合设计要求，并对出厂合格证等技术文件进行审查	C				
4	塔内检查	支撑圈、板发现脱焊开裂应进行修理或更换	B				
5		降液管、除雾器等内件腐蚀减薄超过1/3应更换或修补	B				
6	密封面检查	各人孔和接管法兰应清理干净，无明显缺陷	C				
7	设备封孔	封孔前应有关技术人员检查验收且合格	B				
8	压力试验	塔的压力试验应符合设计要求	A				

注："A"级为施工单位、运行部、机动处共同验收，"B"级为施工单位、运行部共同验收，"C"级为施工单位自行验收。

212

检修装置名称：

附表 1.34.8　填料塔检修质量检查卡片

分项工程名称：

施工单位：

序号	检修项目	质量标准	控制级别	检查结果	检查人	检查时间	备注
1	内件拆装	填料栅板应平整，安装应严格按图纸要求	C				
		填料填装时严禁将破损的填料带入，填装高度及方式严格按图纸要求进行	A				
2	填料装填	陶瓷填料需用湿法，金属填料可用干法	B				
3	塔内清理	塔内部及内件检修后应清理干净	B				
4	内件质量	塔内件应符合设计要求，并对出厂合格证等技术文件进行审查	C				
5	塔内检查	支撑圈、板发现脱焊开裂应进行修理或更换	B				
6		降液管、除雾器等内件腐蚀减薄超过1/3应更换或修补	B				
7	密封面检查	各人孔和接管法兰应清理干净，无明显缺陷	C				
8	设备封孔	封孔前有关技术人员检查验收目合格	B				
9	压力试验	塔的压力试验应符合设计要求	A				

注："A"级为施工单位、运行部、机动处共同验收，"B"级为施工单位、运行部共同验收，"C"级为施工单位自行验收。

附表 1.34.9　管壳式换热器检修质量检查卡片

检修装置名称：　　　　分项工程名称：　　　　施工单位：

序号	检修项目	质量标准	控制级别	检查结果	检查人	检查时间	备注
1	换热器拆装	管壳式换热器抽芯应采用抽芯机械，管芯上有环首螺钉孔的，应拧上，利用环首螺钉进行抽芯；抽芯时应调整好抽芯机位置，避免划伤壳体、折流板，严禁硬拉硬撬	C				
		吊装换热器管束时，应采用专门的软索或采用钢丝绳或钢丝缆绳，必须在接触部位包扎好橡胶管。不得用钢丝绳或其他锐利的索具直接捆绑管束。起吊时受力点必须在管板、隔板或支承板上	C				
		对折流板有吊装孔的管束，确认折流板、支持板情况较好的，应利用吊装孔装孔，采用平衡梁垂直吊管束，管束回装入壳体前再将吊装孔封上(指原设计要求封上的情况)	B				
		管束放置时(包括运输途中)，必须支撑在管板或壳体的连接处；如管束挠度较大，应在中间加垫枕木；运输途中必须对管束进行可靠的固定，放置管束存在意外滚动可能时，应并在管束支撑处加垫楔块	C				
		做好接管口的封闭防护工作，防止异物落入。对不易清理的壳体下部接管洁净处，在抽芯前先插入软质石棉板	C				
2	换热器清理	设备解体抽芯后，应将管箱、壳体、外头盖、浮头盖及管、壳侧接管等清理干净。清理时不得损伤设备，尤其是密封面及内衬设备耐蚀层	C				
		管束如由其他专业单位清洗的，应确认管束内、外表面结垢已清洗干净	B				

续表

序号	检修项目	质量标准	控制级别	检查结果	检查人	检查时间	备注
3	设备检查	尽早检查各管板、管箱法兰、外头盖、接管法兰各密封面,及导流筒、防冲板、定距杆等腐蚀、变形、脱焊等情况,视情况进行修复	C				
		清理后密封面涂上防锈油脂,并对密封面进行可靠防护。管束回装前必须再次检查,检查运输、吊装中是否造成损伤	C				
		复位前确认管束防冲板位置与完程入口位置相对应,或内导流筒部位对上完程的进出口部位	C				
		安排全面检验的换热器,复位前应确认设备已检验合格,需返修的应确认设备已返修合格,并按规范要求履行告知、监检手续	C				
		冷却水走管程的水冷器复位前确认管箱内及有安装空间内牺牲阳极块已按要求安装好	C				
4	设备复位	换热器回装过程要保护设备密封面、列管、折流板及有涂层换热器的涂层,已放置好垫片不受到损伤;注意换热器滑道的位置,以免划伤壳体,并根据壳体上丝堵位置尽量一次准确到位;管板有环ణ密封面上丝堵和垫片,丝堵垫片宜与管板的与复合层材料相同;管板上如有管板定位支耳的,复位时应用专用带肩螺栓穿过定位耳孔进行固定;对非一体式分程密封条长度裁剪要适宜,避免出现长度偏小质走短路情况。管箱小浮头复位时应确保分程隔板准确嵌入分程密封槽	B				

续表

序号	检修项目	质量标准	控制级别	检查结果	检查人	检查时间	备注
5	查漏顺序及要求	试压、查漏包括水质、温度、压差等应符合规范、设计和使用单位提供技术资料要求	B				
6	管束堵漏	管束查漏前应逐根吹干管内积水,在同一管程内,堵管数一般不超过其总量的10%。通过甲方允许,可以适当增加堵管数。管堵的锥度在3°～5°之间。堵头材料应与列管相一致,堵头一定要打实。如因管口泄漏,对一端进行了胀堵的另一端也必须堵上,如管束某个别管只堵了一头,则对该管子原只堵了一端的另一端也应进行补堵	A				
7	水压试验	试压专用限法兰、盲板、假浮头、盲板厚度应与试验压力相适应。试压时压力缓慢上升至规定压力,保压时间不低于30min,无破裂、渗漏、残余变形为合格	A				
8	排空	换热器试压后内部积水应吹干,必要时应吹干	C				
9	冷紧、热紧	符合 SH/T 3532—2005《石油化工换热设备施工及验收规范》要求	C				

注:"A"级为施工单位、运行部、机动处共同验收,"B"级为施工单位、运行部共同验收,"C"级为施工单位自行验收。

附表1.34.10 反应器检修质量检查卡片

检修装置名称： 分项工程名称： 施工单位：

序号	检修项目	质量标准	控制级别	检查结果	检查人	检查时间	备注
1	螺栓热松拆除	当高压管线和设备的温度降至规定温度后，对所有螺栓进行热松	B				
		拆螺栓前，工艺人员确认器内的压力与介质已经排空。螺栓两端螺纹部位涂抹防卡剂	B				
2	内件拆除	反应器内部构件为不锈钢材质，需避免雨水喷溅污染	B				
3	中和清洗	敞开在空气中的奥氏体不锈钢设备应用中和清洗液清洗。确保设备的内表面应100%与碱洗液接触	A				
4	清洁/检查	若器内的材质为不锈钢时，清理工具需使用相同或塑料类的材质	C				
5	催化剂装填	依照装剂工艺要求，装填催化剂； 器内催化剂装填人员踩在木板上或穿着特制鞋	B				
6	内件回装	确认塔盘螺栓材质尺寸无误及螺纹牙部有涂抹防卡剂； 塔盘水平度要求参照设备图纸； 塔盘间隙需填充陶瓷纤维石棉绳	B				
7	出/入口弯管头盖回装	确认器内无异物；确认螺栓材质尺寸无误及螺纹牙部有涂抹防卡剂；确认垫片尺寸及压力等级无误；确认法兰面无异常后才可安装垫片；确认螺栓以对角方式紧固；螺栓紧固后达到规定螺栓扭矩值；螺栓尺寸大于M40的，需使用液压扳手紧固	A				
8	环境清理	工作场所的环境需经设备所在单位检查、认可	B				

注："A"级为施工单位、运行部、机动处共同验收，"B"级为施工单位、运行部共同验收，"C"级为施工单位自行验收。

附表 1.34.11　管式加热炉检修质量检查卡片

检修装置名称：　　　　　　　　　　　　　　　分项工程名称：　　　　　　　　　　　施工单位：

序号	检修项目	质量标准	控制级别	检查结果	检查人	检查时间	备注
1	检修材料准备	所有施工用衬里材料应妥善转移、存放，注意防水防潮；非成型衬里材料应防混入杂质	C				
2	炉膛脚手架搭设	炉内搭拆脚手架时，不得与炉管直接接触；脚手架立杆不得直接架设在炉底耐火衬里上	C				
3	辐射段炉管更换	辐射段炉管更换应按检修施工规范要求执行，并对全部焊缝进行100%射线检查	C				
		炉管顶部与吊耳弯头焊接部位、底部弯头与管焊接部位应按要求包陶纤毯	B				
4	对流段弯头测厚	炉管表面应清洁无油污、油漆或其他污物	B				
		弯头盖面上陶纤毯完好，若有损伤，应用3褶陶纤毯进行修补	C				
		弯头箱盖板与模块连接处螺栓应齐全，中间应用陶纤带进行密封	C				
5	辐射段衬里修复	所有砖墙膨胀缝、炉门、看火孔及底部火盆应用新的陶纤毯填充	B				
		所有压缝砖完好无碎裂，循地缝排列整齐	B				
		砖墙平整、无裂纹，表面垂直度、平面度应符合检修规程；陶纤模块无脱落，表面均匀平整，模块间挤压紧密，无窜气	B				
6	燃烧器检修	底部燃烧器烧嘴回装前确认喷孔通畅无堵塞；回装时应插入定位孔中，保证喷孔方向、高度正确；烧嘴与燃料气管线接口应缠生料带密封，燃烧器风箱内应没有杂物	B				

注："A"级为施工单位、运行部、机动处共同验收，"B"级为施工单位、运行部共同验收，"C"级为施工单位自行验收。

218

检修装置名称：

附表1.34.12 高压临氢系统法兰、螺栓、垫片检修质量检查卡片

分项工程名称：

施工单位：

序号	检修项目	质量标准	控制级别	检查结果	检查人	检查时间	备注
1	密封面检查	目测、手指触摸或磁粉/PT检查，法兰密封面无损伤	A				
2	法兰硬度检测	硬度符合图纸要求	B				
3	密封面保护	采用塑料封头或胶皮管保护，防止各种损伤的发生。易生锈的法兰，还须采取防锈措施	B				
4	环垫材质	材质符合相关标准要求	C				
5	环垫密封面检查	环垫密封面无损伤	A				
6	环垫硬度检测	硬度符合相关标准要求	B				
		硬度小于其配套的法兰硬度 HB30~40的要求	B				
7	尺寸偏差	与环槽面尺寸偏差符合要求	C				
8	螺栓清洗	拆下的螺栓全部浸在煤油中，逐根用钢丝刷，除去铁锈	C				
9	螺纹试旋	A 螺栓与螺母必须进行螺纹试旋，不得有卡涩和晃动现象	C				
		B 每根螺栓必须进行着色检查，不得存在微裂纹	C				
10	螺栓检测	每根螺栓光杆部分测底、中、下三处直径值，直径偏差不得大于5%	C				
		每根配对螺栓，螺母打硬度，硬度差 HB≥30	B				

注："A"级为施工单位、运行部、机动处共同验收，"B"级为施工单位、运行部共同验收，"C"级为施工单位自行验收。

219

附表 1.34.13 低温深冷系统法兰、螺栓、垫片检修质量检查卡片

检修装置名称：　　　　　　　　　　　分项工程名称：　　　　　　　　　　　施工单位：

序号	检修项目	质量标准	控制级别	检查结果	检查人	检查时间	备注
1	密封面检查	各人孔和接管法兰应清理干净，无明显缺陷	C				
		密封面不应有明显的水珠存在	C				
	封孔	封孔前应有有关技术人员检查验收且合格	A				
2	螺栓材质	确认螺栓材质是否是低温碳钢 L7 或者不锈钢 B8	B				
3	螺栓尺寸	确认尺寸无误及螺纹牙部有涂抹防卡剂	C				
4	安装检查	确认螺栓以对角方式紧固	B				
5		是否所有螺栓都加有碟簧	B				
6		螺栓紧固后达到规定螺栓扭矩值；螺栓尺寸大于 M40 的，需使用液压扳手紧固	C				
7		检查垫片的标准，公称直径、公称压力是否正确	B				
8	垫片	检查垫片的金属带材料是否是 304 材质，填充材料是否是柔性石墨	C				
2		垫片不得有影响其密封性能的损伤、扭曲和变形等缺陷	B				
8	环境清理	工作场所的环境需经设备所在单位检查、认可	B				

注："A"级为施工单位、运行部、机动处共同验收，"B"级为施工单位、运行部共同验收，"C"级为施工单位自行验收。

附表 1.34.14　通用阀门检修质量检查卡片

检修装置名称：

分项工程名称：

施工单位：

序号	检修项目	质量标准	控制级别	检查结果	检查人	检查时间	备注
1	阀体检查	阀体与阀盖表面有无裂纹,砂眼,冲刷,密封面平整,无凹,凸麻点,径向沟槽等缺陷	C				
2	阀芯、阀座检查	阀芯、阀座密封面无锈蚀,裂纹、磨损,冲刷等缺陷	C				
3	阀杆检查	阀杆表面是无咬伤,粘合,卡住的痕迹。阀杆的不直度符合标准;阀杆无磨损,连接丝扣完好无损,与螺母配合良好	C				
4	填料室检查	填料室内壁无腐蚀,砂眼,压盖无变形	C				
5	密封面修复	密封面光洁,红丹拳研密封线连续均匀不断线	C				
6	阀门组装	盘根填加正确,填料压盖装配间隙均匀,压盖螺栓紧力均匀	C				
7	强度试验和严密性试验	应符合设计和规范要求	B				
8	调试	阀门全行程开关灵活	B				

注："A"级为施工单位,运行部,机动处共同验收,"B"级为施工单位,运行部共同验收,"C"级为施工单位自行验收。

附表1.34.15 低温阀门检修质量检查卡片

检修装置名称：　　　　　　　　　　　分项工程名称：　　　　　　　　　　　施工单位：

序号	检修项目	质量标准	控制级别	检查结果	检查人	检查时间	备注
1	阀体检查	阀体与阀盖表面无裂纹、砂眼，密封面平整，无径向沟槽缺陷	C				
2	阀门检验	强度和严密性试验合格	C				
		试压奥氏体不锈钢阀门时，水中氯离子含量不得超过100mg/L	C				
3	螺栓材质	确认螺栓材质是否是低温碳钢L7或者不锈钢B8	B				
4	法兰阀门安装	各相关接管、法兰底部无明显积水	B				
		确认使用的螺栓为低温专用的L7或B8螺栓	B				
		垫片尺寸及压力等级正确，无缺陷	B				
		确认相关法兰正确使用所要求的碟簧	B				
		使用肥皂液对法兰进行检查无泄漏	B				
5	焊接阀门安装	焊接接头材料必须有质量证明文件	A				
		坡口和组对同隙符合规范	A				
		清除坡口两侧不小于20mm范围内的铁锈等污物	A				
		焊接环境符合规范要求	A				
		焊缝表面有气孔、夹渣及裂纹等缺陷	A				
		焊缝与母材圆滑过渡目不得有咬边	A				
6	泄压孔方向	闸阀泄压孔方向指向阀门关闭时的高压侧	B				

注："A"级为施工单位、运行部、机动处共同验收，"B"级为施工单位、运行部共同验收，"C"级为施工单位自行验收。

附表 1.34.16　弹簧式安全阀检修质量检查卡片

检修装置名称：

分项工程名称：

施工单位：

序号	检修项目	质量标准	控制级别	检查结果	检查人	检查时间	备注
1	安全阀检查	上下调整环、螺纹部位已清扫干净，阀座表面无缺陷，内壁无壁厚减薄现象	C				
2	阀瓣组件检查	密封面无损伤及导向部位没有擦、咬伤、粘合、卡住痕迹。阀杆头部接触面无裂纹等缺陷	C				
3	阀杆检查	阀杆表面是无伤、粘合、卡住的痕迹。阀杆的不直度符合标准；阀杆无磨损，连接丝扣完好无损，与螺母配合良好	C				
4	弹簧检查	弹簧无裂纹、伤痕、腐蚀等缺陷，自由高度应符合要求，两端面平行，且垂直于轴线；弹簧压缩后能恢复自由高度，弹簧座无裂纹及其他缺陷，弹簧与弹簧座接触应平稳	C				
5	安全阀密封面	密封面平整，无坑点和划痕。密封面的径向吻和度需超过密封面宽度的80%	C				
6	安全阀回装	确认上、下调整环的位置正确，阀杆无变形	C				
7	安全阀定压	安全阀的定压和调整应符合设计和规范要求	B				
8	标志	安全阀检修后必须回复编号、名称等各种标志	B				

注："A"级为施工单位、运行部、机动处共同验收，"B"级为施工单位、运行部共同验收，"C"级为施工单位自行验收。

223

附表 1.34.17 现场设备、管道焊接检修质量检查卡片

检修装置名称：

分项工程名称：

检修装置名称：

施工单位：

序号	检修项目	质量标准	控制级别	检查结果	检查人	检查时间	备注
1	材料	板材、管道及管件材质应符合设计要求	A				
2	焊材	焊材的材质应符合设计要求和规范规定	A				
3	坡口清理	清理时,应将坡口及其内外表面 20mm 范围内的油、漆、锈、毛刺等污物清除净	B				
4	相邻两道焊缝的距离	当 DN<150mm 时,不小于外径,且不小于 50mm	B				
		当 DN≥150mm 时,不小于 150mm	B				
		焊缝距离不应小于 50mm;需要热处理的焊缝其支吊架之间的净距离不小于焊缝宽度的 5 倍且不小于 100mm	B				
		除定型管件外,卷管相邻二纵缝间距不小于 100mm	B				
		焊缝中心距离弯管起弯点不小于 100mm,且不小于管子外径	B				
5	对接错边量	内壁错边量不大于壁厚的 10% 且不大于 2mm	B				
		外壁错边量不大于 2mm	B				
6	表面成形	焊缝表面应整齐均匀,无裂纹、未熔合、气孔、夹渣和内壁可视的未焊透、烧穿等缺陷	A				
7	焊接预热、层间温度的控制	符合规范和焊接工艺文件规定的范围	A				
8	焊接热处理过程控制	热电偶数量、现场热处理参数符合规范和热处理工艺文件要求,热处理曲线图上过程记录及时、真实、完整	A				

续表

序号	检修项目	质量标准	控制级别	检查结果	检查人	检查时间	备注
9	焊缝清理	焊缝及其周围应清除干净，不应存在电弧烧伤母材的缺陷	B				
10	焊缝宽度	焊缝宽度应符合焊接工艺规程的要求，无要求时为坡口上两则各加宽 0.5～2mm	B				
11	焊缝余高	壁厚≤6mm 的，焊缝余高不大于 1.5mm，壁厚 >6mm 的，不大于 2.5mm	B				
12	咬边	应符合设计要求和规范规定	B				
13	无损检测	焊缝无损检测应符合设计要求和规范规定	A				

注："A"级为施工单位、运行部、机动处共同验收，"B"级为施工单位，运行部共同验收，"C"级为施工单位自行验收

225

3. 电气设备检修质量检查卡片

检修装置名称:

检查位置名称:

附表1.34.18 开关柜检修质量验收记录表

分项工程名称:

施工单位:

序号	检查标准	控制级别	检查结果	检查人	检查时间	备注
1*	原则上要求柜体安装方式为螺栓连接,不能焊接。在满足规范要求的前提下可以采用槽钢立式敷设	B				
2	柜体要保证完好,没有明显刮痕和碰伤	B				
3*	开关柜底进出电缆防小动物措施要求不能用防火泥,在可变径橡胶圈防护基础上再用自粘性胶带包缠电缆填补与橡胶圈间的空隙,动力电缆穿过一个进出孔;控制电缆穿过开孔处要做到密封。保护屏,监控屏等二次电缆集中进出出较多的屏柜应先用防火板封堵,缝隙处可用防火泥密封	B				
4	电缆挂牌要求采用不褪色的机打覆字塑料标牌和软棉纱线或带绝缘皮的软金属线系挂。标牌一律系在电缆做头的部位	B				
5	中高压电缆接地辫子要回穿过零序CT,接地辫子要加绝缘套管,尤其注意在电缆头根部出来就要有绝缘措施且防止敷电缆夹具压破接地	B				
6	除屏蔽层接地外,每个回路用的接地或接零要分开连接到地母排或零母排上,不得多回路共用一个接地鼻子或接地螺栓	B				
7	开关柜安装必须在现场土建工作完成后进行(捣地砖铺好、各墙壁、屋顶粉刷好、门窗装好),再有土建施工时开关柜要做好临时防护防尘措施(受工剪影响则由施工方案商定)	B				

续表

序号	检查标准	控制级别	检查结果	检查人	检查时间	备注
8*	高压柜前700mm左右地砖同要求嵌红色条状地砖作为警戒线，分段隔离柜间也要求有红色分界警戒线。在土建铺地砖前向土建施工单位和工程主管部门再交底提醒	B				
9	屏柜内母线连接螺栓或其他一次设备电气连接要求用力矩扳手按规定扭距拧紧（默认按主要求执行，如业主以书面形式提出要求，则按业主主要求执行），画上紧固记号线	B				
10	受电前，开关柜内外要求清扫合格，柜底封闭	B				
11*	低压柜前后都需铺设绝缘垫（绝缘垫自带宽50mm的红色警示带）；高压柜前敷设一块可移动的绝缘垫	B				

备注：(1) 序号加星号的是指新安装时的质量要求；加双星号是指新安装并且有施工图纸时的质量要求。

(2) "A"级为施工单位、运行部、机动处共同验收，"B"级为施工单位、运行部共同验收，"C"级为施工单位自行验收。

附表1.34.19 电缆敷设及防小动物措施质量检查卡片

检修装置名称：

分项工程名称：　　　　　　　　　　　　施工单位：

检查装置名称：

序号	检查标准	控制级别	检查结果	检查人	检查时间	备注
1*	所有母线桥洞口下、左、右采用砖砌,上侧采用隔热板(白色)封堵,利用铁膨胀固定;内外两侧同样要求	B				
2*	所有通向户外的门(包括电缆夹层门)需加用可拆装防小动物挡板(高400mm,材料款式见附后电气部提供的样品照片,)放置挡板的框边用角钢固定	B				
3	电缆敷设可采用机械或人工牵引,无论何种方式均应有滑轮支托或人工托举 防止电缆直接在钢或金属槽盒上拖拽引起外皮损伤。敷设完毕检查外皮完好,电缆外护套绝缘值符合要求	B				
4	电缆进出柜子前要有固定措施,防止承拉力;柜内电缆头固定:35mm²及以上电缆采用金属抱箍固定,使用电缆夹时应用绝缘物衬垫	B				
5*	电缆从桥架进入开关柜,下方悬空距离长的,要在开关柜下方适当位置处设置固定夹具(使用电缆夹时的应用绝缘物衬垫并与接地体连接)	B				
6	电缆挂牌要求采用水不褪色的机打烫字塑料标牌和软铜丝线或绝缘带绝缘皮做的软金属线系挂。标牌一律系挂在电缆做头的部位	B				
7*	系统电缆(包括光缆)在沿途要挂铝制或不锈钢制标牌,直行的每隔50m同隔一个,在转弯等,进出保护管或涵洞,进出变电所等必须挂设	B				
8	动力电缆连接螺栓紧固后要划紧固线标志	B				

续表

序号	检查标准	控制级别	检查结果	检查人	检查时间	备注
9	电缆与设备连接,通过防爆挠性保护管形式的要求两端做好防腐措施	B				
10	由于设计原因未采用电缆而直接用导线的,在柜外部分要用塑料缠绕管保护。如装于开关柜外的零序互感器二次侧电线引入柜内前的一段要加塑料护管	B				
11	二次线线号套管不能手写,需要套管打印机制作,保障不褪色。套管上要标出本侧和对侧端子号	B				
12*	火灾报警系统除温线敷贴紧在电缆托盘本体或放置在电缆托盘上未做温的不做防护,其他线段要有防护措施,可用塑料缠绕管保护。光纤线在柜外部分要有防护措施,可用塑料缠绕管保护	B				
13	接地线连接:①屏蔽接地线用塑料缠绕管保护;②不得使用开口鼻子,压接牢固可靠;③接地线连接时,必须加弹簧垫片。④电缆槽盒之间跨接连接应连接可靠	B				
14*	所有电缆在柜内变电内要保留规范的余量长度	B				
15	进出变配电所的电缆沟、桥架必须做到防小动物和油气等化工介质的密封措施。采用电缆沟形式的,大面积多余空间要用防火板隔离或砖砌形式(注意砖砌不能直接压在电缆上),采用砖砌形式的,采用桥架形式的,大面积多余空间要采用防火板隔离,小缝隙再用防火胶泥封堵。电缆沟和桥架都需向外倾斜,以免雨水倒灌(采用高质量、经久耐用的防火板和防火胶泥做隔离封堵的方法,采用何种材料取决于设计和物装应供应的材料)	B				
16	开关柜设备标牌采用柜号+位号+功率+工艺名称,带电缆层配电室在开关柜底部贴上柜号	B				

备注:(1)序号加星号的是指新安装时的质量要求;加双星号是指新安装并且有施工图纸时的质量要求。
(2)"A"级为施工单位、运行部、运行单位共同验收,"B"级为施工单位、运行部共同验收,"C"级为施工单位自行验收。

229

附表1.34.20 电力电子设备质量检查卡片

检修装置名称：　　　　分项工程名称：　　　　施工单位：

序号	检查标准	控制级别	检查结果	检查人	检查时间	备注
1	蓄电池					
1.1	蓄电池到货检查：蓄电池不得倒置，开箱存放时，不得重叠。存放中严禁短路受潮、损伤，保证清洁。蓄电池槽应无裂纹、损伤，槽盖应密封良好。蓄电池的正负端柱必须无变形，并应无变形，极柱无损伤变形，连接条、螺栓及螺母应齐全	B				
1.2	蓄电池安装：应平稳，间距均匀，电池连接条接线应正确，接头连接部分应涂凡士林，螺栓应紧固	B				
1.3	蓄电池活化和容量检定：施工单位应在规定的有效保管期内进行安装及充电，蓄电池的初充电及首次放电应按照产品技术条件的规定进行，不得过无过放。初充电前应对蓄电池组及其连接条的连接情况进行检查，保证电源可靠，不得随意中断，蓄电池首次放电完毕后，初充电终止电压应符合产品技术条件的规定，首次放电，应按产品技术要求进行充电，间隔时间不宜超过10h。在整个无、放电期间，应按规定时间记录每个蓄电池的电压、电流	B				
2	直流屏					
2.1*	柜子开箱检查重点：型号及规格应符合设计要求；附件齐全；元件无损坏情况。产品的技术文件应齐全，外观检查合格。柜内元器件质量良好，型号、规格符合设计要求，元件有明显标示；附件齐全，排列整齐；各元器件应固定牢固，各元件应能单独拆装更换而不应影响其他元件及导线束的固定；端子排固定牢固，端子应有序号	B				

续表

序号	检查标准	控制级别	检查结果	检查人	检查时间	备注
2.2	开箱后产品的技术文件应立即交一份给电气部。若仅有一份且施工单位做竣工资料必须存的，则电气部收存复印件	B				
2.3	搬运及安装：直流屏在搬运和安装时应采取防潮、防尘、防止框架变形和漆面受损等安全措施	C				
2.4	安装：直流屏的接地应牢固良好。装有电器的门，应以裸铜线与接地的金属构架可靠连接。柜内二次回路接线按图施工，接线正确，电缆芯线和所配导线不应有接头，导线芯线无损伤，电缆芯线和所配导线的端部均应有标明其回路编号、字迹清晰且不宜褪色，配线应整齐、清晰、美观，导线绝缘良好，无损伤。安装调试完毕后，电缆入口及屏柜的预留孔洞应做好封堵，电缆挂牌和入口封堵要求同开关柜	B				
2.5	调试：直流屏应在厂家人员到场的情况下，施工单位一起调试，电气部负责监督和验收。调试内容按厂家编制的调试报告进行，调试结果应直流屏工作正常，液晶显示屏上无屏常故障报警，模拟直流屏有关故障查看液晶显示正确；按编制的《直流屏监控系统调校验收记录表》内容完成直流屏与监控系统的信息对点工作	B				
2.6	试完毕，施工单位和厂家一起出具《直流屏调试验收报告》和《蓄电池充放电记录》。电气部出具《直流屏监控系统联调校验记录表》	B				
3	EPS 电源装置（要求同直流屏）	B				
3.1	调试内容按厂家编制的调试报告进行，但 EPS 动作试验项目若少于电气部编制的《EPS 投运试验》要求，则必须完成电气部要求的《EPS 投运试验》	B				

续表

序号	检查标准	控制级别	检查结果	检查人	检查时间	备注
3.2	调试完毕,施工单位和厂家一起出具《EPS调试验收报告》和《EPS投运试验记录》和《蓄电池充放电记录表》。电气部出具《EPS监控系统调校验收表》	B				
4	UPS(要求同直流屏)					
4.1	调试内容按厂家编制的调试报告进行,但UPS动作试验项目若少于电气部要求的《UPS投运试验记录》要求,则必须完成电气部要求的《UPS投运试验》	B				
4.2	调试完毕,施工单位和厂家一起出具《UPS调试验收报告》和《UPS投运试验记录》和《蓄电池充放电记录表》。电气部出具《UPS监控系统调校验收表》	B				
4.3*	设备投用前核实UPS输出开关与用户输入开关之间存有级差	B				
5	变频器(含软起动器)柜					
5.1	柜子开箱检查重点：型号及规格应符合设计要求；附件齐全,元件无损坏情况。产品的技术文件应齐全,规格符合设计要求,元器件有明显标示；附件齐全,排列整齐,固定牢固；各元器件应能单独拆装更换而不应影响其他元器件及导线束的固定,端子排固定牢固,端子排电缆露有序号。变频柜通风散热设计和配置良好。柜子内带电裸露易触及部分应用绝缘透明板封好隔离。控制部位的继电器采用防抖动作继电器,面板上带电切换压板采用绝缘罩隔离。开箱后产品的技术文件应立即交一份给电气部。若仅有一份且施工单位做竣工资料必须的,则电气部收存复印件	B				

序号	检查标准	控制级别	检查结果	检查人	检查时间	备注
5.2	搬运及安装：变频器柜在搬运和安装时应采取防震、防潮、防止框架变形和漆面受损等安全措施	C				
5.3	安装：变频器柜固定采用螺栓连接且变频器柜的接地应牢固良好。装有电器的可开启的门，应以裸接线与接地的金属构架可靠连接。柜内二次回路接线按图施工，接线正确，电缆芯线和所配导线不应有接头，导线芯线无损伤，电缆芯线和所配导线的端部均应标明其回路编号，编号正确，字迹清晰且不宜褪色，配线应整齐、清晰、美观，导线绝缘应良好，无损伤。安装调试完毕后，电缆进入口及屏柜的预留孔洞应做好封堵，电缆进入口封堵和其封堵的预留孔洞应做好封堵，电缆挂牌和要求同开关柜	B				
5.4	调试：变频器应在厂家人员到场的情况下，施工单位一起调试，电气部负责监督和验收。上电调试内容按厂家说明书进行，单机调试电气专业单独进行，电仪联调及带载调试车调试需工艺仪表配合，同步做好电仪连接信号和联锁的核对；按编制的《变频器监控系统联调记录表》内容完成变频器与监控系统的信息对点工作。调试结果应变频器工作正常，符合工艺带载需求	B				
5.5	调试完毕，电气部确定《变频器参数设定单》并签执行版，出具《直流屏监控系统联调校验记录》	B				
6	电加热器整制柜和电伴热控制柜类：工作内容和要求同变频器控制柜					

233

续表

序号	检查标准	控制级别	检查结果	检查人	检查时间	备注
6.1	电加热器控制柜和电伴热控制柜应在厂家人员到场的情况下,施工单位、电气部负责监督和验收。调试前技术组负责编制《电加热控制柜(电伴热控制柜)参数设定单》,上电调试内容按厂家说明书进行,电上电调试及带载调试需对仪表配合,同步做好电仪连接信号和联锁的核对;按编制的《控制柜监控系统联校调校验记录表》内容接入了监控系统)。调试结果应加热器控制柜及现场负载工作(如果接入了监控系统)。调试结果与监控系统的信息对点正常,符合工艺带载需求	B				
7	励磁柜(工作内容同变频器柜)					
7.1	励磁柜(含现场旋转整流环器柜)应在厂家人员到场的情况下,施工单位、电气部负责监督和验收。调试前技术组负责编制《励磁柜参数设定单》,上电调试按厂家说明书进行,与负载调需电机配合。按编制的《励磁柜监控系统联校调校验记录表》内容完成控制柜的监控系统联校调点工作(如果接入了监控柜信息对点工作(如果接入了监控系统)。调试结果应励磁柜(含现场旋转整流环部分)工作正常,符合带载需求	B				

备注:(1)序号加星号的是指新安装时的质量要求;加双星号是指新安装并具有施工图纸时的质量要求。
(2)"A"级为施工单位、运行部,机动处共同验收,"B"级为施工单位、运行部共同验收,"C"级为施工单位自行验收。

附表1.34.21 监控系统屏柜(含微机五防系统、遥视系统)质量检查卡片

检修装置名称：

分项工程名称：　　　　施工单位：

序号	检查标准	控制级别	检查结果	检查人	检查时间	备注
1*	柜子开箱检查重点:屏柜及所有组成件型号规格应符合技术附件要求,外观检查合格;附件齐全,各元器件应能单独拆装更换而不应影响其他元件束的固定;端子排固定牢固,端子应有序号。产品的技术文件应齐全	B				
2	施工:监控系统屏柜的接地应牢固良好。柜内二次回路接线按图施工,接线正确,电缆芯线和所配导线不应有接头,导线芯线无损伤,电缆芯线和所配导线的端部均应标明其回路编号,编号字迹清晰应良好,配线应整齐、清晰、美观,导线绝缘良好,无损伤。安装调试完毕后,电缆屏柜的预留孔洞应做好封堵,电缆挂牌和入口封堵要求同开关柜。电缆屏蔽层良好接地	B				
3	调试,监控厂家负责前置机程序调试,变电所子站操作员数据库建立和监控集结系统集成程序调试,值班员机的数据库、监控画面和报警信息集表、数据报表的制作,其中光字牌、报警信息表和报表的制作必须由专业主编制的《监控系统运行日志》进行。施工单位负责操作变位和加试组联调信号,班组负责根据《高压综合保护逻辑图》和《监控系统联调校验记录表》核对综保指示,就地子站电脑显示、集控站后台显示的正确性和符合性,监控厂家负责解决出现的问题	B				

备注:(1)序号加星号的是指新安装时的质量要求;加双星号是指新安装并且有施工图纸时的质量要求。

(2)"A"级为施工单位,运行部,运行部共同验收,"B"级为施工单位,运行部共同验收,"C"级为施工单位自行验收。

附表 1.34.22　变压器设备质量检查卡片

检修装置名称：　　　　分项工程名称：　　　　施工单位：

序号	检查标准	控制级别	检查结果	检查人	检查时间	备注
1*	变压器事故排油池内使用的鹅卵石必须满足电气规范要求，外形应为近似圆形或椭圆形，直径宜为5～8cm，且内部不应夹有杂石及淤泥，鹅卵石的铺设高度不应小于250mm。鹅卵石倒入排油池内前应过筛和冲洗	B				
2	变压器室门高度要符合规范要求，同时要有防止向内部倾倒措施；变压器室门要接地	B				
3	变压器基础安装时，按规范做好抗震措施	B				
4*	6kV母线槽靠内侧与墙面最短距离应大于1米，否则影响打开母线槽盒盖与接地处挂接地线	B				
5	变压器进出端子箱的电缆要做好防水密封措施（限于室外或半室外的变压器）	B				
6	户外和半户外的变压器，瓦斯继电器做好防雨措施，除非厂家有专门设计的防雨罩，一般要施工单位加装防雨罩，压力释放阀进线处做好密封防护	B				
7	变压器母线接头等电气连接，要求用力矩扳手按规定力矩拧紧，画上紧固记号线	B				
8*	注意变压器与高压柜开关柜的相序排列问题，35kV主变的6kV出线排与高压柜的母线排要顺序对位连接，不得在母线桥里扭转	B				
9	变压器连接母排和接线柱则必须做到封闭，要么封闭的母线桥内，裸露的母排则要绝缘套包裹，确保能防止小动物进入或杂物碰到引起的接地短路	B				

备注：(1) 序号加星号的是指新安装时的质量要求；加双星号是指新安装并且有施工图纸时的质量要求。
(2) "A"级为施工单位，运行部、机动处共同验收，"B"级为施工单位，运行部共同验收，"C"级为施工单位自行验收。

检修装置名称：

分项工程名称：

附表 1.34.23　变电所土建暖通给排水质量检查卡片

施工单位：

序号	检查标准	控制级别	检查结果	检查人	检查时间	备注
1	关于变电所插座设置统一要求：A. 变电所建筑物内每个房间都应该设计有插座；B. 没有设置插座或置插座不满足使用需要的，请按以下原则配置各房间内的插座。开关室按对角线装设一个插座箱，以方便日后检修试验取电，每个低压对角开关室还高设一个三相插座（380 V，16 A），以供低压抽屉试验合用，辅助房间内设一个插座（单相三孔＋工孔，10 A）（按图施工）	B				
2	变电所外墙要设置通向房顶的爬梯以保证能上房顶检查，爬梯需要有安全护笼，要接地	B				
3	变电所等屋顶避雷带按规范施工及接地	B				
4	变电所所有门窗（包括电缆层和检修间等）玻璃为磨砂玻璃，有人值守的房间和有特殊要求的除外。配电室大门采用防火卷门并带有门吸，同一配电室门锁采用统一锁芯	B				
5	变压器室台阶建议采用如图二所示的贯通式，如果为独立式的，建议用砖做砌台阶，台阶要保证足够的安全宽度（不小于 1.2 m），并设置安全扶手	B				
6	变电所的 PVC 排水管应采用金属抱箍固定。说明：炼油老区近几年新建的二常变电所，一套加裂变，来抽提配电的 PVC 排水管原采用塑料箍抱固定，都发生过排水管脱落现象，塞改时十分麻烦，需搭很高的胸手架进行固定，费工费钱且不安全	B				
7	摄像头等安装要注意承重情况，要有独立吊杆，不能装于吊顶棚上或照明槽盒上	B				

续表

序号	检查标准	控制级别	检查结果	检查人	检查时间	备注
8	光控探头安装位置要合理,在朝阴面,避免受路灯影响,明配保护管进电缆沟	B				
9	变电所在进出设备通道门口处有护栏的,需要设计和制作成可拆卸式的,施工时焊接钢管做为转轴也可,有利于今后维护需要	B				
10	35kV主变进线的中心变电所应设洗手盆和拖布池,但不能设置在设备室的正上方。洗手盆和拖布池应安装在维修间内,这是变电所保洁维护需要。(按图施工)	B				
11	变电所有通向室外的进出口处均设挡板,规格40cm高,考虑今后施工的方便,设置活动利于拆装的挡板、挡板式维修电气部件提供的实物样品或照片	B				
12	排风机要求有90度弯头并有不锈钢防护网格,内部带重力自闭式单向阀片,保证台风时雨水不会进入变电所	B				
13	高压配电室直设不能开启的自然采光窗,窗台距室外地坪不宜低于1.8m;低压配电室可设能开启的自然采光窗,但应采取防止雨、雪、小动物、风沙及污秽生埃进入的措施	B				
14	变电所空调选用冷暖空调机,达到控制变电所内的运行环境(温度和相对湿度)的目的	B				
15	变压器室、配电室、电容器室等应设置防止雨、雪和蛇、鼠类小动物从光窗、通风窗、门、电缆沟等进入室内的设施。门窗应采用非燃材料,保持完好,关闭严密;与室外相通的洞、通风孔应设防止鼠、蛇类等小动物进入的护网,今后新建项目护网、护网应更换护网质材质一要选用不锈钢材质,护网防护等级不宜低于《外壳防护等级分类》(GB 4208—84)的IP3X级(能防止直径大于2.5 mm的固体异物进入)。直接与室外露天相通的通风孔还应采取防止雨、雪飘入的措施	B				

续表

序号	检查标准	控制级别	检查结果	检查人	检查时间	备注
16	采用微机保护的配电室、变频器室、励磁柜室、UPS室及值班室均应设置空调	B				
17	排水孔要和系统水沟相连接，空调排水也要接入，不能在地面上流淌，所有屋顶排水必须畅通	B				
18	变电所排水管必须用不锈钢抱箍固定安装	B				
19	变电所的灯开关要安装在值班人员经常走的门旁边	B				

备注：(1)序号加星号的是指新安装时的质量要求；加双星号是指新安装并且有施工图纸时的质量要求。

(2)"A"级为施工单位、运行部、机动处共同验收，"B"级为施工单位、运行部共同验收，"C"级为施工单位自行验收。

附表1.34.24　电动机检修质量检查卡片

检修装置名称：　　　　分项工程名称：　　　　施工单位：　　　　检查装置名称：

序号	检查标准	控制级别	检查结果	检查人	检查时间	备注
1	电动机抽芯检查的要求，进口电机不抽芯，已到制造厂家做过出厂验收性出厂验芯；其他电动机按不低于10%比例抽检抽芯，查出问题的扩大油检面，具体检查前业主列出抽油检清单	B				
2	所有电机完成接线后，画上紧固记号，盖上接线盒前，必须通知电气部逐台检查确认	B				
3	电机进线口的连接不带防爆挠性管的，电缆进出镀锌保护管口要去掉毛刺，并加电缆保护奎筒（具有双密封圈结构形式的不锈钢或碳钢格兰）或专用防护圈（橡胶圈或塑料尼龙），对设有适用规范的要打喇叭口，以保证对电缆穿管时的保护措施。保护管口做好规范的封堵措施，管口处下部用适当的材料封堵紧后上部再用优质防火泥质封堵	B				
4*	进线电缆要求水平或向上倾斜，进入电机口处不能向下；所有电机包活制电缆必须留有足够的流水弯	B				
5*	现场电机安装位置及接线方向要考虑检修和巡检方便，工艺管线不能离电机太近，影响电机检修和电机散热	B				
6	电机本体接地采用黄绿铜导线或镀锌扁钢截面，导线截面符合要求，以设计开料为准	B				

续表

序号	检查标准	控制级别	检查结果	检查人	检查时间	备注
7	电机采用铠装电缆的,电缆铠装层在开关柜和电机接线盒两侧都应接地。低压电机采用四芯铠装电缆的,铠装层的接地与电缆一起接在电机接线盒内的接地用接线柱上	B				
8	电动机头电缆进线处必须保证满足防爆和密封,电缆从下侧或斜向水平侧进线,不得从上方进线	B				
9	电动头本体要求有接地,设计选用四芯电缆的,在电动头接线盒内接地,外壳可以有复接地,选用三芯电缆的,外壳必须接地	B				

备注:(1)序号加星号的是指新安装时的质量要求;加双星号是指新安装并且有施工图图纸时的质量要求。

(2)"A"级为施工单位,运行部,机动处共同验收,"B"级为施工单位,运行部共同验收,"C"级为施工单位自行验收。

241

附表 1.34.25 操作柱、现场动力箱和控制柜质量检查卡片

检修装置名称：

分项工程名称：   施工单位：

序号	检查标准	控制级别	检查结果	检查人	检查时间	备注
1	引出线均采用下进下出或规范方式，现场控制箱接线盒引出线电缆入口要规范妥善封堵	B				
2	根据计量专业管理要求，操作柱带电流表的，施工单位必须提供电流表检定证书	B				
3*	操作柱的安装位置原则上为电机风扇端基础后 1000 mm，面向电机风扇端靠基础左侧，距开排水沟、距离基础侧面 400mm，实际安装时还应考虑到近旁设备管线等的影响，不能妨碍巡视操作等，如果有障碍物可根据现场情况调整，同时要尽量考虑电机检修方便。要求同一泵区操作柱安装尽量整齐划一	B				
4	现场动力箱、配电箱、控制柜设置标识（名称和标准由业主提供）	B				
5	现场设备有防雨措施	B				
6	箱柜多余的电缆入口必须齐平封堵接头，尤其是防爆区内要达到防爆要求	B				
7	控制柜要有厂家提供的原理图、接线图	B				
8	要求在防爆检修动力箱外面配套增设一个外护箱，底部镂空，便于电缆穿线。外护箱采用 1.5mm 厚的不锈钢材质。防护箱体上需要配套装门把手，还需要配挂锁，挂锁孔为 φ8.5mm。达到防止非电气人员私自操作开关进行停送电和打开防爆接线盒盖进行接拆临时用电电缆	B				

备注：（1）序号加星号的是指新安装时的质量要求；加双星号是指新安装并且有施工图纸时的质量要求。
（2）"A"级为施工单位、运行部共同验收，"B"级为施工单位、运行部共同验收，"C"级为施工单位自行验收。

附表1.34.26 照明设备质量检查卡片

检修装置名称：

分项工程名称：

施工单位：

序号	检查标准	控制级别	检查结果	检查人	检查时间	备注
1*	镇流器或接线盒等安装时要求采用下进线或平进线，照明灯具上方一定距离内不得安装有电缆或配管等，照明安装高度要求便于维护，应急照明应该有电缆等标志，粘贴有明显标识一的标志，应急照明要合理布置，系统设备前后，必须有应急照明	B				
2*	照明线路应优先采用"阻燃铜芯电缆穿镀锌钢管敷设，该照明线路要有1芯专用保护接地线，用于灯具和接线盒等的保护接地，该芯线的截面积应≥2.5mm²。"的方式	B				
3*	照明电缆从地面下引出进入照明配电箱或防爆接线盒的，要求采用不锈钢编织网的防爆挠性配线钢管连接方式，以防地基沉降造成照明配线钢管拉裂	B				
4*	防爆照明配电箱采用下进下出线，进出线口配电缆夹紧密封接头；箱体采用户外防腐蚀型，加装防雨罩，箱内各进出回路处应设专用PE接线端子	B				
5*	适用于装置区域照明配线系统的配管方式，不采用全线配管装设形式（由于全线配管线易产生配管易进水，不便于管线维护和更换接线盒）。装置区域（防爆场所和非防爆场所）的照明配线钢管与灯具，钢管与接管之间的一小段应断开，电缆进出密封保护管口要去掉毛刺，并加电缆保护奎筒（具有双密封圈结构形式的不锈钢或碳钢格兰）或专用防护罩（橡胶圈），以保证照明电缆夹紧在断开处有安牢靠的密封措施。进防爆接线盒处采用防水和便于今后维护工作。在断开头方式，以达到防爆，防进水和便于今后维护工作。在断开的钢管两端，钢管与接线盒之间必须装设接地跨接线	B				
6	对油罐和球罐罐体上的照明配线部分因考虑防雷特殊要求，必须采用全线配管（有可靠螺纹连接），照明配线钢管中间不得断开	B				

243

续表

序号	检查标准	控制级别	检查结果	检查人	检查时间	备注
7	照明配线钢管的接地跨接线装设形式及要求;两端焊接螺栓和中间为绝缘铜导线的接地跨接线装设形式及要求见示意图。说明:					
7.1	该接地跨接线装设形式适用于照明配线钢管中间断开,中间采用接线盒、钢套管、防爆挠性连接	B				
7.2	镀锌螺杆焊接在钢管上后,为达到接触良好,必须先在螺栓拧1个螺母,再依次放入绝缘铜导线接线铜鼻子、垫圈、弹簧垫圈和螺母。如已采用了电缆保护套筒的,可以利用套筒上的接地螺栓连接接地跨接线	B				
7.3	该接地跨接线装设形式的材料型号及规格表如下:	B				
8	全线配管(有可靠螺纹连接)的接地跨接线装设形式及要求:	B				
8.1	钢管与钢管、钢管与电气设备、钢管与钢管附件之间的连接,应采用螺纹连接,不得采用套管焊接	B				
8.2	螺纹加工应光滑、完整,无锈蚀,在螺纹上应涂以电力复合脂或导电性防锈脂。不得在螺纹上缠麻或绝缘胶带及其他油漆	B				
8.3	在爆炸性气体环境1区和2区时,螺纹有效啮合扣数:管径为25mm及以下的钢管不应少于5扣;管径为32mm及以上钢管不应少于6扣	B				
8.4	在爆炸性气体环境1区和2区与隔爆型设备连接时,螺纹连接处还应有锁紧螺母	B				
8.5	在爆炸性粉尘环境10区和11区与螺纹、螺纹有效啮合扣数不应少于5扣。外露丝扣不应过长	B				
8.6C	除设计有特殊规定外,连接处可补充焊接金属跨接线	B				

备注:(1)序号加星号的是指新安装并有施工图纸时的质量要求;加双星号是指新安装并有施工图纸时的质量要求。

(2)"A"级为施工单位、运行单位,机动处共同验收,"B"级为施工、运行部共同验收,"C"级为施工单位自行验收。

附表 1.34.27 电缆沟和电缆槽盒质量检查卡片

检修装置名称： 分项工程名称： 检修单位： 施工单位：

序号	检查标准	控制级别	检查结果	检查人	检查时间	备注
1	安装有吊耳的电缆沟盖板，若在巡检通道上的，为保证安全，吊耳必须采用活动内嵌式，不得凸出在表面	B				
2	跨过道路的或有汽车等经过的电缆沟盖板要求采用铁包钢承重盖板，成品包装电缆沟盖板要求设计特别考虑重载荷情况	B				
3	电缆槽盒同的接地要求在槽盒内部地形式或在外部用黄绿接地线连接（或厂家提供的配套连接件）；电缆槽盖板必须有可靠的固定设施。施工完毕，槽盒内不能有杂物，槽盒外不能遗留任何物品，防止高空落物	B				
4	当直线段钢制电缆桥架超过30m，铝合金或玻璃钢制电缆桥架超过15m时，应有伸缩缝，其连接应采用设置伸缩连接板（供货单位提供）；电缆桥架跨越建筑物伸缩缝，托架（托盘）连接板的螺栓紧固，螺母应位于桥架（托盘）的外侧	B				
5*	电缆沟的警示标识达到规范要求：装置内电缆沟用水泥抹面，沿电缆沟上的外沿线用红色油漆进行划线，并每隔30米用红色油漆标注"电缆沟，严禁重压"的字样。红线宽度为8～10cm，字体为宋体，字宽度为20cm；系统电缆沟每隔50米用红油漆标注"电缆沟，注意安全"的字样，字体为宋体，字宽度为20cm（装置区内由运行部负责，区外由施工单位负责）；在管廊下的系统电缆沟必须进行水泥嵌缝处理，防止管廊动火星掉入或工艺介质漏人，在直埋电缆上方设置警示标识牌，标识牌材料一般为埋设水泥桩，排管、过马路设置标识桩；在电缆沟经配管（或涵洞、排管，一般为埋设水泥桩；装置区电缆沟内电缆在进出电缆层及现场转弯处应挂电缆标牌，采用铝合金或不锈钢标牌	B				

245

续表

序号	检查标准	控制级别	检查结果	检查人	检查时间	备注
6	电缆桥架横档应有弧度，以免使电缆外绝缘受力	B				
7	系统电缆沟内支架及其他金属构筑物不应有尖锐物的突出部，以防损伤电缆	B				
8	系统电缆沟内电缆支架及其他金属构筑物均应全部热镀锌，焊点位置应涂以防锈漆	B				
9*	装置内电缆沟不装电缆支架，采用全部充砂，电缆分层敷设，沟内不能有杂物等混在电缆沟内	B				
10*	电缆沟的全长应设装有连续的接地线，接地线应至少两处与接地极联通，接地线不应安装在电缆沟的沟底，应装设在电缆沟最上一层支架的上方，装置内电缆沟内应在盖板以下15cm以内	B				
11**	系统电缆沟应在电缆接头处设置电缆工作井，防止电缆头长期浸入水中，并在周围采取防止火焰蔓延的措施	B				
12**	应采取措施防止具有腐蚀性或易燃的工艺介质进入电缆沟内	B				
13	生产装置区电缆应选用阻燃电缆，在泵区及易着火或高温气体液体易泄漏的区域如采用非电缆沟或直埋方式时应选用耐火电缆	B				
14	电缆沟和桥架进出变电所、控制室的出入口处及相邻两间房间的通道间应作阻火封堵	B				
15	电缆沟通入变配电室、控制室的漏洞处，应填实、密封	B				

备注：(1)序号加星号的是指新安装时的质量要求；加双星号是指新安装并且有施工图纸时的质量要求。

(2)"A"级为施工单位、运行单位、机动处共同验收，"B"级共同验收，"C"级为施工单位自行验收。

附表 1.34.28 接地装置质量检查卡片

检查装置名称：

分项工程名称：   施工单位：

序号	检查标准	控制级别	检查结果	检查人	检查时间	备注
1*	固定容器、设备、管道其防雷接地装置的刚性导体引下线,宜采用镀锌扁钢制成,扁钢厚度不应小于4mm,宽度不小于40mm,当采用镀锌圆钢时,其直径不应小于10mm。接地极在相应地面上作好标识(采用不锈钢标牌嵌入地面或立柱)	B				
2	固定容器、设备、管道的防静电接地引下线应按图施工,如无图纸,宜选用厚度不小于4mm,宽度不小于25mm的镀锌扁钢或直径不小于10mm的圆钢制作	B				
3	引下线应采取最短途径,并避免死弯	B				
4	一台设备多点接地时,应设过渡连接的断接卡	B				
5	断接卡应设在引下线至接地体距地面0.3～1.0m之间,同时引下线离设备(或端面)应保持5～10cm的距离,能够保证钳口式接地电阻测试仪器能够卡得进去	B				
6	断接卡与上下两端采用搭接焊连接,焊接处不应有夹渣、气孔,咬边及未焊透现象,搭接长度应为扁钢宽度的两倍,焊接面做好防腐	B				
7	断接卡的紧固应采用经热镀锌防腐处理的螺母、螺栓和弹簧垫圈(M12×30)紧固,连接金属面应除锈、除油污	B				
8	3万m³以上的大型储罐发照集团公司《大型浮顶储罐安全设计、施工、管理暂行规定》,断接卡应采用4×40mm不锈钢材料,断接卡用2个M12的不锈钢螺栓连接并加防松垫片固定	B				

续表

序号	检查标准	控制级别	检查结果	检查人	检查时间	备注
9	防雷、防静电接地引下线测试点要标出明显标记	B				
10	接地装置施工完毕后，应及时作隐蔽工程验收，验收需提前一天通知电气部参加	B				

备注：(1)序号加星号的是指新安装时的质量要求；加双星号是指新安装并且有施工图纸时的质量要求。

(2)"A"级为施工单位、运行部、机动处共同验收，"B"级为施工单位、运行部共同验收，"C"级为施工单位自行验收。

附表 1.34.29 重要电气设备质量检查卡片

检修装置名称：

分项工程名称： 　　　　　　　　　　　　　　　　　　　　施工单位：

序号	检查标准	控制级别	检查结果	检查人	检查时间	备注
1	重要设备的更新、改造方案审核、修理方案的审定	A				
2	重要设备维修、大修、检修质量检查	A				
3	更新、改造、扩建后的 6kV 及以上高配送电前专项检查	A				

备注：(1) 序号加星号的是指新安装时的质量要求；加双星号是指新安装并且有施工图纸时的质量要求。

(2) "A" 级为施工单位、运行单位、机动处共同验收，"B" 级为施工单位、运行部共同验收，"C" 级为施工单位自行验收。

附表1.34.30　火灾自动报警系统和消防器具检修质量检查卡片

检修装置名称：

分项工程名称：　　　　　　　　　　　　　　　　施工单位：

序号	检查标准	控制级别	检查结果	检查人	检查时间	备注
1	火灾自动报警系统，对照施工图和《火灾自动报警系统施工及验收规范》（GB 50166—2007）进行验收。验收的重点项目如下：对火灾自动报警系统中各装置的安装位置、型号和数量进行核对验收，符合施工图；对火灾自动报警系统的布线进行验收，重点关注系统线路的配管，金属管子入盒、盒外侧应套锁线，内侧应装护口；在吊顶内敷设时，盒的内、外侧均应套锁母"；涉及火灾自动报警系统（尤其是火灾报警控制器、火灾报警模块箱、区域显示器）的设备编号标识要齐全、线路的线号、电缆挂牌齐全规范	B				
2	消防器具，对照施工图，检查所配置的灭火器类型、型号、数量，规格符合要求，重点关注：变配电室内有精细电子设备的单独房间（控制室、工程师室，UPS室、变频器室，励磁柜室、电加热器控制柜室）设置手提式气体型灭火器。灭火器房间设置4kg类ABC类手提式磷酸铵盐干粉灭火器。灭火器箱采用不锈钢材质，箱体开合结构为全铰链形式，无玻璃门	B				
3	SF₆/O₂在线监测报警系统，按施工图和《建筑电气工程施工质量验收规范》（GB 50303）进行检查验收，主要检查：SF₆/O₂在线监测报警系统中各装置的安装位置、型号和数量核对，符合施工图；设备编号标识齐全，电缆配线，挂牌规范，线号正确	B				

备注：(1) 序号加星星号的是指新安装时的质量要求，加双星号是指新安装并且自有施工图纸时的质量要求。

(2) "A"级为施工单位，运行部共同验收，"B"级为施工单位、运行部处共同验收，"C"级为施工单位自行验收。

4. 仪表设备检修质量检查卡片

附表1.34.31 仪表专业质量检查卡片

1. 检查施工单位

检查项目	检查内容	检查验收条款要求	必查或抽查	检查结果	检查人	检查时间	备注
1.1 施工单位	1.1.2 专业人员资质	仪表校验人员必须具有计量器具检定证书；气体报警仪校验人员应具有相应的检定证书；焊工具有有效的焊工合格证书	必查				
	1.1.3 标准仪器与试验室条件	必须配备工程所需标准仪器，具有有效的计量合格证明，精度符合要求。仪表试验室温度保持在10~35℃	必查				
	1.1.4 隐蔽工程记录	隐蔽工程在隐蔽前，施工单位应通知有关单位验收，对隐蔽部位有记录。对地下光缆沿途要用水泥浇铸的地桩标识	必查				
	1.1.5 防爆合格证	防爆仪表及本安关联设备必须具有有效的防爆合格证，型号与规格的替换必须经原经设计单位确认	必查				
	1.1.6 材料保管	仪表材料按照其材质、型号及规格分类保管。所有仪表施工前不能把材料和仪表直接堆放在露天，要有防进水的保护措施	必查				

2. 仪表单体试验

检查项目	检查内容	检查验收条款要求	必查或抽查				
2.1 仪表试验室	2.1.1 标准仪器	基本误差的绝对值不应超过被校仪表基本误差的1/3，数显仪表标准表应高于被校表	必查				
2.2 仪表的单体试验	2.2.2 仪表校验	①校验合格仪表及时填写校验记录，数据真实清晰，表体贴有校验合格证标签。对于现场不具备校准条件的仪表，可不做精度校验，但应对其鉴定有效性进行验证 ②设计文件规定禁油和脱脂的仪表在校准和试验时，必须按其规定进行	必查				

续表

检查项目	检查内容	检查验收条款要求	必查或抽查				
2.2 仪表的单体试验	2.2.3 仪表材料	①高压及接触刷毒、可燃介质的温度计套管应进行压力试验,试验压力为公称压力的1.5倍,停压10min无泄漏	必查				
		②热电偶(阻)插入深度、螺纹接口或法兰标准及法兰检查符合设计文件,节流装置尺寸符合设计文件	必查				
	2.2.4 调节阀	①气动薄膜调节阀气密性试验:0.1MPa仪表空气输入膜头,切断气源后5min内,压力不下降	抽查				
		②水压试验:试验压力为公称压力的1.5倍,时间不少于3分钟,所有静密封点无泄漏现象。符合调节阀要求的泄漏等级	必查				
		③泄漏量试验,事故切断阀100%测试,泄漏量应满足要求	必查				
		④行程测试,带定位器允许偏差±1%	抽查				

3. 仪表设备安装

检查项目	检查内容	检查验收条款要求	必查或抽查				
3.1 温湿度仪表(含取源部件)	3.1.1 取源部件的材质及安装位置	①材质符合设计要求	必查				
		②垂直安装时与管道轴线垂直相交,在管道拐弯处安装时与管道轴线重合,倾斜安装时逆介质流向	必查				
	3.1.2 接线盒引入口、接线及线号标识	①接线盒引入口不应朝上并密封,密封要与电缆规格相符					
		②线的规格型号符合设计要求,接线正确,线号标识正确清晰,必须用打号机打印。对于接线箱备用的进线孔,要用不锈钢阀堵头封堵	抽查				

续表

检查项目	检查内容	检查验收条款要求	必查或抽查					
	3.1.3 严密性	随同设备和管道进行压力试验,无渗漏	必查					
	3.1.4 机组轴承温度检测元件检查	①待钳工拆卸轴承、轴瓦后,应对每一支轴承、轴瓦嵌入式热电阻进行固度检查,延伸导线的外观破损检查	抽查					
		②对每一支的轴承、轴瓦嵌入式热电阻三线阻值进行测试是否符合要求,对地绝缘、线间绝缘是否符合要求	必查					
		③对测试不合格的轴承、轴瓦嵌入式热电阻进行更换	抽查					
		④对拆卸轴承、轴瓦嵌入式热电阻进行有效的保护	抽查					
3.1 温湿度仪表（含取源部件）	3.1.5 机组轴承温度检测元件安装要求	①热电阻铠装测量头根据轴瓦、轴承安装方式,或用胶固定或采用专用连接件固定	必查					
		②引线在机组内必须加以固定（没有固定安装要求的必须创造条件）,遮开转动和油路冲刷口	必查					
		③引线引至机外出口处必须安装密封专用接头（防止机油顺着引线流出机壳而污染环境）	必查					
		④热电阻引线至机外应配备专用防爆接线箱,位置安装尽量靠近热电阻引线机外出口处	抽查					
		⑤热电阻引线至防爆接线箱之间必须配置合适的保护管,并且固定牢固便于拆装方便	抽查					
		⑥热电阻引线在接入防爆接线箱端子前,必须再一次对热电阻的完好状态和电阻值进行确认	抽查					
		⑦根据轴瓦、轴承部位进行对号入座接线,并严格进行端子三遍确认原则	抽查					

续表

检查项目	检查内容	检查验收条款要求	必查或抽查			
3.1 温湿度仪表（含取源部件）	3.1.5 机组轴承温度检测元件安装要求	⑧加强专业沟通，防止安装压缩机部件时压伤压坏温度引线	抽查			
		⑨回路各环节接线完成后，在 DCS 画面进行温度指示确认	必查			
		⑩跑润滑油后，仔细检查热电阻引出线从机组引出口处有否渗油；并再一次确认各热电阻的测量值与 DCS 显示值是否一致	必查			
3.2 压力仪表（含取源部件）	3.2.1 压力取源部件的安装部位及方向	①在温度取源口上游				
		②取源部件不应超出设备或管道内壁				
		③取源方位：气体介质时，在管道水平中心线以上；液体介质时，在管道水平中心线以下 45°夹角内；蒸汽介质时，在管道水平中心线以上或以下 45°夹角内	必查			
	3.2.2 接线盒引入口、接线及线号标识	①接线盒引入口不应朝上并密封，密封要与电缆规格相符				
		②线号的规格型号符合设计要求，接线正确，牢固，线号标识正确清晰，必须用打号机打印。对于接线箱备用的进线孔，要用不锈钢堵头封堵	抽查			
	3.2.3 取源部件严密性	随同设备和管道进行压力试验，无渗漏	必查			
3.3 流量仪表（含取源部件）	3.3.1 流量取源部件的安装位置及方向	①流量取源部件上、下游直管段的长度应满足设计或产品技术要求				
		②最小直管段内无其他取源部件，内壁清洁，无凹凸				
		③节流装置的取源方位：气体介质时，在管道水平中心线以上；液体介质时，在管道水平中心线以下 45°夹角内；蒸汽介质时，在管道水平中心线以上或以下 45°夹角内	必查			

续表

检查项目	检查内容	检查验收条款要求	必查或抽查			
3.3 流量仪表（含取源部件）	3.3.2 节件安装	①对孔板进行外观检查，制造尺寸符合制造标准或设计要求	必查			
		②节流量在管道吹洗后安装，方向符合要求				
		③节流件的端面垂直于管道轴线，允许偏差1°				
	3.3.3 流量计与管道连接	差压流量计表正负压至与测量管道连接正确，引压管倾斜方向和坡度以及隔离器、冷凝器、集气器的安装符合设计文件规定	必查			
	3.3.4 接线盒引入口、接线及线号标识	①接线盒引入口不应加上并密封，密封要与电缆规格相符	抽查			
3.3 流量仪表（含取源部件）		②线的规格型号符合设计要求，接线正确、牢固，线号标识正确清晰，必须用打号机打印。对于接线箱备用的进线孔，要用不锈钢堵头封堵				
	3.3.5 取源部件严密性	随同设备和管道进行压力试验，无渗漏	必查			
3.4 物位仪表（含取源部件）	3.4.1 物位取源部件的安装位置及方向	①选择位置在物位变化灵敏，不受物料冲击	抽查			
		②浮球式液位仪表的法兰短管能确保浮球在全量程范围内自由活动	必查			
		③静压液位计取源部件的安装位置远离液体进出口	抽查			
	3.4.2 液位计安装	①浮筒液位计的浮筒垂直度允许偏差为2/1000	必查			
		③射线液位计有安装方案，安装中防护措施符合国家标准，安装位置有明显的警戒标记	抽查			

续表

检查项目	检查内容	检查验收条款要求	必查或抽查
3.5 在线分析仪表(含取源部件)	3.5.1 取源部件的安装位置	①取源方位:气体介质时,在管道水平中心线以上;液体介质时,在管道水平中心线以下45°夹角内;蒸汽介质时,在管道水平中心线上或以下45°夹角内	必查
		②分析气体中有固体液体杂质时,取源部件、取源部件的轴线与水平线之间的仰角大于45°	必查
	3.5.2 取样系统	安装符合设计要求,有完整的、单独安装的、靠近传送器的取样预处理装置	必查
	3.5.3 气报仪安装位置选择	检测气体密度大于空气时,检测器安装位置距地面300~500mm,其中氢气介质要求1000mm;密度小于空气时,安装在泄漏区域的上方	必查
3.6 调节阀及其辅助设备	3.6.1 调节阀安装位置与方向	①底座离地面距离应大于200mm,阀体周围有足够的空间,膜头周围的空间顶部距离大于300mm	必查
		②执行机构的信号与管线的伸缩量	抽查
		③调节阀流向应与工艺管道流向一致	必查
	3.6.2 定位器连接	反馈杆与调节阀阀杆连接牢固	抽查
	3.6.3 定位器正面朝向	有利于故障处理和维护,不朝向围栏不紧贴工艺设备	必查
	3.6.4 气路部分	气路泄漏和气源球阀卡套铜箍的安装符合要求	抽查
	3.6.5 法兰连接	配置螺栓大小合适,压紧螺母外留有一扣余量,螺丝上涂有二硫化钼	必查
	3.6.6 执行机构膜头	气开阀(下进气)上膜头盖装有不锈钢防雨帽或U型短管管口朝下。	抽查
	3.6.7 阀位行程牌	行程指示牌清晰固定螺丝应齐全	抽查

续表

检查项目	检查内容	检查验收条款要求	必查或抽查
3.6 调节阀及其辅助设备	3.6.8 阀门铭牌	铭牌上清晰无污脏和油漆	抽查
	3.6.9 阀门填料	填料压盘螺栓留有余量	必查
	3.6.10 执行机构与阀体油漆颜色	①阀门整体喷刷油漆平整明亮	必查
		②执行机构/气开阀喷上硝基中绿喷漆，气关阀喷上硝基大红喷漆	抽查
		③阀体：碳钢阀体喷上银粉漆；不锈钢阀体喷上深兰漆	必查
	3.6.11 附件支架	阀门附件多个体大，要求配置合理的支架	抽查
	3.6.12 气源风管	气源风管和气瓶风管 φ12 以上要求配置金属软管连接	抽查
	3.6.13 气缸体/电磁阀/气控阀/切换阀的吸放口防水	配有泄放器要求吸放器防雨盖向下，泄放口配接头和 U 型短管管口朝下	抽查
	3.6.14 断气阀门动作状态试验	配置气瓶的重要阀门，当切断气源试验时，要求阀门全开或全关动作附合设计要求和工艺设备安全	必查
3.7 轴系仪表	3.7.1 探头安装前	①记录拆装前的探头与表面之间的间距	抽查
		②轴系仪表延伸电缆与探头、前置器之间的连接插头必须用四氯化碳溶剂清洗干净	抽查
		③轴系仪表探头的导线及延伸电缆必须进行绝缘测试和阻值检查合格	必查
		④轴系仪表探头、延伸电缆、前置放大器的配对情况是否符合要求	抽查
	3.7.2 探头的位置	探头与轴的间隙在探头特性曲线的中点	抽查

续表

检查项目	检查内容	检查验收条款要求	必查或抽查			
3.7 轴系仪表	3.7.3 探头安装情况	①轴系仪表探头安装连杆及支架、专用同轴电缆无损伤	抽查			
		②轴系仪表探头周围左右2D(探头的直径2倍)范围内是否有金属物体	抽查			
		③轴系仪表探头安装连杆及出轴接口的密封检查与密封处理	必查			
		④待钳工将转子固定后,位移探头安装还需将转子调至轴穿量之中间位置确认无误	抽查			
		⑤将对应的轴位移探头安放入位移安装孔,先用手将探头拧到一定的位置,即离轴平面3mm左右	抽查			
		⑥对探头／延伸电缆前置放大器的连接插头,要求作清洁处理;探头与延伸电缆连接可靠绝缘良好	抽查			
		⑦将探头导线、延伸电缆,前置放大器插头相连,用万用表的直流电压档在前置放大器输出端测量电压,用手或用表小扳手(特殊部位用专板手)转动探头,使万用表读数显示-10左右(振动和相位移探头位移误差≤0.3V;位移探头误差≤±0.1V),用探头背帽固定牢靠	抽查			
		⑧探头导线和延伸电缆穿入相应的保护管内	必查			
		⑨探头电缆从机组引出口处采用防潮油接头	必查			
		⑩接线箱端子要用电子清洗剂清洗				
	3.7.4 探头的校验	轴系仪表探头必须进行线性校验	必查			
	3.7.5 跑润滑油检查	应存细检查探头或延伸电缆引出口处有否渗漏油	抽查			
		机组暖机时,需要再一次确认各探头的间隙电压是否与安装时一致	抽查			

续表

检查项目	检查内容	检查验收条款要求	必查或抽查		
3.8 仪表盘、柜、操作箱安装（含内部配线）	3.8.1 安装位置	符合设计规定	必查		
	3.8.2 盘、柜、操作台偏差控制	①底座制作(安装)的直线度(水平度)允许偏差1mm/m,长度超过5m,全长允许偏差5mm	必查		
		②相同规格成排安装时,相邻设备的顶部高度允许偏差为2mm;连接处超过2处时,顶部高度允许偏差为5mm	必查		
		③相邻设备接缝处的正面的平面度允许偏差为1mm,连接处超过5处时,正面平面度允许偏差为5mm	必查		
		④相邻设备之间的接缝间隙不大于2mm	必查		
	3.8.3 防腐与附件固定	安装的钢制底座需防腐处理,内部设备连接牢固,固定件采用防锈材料,不采用焊接方式固定	必查		
	3.8.4 就地接线箱	①安装周围环境温度不高于45℃	抽查		
		②箱体中心距操作地面的高度宜为1.2~1.5m	抽查		
		③接线箱应密封并标识明编号,标识符合设计要求	必查		
	3.8.5 搬运、安装与加工	①搬运过程不允许变形与表面油漆损伤	必查		
		②严禁在加工与安装过程中使用气焊	必查		
	3.8.6 防爆与接地	①用于火灾危险环境的仪表箱、盒,应采用金属制品	必查		
		②设备内若≥36V电压时,外壳必须有保护接地;有可能接触到危险的裸露金属部件时,均应作保护接地	必查		
		③接地电阻符合设计要求,设计无要求时,接地电阻宜为4Ω,不超过10Ω	必查		
		④接地可靠,不允许串联接地	必查		
	3.8.7 内部接线	内部接线端子需进行三遍确认	必查		

续表

检查项目	检查内容	检查验收条款要求	必查或抽查					
3.9 控制仪表及系统	3.9.1 开箱	仪表和系统的开箱在室内进行,开箱过程避免剧烈振动和避免灰尘、潮气进入等设备	抽查					
	3.9.2 机房环境条件	①安装前:基础底座安装完毕;室内土建已经施工完毕;空调运行;供电系统施工完毕并室内照明施工完毕,测试正常;接地施工完毕,测试正常	必查					
		②设备安装就位后应保证产品规定的供电条件、温度、湿度和室内清洁	必查					
3.10 仪表电源	3.10.1 型号规格与安装位置	①电源部件的外观检查符合要求,电气性能符合产品说明书要求	抽查					
		②就地仪表供电箱型号规格符合设计要求,尽量避免安装于高温、潮湿、多尘、有腐蚀、有爆炸及火灾危险、安装于靠近附近仪表等位置,不可避免时,有防护措施	抽查					
	3.10.2 标识与配线	①安装牢固,设备位号、端子标号、用途与操作标志等完整无缺	必查					
		②金属供电箱有明显的接地标志,接地牢固可靠	必查					
		③裸露的导体之间的电气间隙与爬电距离符合规范要求,对于220V电压,电气间隙5mm,爬电距离6mm	抽查					
		④强、弱电的端子应分开布置	抽查					

4. 仪表线路安装

检查项目	检查内容	检查验收条款要求	必查或抽查	
4.1 支架	4.1.1 支架的外观	①落料时材料矫正平直,切口无卷边和毛刺	抽查	
		②制作好的支架牢固平正		

检查项目	检查内容	检查验收条款要求	必查或抽查				
4.1 支架	4.1.2 焊接与固定	①在不允许焊接支架的管道上,应采用U形螺栓或卡子固定;在允许焊接支架上焊接支架时,应预先焊接一块与设备管道相同的加强板	抽查				
		②支架安装在有坡度或弧度的结构上时,支架的安装坡度或弧度应该与结构一致	必查				
	4.1.3 安装间距	①电缆槽与保护管的支架间距宜为2m,在拐弯处、终端处以及需要设置支架的地方应设置支架	必查				
		②直接敷设的电缆支架间距宜为:水平敷设0.8m,垂直1.0m	必查				
4.2 电缆槽	4.2.1 材料	电缆槽内、外平整,内部光洁无毛刺,尺寸正确,配件齐全	抽查				
	4.2.2 连接	①用螺栓固定连接时,用平滑的半圆头螺栓,螺母在外侧	必查				
		②槽与槽、槽与其他设备、槽与盖、盖与盖之间连接应对合严密,槽的端口宜密封闭	必查				
		③槽盒之间要使用等电位铜线连接	必查				
	4.2.3 开孔与排水	电缆槽开孔应采用机械加工方法。电缆槽应有排水孔	抽查				
	4.2.4 内部电缆的固定	电缆槽垂直段大于2m应在垂直段上、下端槽内增设固定电缆用的支架。垂直段大于4m,中部增设支架	必查				
	4.2.5 防爆与接地	①通过不同等级危险区域的分隔时,在分隔间壁处必须做好填密封;本安与非本安电缆在同一个电缆槽内敷设,有隔离板	必查				
		②当金属电缆槽内有危险电压时,有保护接地	必查				

261

续表

检查项目	检查内容	检查验收条款要求	必查或抽查		
4.3 保护管	4.3.1 保护管的加工与预处理	①保护管无变形与裂缝,内部清洁无毛刺,管口光滑无锐边	抽查		
		②金属管的内外壁应做防腐处理,埋设于混凝土内的钢管不涂油漆	抽查		
		③保护管弯曲后角度不应小于90°;弯曲半径不小于电缆敷设允许值;弯曲处不应有回陷裂缝与明显的弯扁	必查		
		①直线长度超过30m以及经过建筑物伸缩逢时,有热膨胀措施	抽查		
	4.3.2 保护管的敷设	②保护管的两端口应带护线箍或打喇叭口	抽查		
		③金属管的螺纹长度,埋设,镀锌管薄壁管连接必须符合有关规定	必查		
		④安装在室外的保护管在最低处有排水措施,与仪表设备连接时有防水弯,在恶劣环境中敷设两端口做防密封	必查		
	4.3.3 防爆与接地措施	①对于防爆系统,全部保护管系统必须密封,通过不同等级的爆炸危险区域的分隔间壁时做充填密封,并符合其他防爆规定	必查		
		②当保护管内有危险电压时,有保护接地	必查		
4.4 电缆、电线敷设与配线	4.4.1 电缆敷设条件	①电缆已经过外观、导通与绝缘检测,符合规定,检测工具及方法符合规范要求	必查		
		②施工时的环境温度要求:塑料绝缘电缆不低于0℃,橡胶绝缘电缆不低于−15℃	抽查		

续表

检查项目	检查内容	检查验收条款要求	必查或抽查
4.4 电缆、电线敷设与配线	4.4.2 电缆敷设弯曲半径与间距、标志	①弯曲半径不应小于其外径的10倍，电力电缆弯曲半径应符合有关规定	抽查
		②仪表信号线与强电场强电场强的电器设备之间距离：明敷设大于1.5m，采用屏蔽或穿金属电缆槽内敷设，宜大于0.8m	必查
		③交流电源线和仪表信号线路在同一个电缆槽内敷设时，用金属隔板分开	必查
		④在线路的终端处，应加标志牌。地下埋设的线路，应有标识	必查
	4.2.3 隔热与防火	①线路周围环境温度超过65℃，应采取隔热措施。当线路附近有火源时，应采取防火措施	必查
		②线路与绝热的设备和管道绝热层之间的距离应大于200mm，与其他设备和管道表面之间的距离应大于150mm	必查
	4.4.4 本安线路敷设	①本安电缆电线与非本安线路应该严格分开，在同一个电缆槽内敷设，中间有隔板	必查
		②本安线路的电缆电线应有永久性标志，分支及申并联接头必须安设在槽安型接线箱内	必查
	4.4.5 接地线	接地线截面积符合设计制造要求，无规定时，分支接地线>6mm²，屏蔽接地线>2mm²，汇线槽接地线>20mm²，系统仪表机柜>30mm²	必查
	4.4.6 配线	①配线前，电缆电线已做导通与绝缘电阻检查，结果合格	必查
		②接线前进行校线，线端有标号，接线牢固，多股线宜采用接线片，与电连接应为压接	必查
		③线路无接头，绝缘层无损伤	必查
		④剥去外部护套的绝缘线和屏蔽线，应加设绝缘护套	必查

续表

检查项目	检查内容	检查内容	检查验收条款要求	检查验收条款要求	必查或抽查	必查或抽查		
5. 仪表管路安装								
5.1 导压管路	检查项目	检查内容	检查验收条款要求		必查或抽查			
		5.1.1 管道组成件的检验	①有质量证明书,材质、规格、型号、质量符合设计要求,合金钢材料采用光谱分析。用于有毒、可燃介质的材料抽查数量符合规定		必查			
			②管路阀门安装前要进行液压强度试验。用于有毒、可燃介质的每个阀门阀座密封面应作气密试验,并作记录		必查			
		5.1.2 导压管弯制	弯制的方法与弯曲半径等应符合有关规定。高压管必须一次冷弯成形		必查			
		5.1.3 导压管的清洁与脱脂	①管道安装前应将内部清扫干净,需要脱脂的管道应该脱脂检查合格后安装		必查			
			②管道的脱脂必须按照设计文件规定进行,脱脂方法、脱脂检查、脱脂合格后的管道保存等应符合有关规定		必查			
		5.1.4 导压管安装	①管路焊接前与仪表设备脱离		抽查			
			②高压管路需要分支时,采用与管路同材质的三通,不得直接开孔焊接		必查			
			③用于有毒、可燃介质的连接宜采用管路焊接,螺纹接头焊接不得带有密封带,对焊、承插焊等应符合规定		必查			
			④卡套连接的引压管对卡套位置进行检查,要对卡套安装方向、数量、同心度和端面进行检查		抽查			
			⑤高压管、管件、阀门、紧固件的螺纹部分,应抹二硫化钼等防咬合剂,但脱脂管路除外		必查			

续表

检查项目	检查内容	检查验收条款要求	必查或抽查					
5.1 导压管路	5.1.5 导压管埋地	埋地管道前必须经试压合格和防腐处理,直接埋地的连接必须焊接,穿过道路及进出地面处应加保护管	必查					
	5.1.6 导压管坡度与热膨胀措施	①水平安装的管道应有1:10~1:100的坡度,倾斜方向能保证排除气体或冷凝液	抽查					
		②测量管道与高温设备、管道连接时,应采取热膨胀补偿措施	必查					
	5.1.7 导压管的固定	①管道支架的间距符合下列要求:钢管水平安装1~1.5m,其他材料0.5~0.7m,钢管水平安装垂直安装1.5~2m,其他材料0.7~1m	必查					
		②固定不锈钢管路时,应用绝缘材料与碳钢支架、管卡等隔离。做到引压管线横平竖直	必查					
	5.1.8 严密性	①压力试验前,组织有关人员检查导压管线,应符合设计及有关规定	抽查					
		②试验的压力大小与方法应符合有关规定。高压引压管焊接质量着色检查	必查					
5.2 气动管线	5.2.1 信号管道的材料与连接	气动信号管道应采用紫铜管、不锈钢管、聚乙烯、尼龙管缆。避免中间接头,如采用,接头应使用卡套式	抽查					
	5.2.2 气源配管连接与室内配管	①采用镀锌钢管时,应用螺纹连接,拐弯用弯头。采用无缝钢管时,用焊接连接	抽查					
		②控制室内的气源管道坡度应不小于1:500,集液处安装排污阀	抽查					
	5.2.3 气动管线吹扫与严密性	①气源系统安装完毕后,应进行吹扫。吹扫用压及要求应符合有关规定	抽查					
		②压力试验;试验介质为空气或惰性气体;试验用压力表精度1.5级;信号管线试验压力0.1MPa,气动管线为设计压力1.15倍;试验后有记录	抽查					

265

续表

检查项目	检查内容	检查验收条款要求	必查或抽查
6. 仪表防护			
6.1 隔离与吹洗	6.1.1 隔离容器	采用隔离容器充填隔离液隔离时,隔离容器应垂直安装,成对隔离容器的安装标高,必须一致,原则上用焊接	必查
	6.1.2 吹洗介质与位置	吹洗介质的入口点应接近检测点,介质的物理化学性能与隔离压力应满足要求	抽查
6.2 防腐与伴热	6.2.1 防腐部位与要求	①对于碳钢仪表管道、支架、仪表设备底座、电缆槽、保护箱,固定卡子等,如果无防护层,都应涂防锈漆和面漆	
		②面漆颜色应该符合设计文件要求,管道焊接部位的涂漆在压力试验后进行	
		③伴热的测量管道,只涂刷底漆,不锈钢管、镀锌管及有色金属管则不应涂漆。	
	6.2.2 伴热管线敷设	①重伴热的伴热管道与测量管道应紧密相贴	必查
		②轻伴热的伴热管道与测量管道之间不应直接接触,可用一层石棉板加以间隔	必查
		③碳钢伴热管与不锈钢管道不应直接接触	必查
		④管端应靠近取压阀或仪表,不得影响操作维护和拆卸	必查
		⑤伴热管道应采用单回路供汽或水,伴热系统之间不应串联连接	抽查

续表

检查项目	检查内容	检查验收条款要求	必查或抽查							
6.2 防腐与伴热	6.2.2 伴热管线敷设	⑥差压仪表的引压管与伴热管道正、负压管分开敷设时,伴热管宜采用三通接头分支,沿正、负压管并联敷设,长度应相近	必查							
		⑦伴热管道采用镀锌钢丝或不锈钢丝与测量管道捆扎固定,捆扎间距宜为800mm,固定不应过紧,应能自由伸缩	抽查							
		⑧保温箱内伴热,可用 φ14/φ18 的不锈钢管等加工成蛇形盘管,或采用小型钢串片散热器	必查							
		⑨设有伴热进汽切断阀,设有回水切断阀	必查							
		⑩供汽管路应保持一定坡度,便于排出冷凝液;回水管路应保持一定坡度排污	必查							
		⑪排入排水沟的回水管管端应伸进沟内,距沟底约20mm	必查							
		⑫蒸汽回水管道应在管线吹扫之后安装疏水器,并宜安装于伴热系统的最低处,疏水器应处于水平位置,方向正确,排污丝堵朝下	必查							
		⑬热水伴热的供水管道宜水平取水,接水点应在热水管的底部,伴管的集气处,应有排气装置	必查							
		⑭伴热管道安装后,应进行水压试验,试验压力为设计压力1.5倍,并作试压记录	抽查							

267

续表

检查项目	检查内容	检查验收条款要求	必查或抽查			
6.2 防腐与伴热	6.2.3 保温	①仪表保温材料在施工前和施工中应作产品保护,保持保温材料完全干燥	抽查			
		②仪表引压管、伴热等管线使用 φ10~φ15 的硅酸铝绳,保温层施工后其表面应做到平整成一条直线,做到不进水	必查			
		③硅酸铝绳外包铝箔玻璃布,铝箔玻璃布按从下往上叠加进行施工,叠加面保持在 1/2 的面积	必查			
		④双层或多层的保温制品,应逐层捆扎,并对各层表面进行找平和严缝处理	抽查			
		⑤在保温施工中断时,其外露部分应用塑料薄膜覆盖捆扎,防止雨水淋湿	抽查			
		⑥采用硬质保温材料保温时要按施工图,缝内用矿物纤维填充充实,严禁产生"架桥"现象	抽查			
		⑦采用硬质保温材料,弯头部位保温可以将直管完加工成虾米腰敷设	抽查			
		⑧采用硬质保温材料,保温层厚度大于100mm或保温层厚度大于80mm时,厚度大有应分两层或多层施工,各层的厚度宜接近,且分层捆扎	抽查			
		⑨外层可采用镀锌铁皮、彩色铁皮或铝皮	抽查			
		⑩阀门金属隔热盒安装时,上、下接口应采用 30~35mm 的插条连接,插条外的接口采用角与平口捅接,阀门盒两端与管道保护层搭接 15~20mm	抽查			
		⑪直管段金属保护层的下料周长要加长 30~50mm,环向和纵向搭接一端应压出凸筋。环向搭接不得小于50mm。高温弯头与直管连接处,搭接不小于75mm 且不能固定。伸缩缝处也不能固定。设备金属保护层的搭接尺寸不少于50mm	抽查			

续表

检查项目	检查内容	检查验收条款要求	必查或抽查				
		⑫弯头部位要做成虾米腰连接。	抽查				
		⑬仪表设备金属护壳的接缝和凸筋,应呈棋盘形错列布置。仪表设备金属护壳应与环向接缝与纵向接缝互相垂直,并成整齐的直线	抽查				
		⑭仪表设备的金属护壳,应按仪表设备保温层的形状大小进行分瓣下料,并应一边出凸筋,另一边为直边搭接。也可采用咬口连接	抽查				
		⑮仪表水平管道的环向接缝应沿管道坡向搭向低处。纵向接缝布置在水平中心线下方15°~45°处,缝口朝下。当侧面或底部有障碍物时,纵向接缝可移至水平中心线上方60°以内	抽查				
6.2 防腐与伴热	6.2.3 保温	⑯外壳上用于接管、支架等的开口应尽量开得合适,达到紧密配合。穿过保护层的开口要作好防潮密封	抽查				
		⑰管道金属护壳的接缝除环向活动缝外均应固定,如采用抽芯铆钉或自攻螺丝固定,固定间距以150~200mm为宜,在1m长度内不应少于5个。也可采用咬口或捆口固定	抽查				
		⑱金属保护壳的接缝处应嵌填密封剂或包缠密封带	必查				
		⑲金属保护壳的平整度用1m长靠尺检查,偏差不大于4mm;金属护壳的椭圆度不得大于10mm	抽查				
		⑳保护层结构应严密牢固,不渗水、不裂纹、不散缝、不坠落,环向接缝应与管轴线垂直,纵向接缝应与管道轴线保持平行	抽查				

续表

检查项目	检查内容	检查验收条款要求	必查或抽查						
		①在危险区域的电伴热带及附件必须有防爆合格证，绝缘电阻大于1MΩ，安装后复查	必查						
		②敷设电伴热线时，电热带末端配设专用绝缘密封头	必查						
		③水小质时，电伴热带可平行或绳绕在管道及设备上，平行安装时电伴热线宜紧贴在管子下面	抽查						
		④蒸汽介时，电伴热线与测量管线不宜紧贴敷设，保持20mm的距离，防止仪表排污作业破环电热带绝缘层	必查						
6.2 防腐与伴热	6.2.4 电伴热敷设	⑤电伴热线宜每隔100mm用专用的绑带固定在管道弯曲、分支等处尚应增加固定点	抽查						
		⑥电伴热线有特殊温度要求时，应安装专用的温控器。	抽查						
		⑦多根电伴热线的分支应在分线盒内连接，在电伴热线接头处及电伴热线末端均应涂刷专用密封材料	抽查						
		⑧仪表箱内的电热管、板应安装在仪表箱的底部或后壁上	抽查						
		⑨电伴热系统的电源由电气配电房单路专供，不能与其它仪表电源公用。专用电源应设置分级空气开关，每个单点电伴热回路应设置超流保护器或空气开关	必查						

续表

7.仪表系统调试

检查项目	检查内容	检查验收条款要求	必查或抽查			
7.1PLC、DCS、ESD系统	7.1.1 系统上电条件	①机房环境、接地、外部电源、控制开关位置符合要求	必查			
		②送电前施工单位会同监理、业主、设计、制造厂等有关人员,对系统的安装、电源、接地,系统电缆及配线进行检查确认	必查			
	7.1.2 调试内容	①电源设备,通电状态,系统诊断画面确认,卡件的校准和试验	抽查			
		②系统软件功能的检查,包括显示、处理、操作、控制、报警、诊断、通信,冗余,打印、拷贝等	抽查			
7.2 回路试验	7.2.1 回路的联校	①仪表工程在系统投运前应进行回路试验,电气回路在试验前应经进行校线与绝缘检查,接线正确,端子牢固,接触良好,并进行三遍确认	必查			
		②测量回路的系统精度不超过回路内各单台表的允许误差的平方和开方根值	抽查			
		③控制回路应确认调节器和执行器的方向符合设计规定;操作调节器输出,检查现场执行机构的位置,应正确。执行机构的回讯信号与信号应正确	抽查			
		④PLC与DCS间或其他系统之间通讯点点的联校检查符合要求	抽查			
	7.2.2 报警回路试验	①报警设定值根据设计值设定,修改有设计认可的文件	必查			
		②在报警回路的发信端加信号,报警声光和屏幕显示正确。报警确认、试验,记录应正确	必查			

271

续表

检查项目	检查内容	检查验收条款要求	必查或抽查			
7.2 回路试验	7.2.3 联锁回路试验	①联锁设定值根据设计值设定,修改有设计认可的文件	必查			
		②应按照程序设计的步骤逐步检查试验,联锁结果符合设计文件规定				
		③联锁试验中应与相关专业配合,共同确认,对试验过程中相关设备和装置运行状态和安全保护采取必要措施				
	7.2.4 仪表电源切换试验	UPS电源自动切换试验,双路电源切换试验符合要求	必查			

8.仪表资料交接

检查项目	检查内容	检查验收条款要求	必查或抽查			
8.1 资料	8.2.1 资料交接	工程竣工图,仪表说明书,仪表校准和试验记录,回路试验和系统试验记录,仪表设备和材料产品质量合格证明,计量仪表鉴定证书,孔板计算书、均速管计算书,控制系统的软件备份	必查			

5. 表面工程检修质量检查卡片

附表 1.34.32　防腐检修质量检查卡片

检修装置名称：

分项工程名称：

检修装置名称：

施工单位：

序号	检修项目	质量标准	控制级别	检查结果	检查人	检查时间	备注
1	材料、结构	防腐材料应符合设计及规范要求	B				
2	表面除锈质量	除锈等级应达到方案要求	A				
		表面除锈应无油脂、焊渣、砂尘、水露及其他污物	A				
4	外观质量	涂层应无脱落、裂纹、气泡、流淌与露底等，颜色应一致	B				
5	涂层道数	涂层道数符合防腐方案要求	B				
5	厚度	涂层厚度应符合设计文件和规范的规定	B				

注："A"级为施工单位、运行部、机动处共同验收，"B"级为施工单位、运行部共同验收，"C"级为施工单位自行验收。

附表 1.34.33　保温检修质量检查卡片

检修装置名称：　　　　　　　　　　　　　　　　　　分项工程名称：　　　　　　　　　　　　　　　　施工单位：

序号	检修项目	质量标准	控制级别	检查结果	检查人	检查时间	备注
1	保温材料	保温材料应符合设计和规范要求	B				
		管托处的管道保温，不应妨碍管道的膨胀位移，且不应损坏保温层	C				
		铁丝绑扎应牢固，充填应密实，无严重凹凸现象	C				
		金属薄板保护层咬缝应牢固，包裹应紧凑	C				
		管壳预制块保温接缝应错开	C				
2	保温结构	保温层玻璃布缠绕应紧密，表面应平整，无皱纹和空鼓。玻璃布压边宽度应为 30～40mm，搭接头长度不应小于 100mm。玻璃布作为保护层时，表面涂厚度以不露出玻璃布纹为宜	C				
		石棉水泥保护层厚度应均匀，表面应光滑	C				
		阀门、法兰处的管道保温应在法兰外侧预留出螺栓的长度并加 20mm	B				

注："A"级为施工单位、运行部、机动处共同验收，"B"级为施工单位、运行部共同验收，"C"级为施工单位自行验收。

274

检修装置名称：

附表 1.34.34 催化衬里施工质量检查卡片

分项工程名称： 施工单位：

序号	检修项目	质量标准	控制级别	检查结果	检查人	检查时间	备注
1.1 施工方案	1.1.1 检查施工方案是否履行了会签手续	施工前应制定施工组织设计或施工方案并履行了会签手续	A				
1.2 人员资质	1.2.1 检查项目管理人员、技术负责人资质是否符合要求	①工程技术负责人应有一定的衬里工作经验；②质量检查员由相关部门颁发的资质证、掌握衬里材料、施工、检验和验收的要求、规范及检查、验收程序及方法；③特殊作业人员等应持有相应资格证书	B				
1.3 施工机具、检测设备	1.3.1 检查机具、检测设备是否到位，并符合要求	①施工机具、检测设备应及时到位；②机具、检测设备的安装、性能应符合要求，性能应符合要求并应试验合格	B				
1.4 材料	1.4.1 检查进厂衬里材料是否按标准要求进行了验收、保管、运输、配比	①衬里材料及制品应有出厂合格证、质量证明书和检验报告，并符合设计标准；②质量证明书性能指标符合设计及规范要求，其各项性能指标到现场必须抽样复验合格；③衬里材料及制品到货时，应轻拿、轻放，并防止受潮、雨淋；④装卸衬里材料时，应按其类别、型号、牌号、规格等级、使用顺序堆放，应设置标志，避免混淆，并应预防受潮变质；⑥衬里材料的配比应根据设计要求及适用条件，必要时应经试验配合合格后方可使用	B				
	1.4.2 检查材料的使用是否按标准要求进行验收	①材料使用前应按相关标准的要求进行检查和验收；②材料使用前应向施工单位、建设单位报验，检验合格后方可使用，否则不得使用	B				

炼油企业检修管理指南

续表

序号	检修项目	质量标准	控制级别	检查结果	检查人	检查时间	备注
1.4 材料	1.4.3 埋件、保温钉、龟甲网焊接检验	①钢筋、保温钉、埋件等焊接前必须进行焊接试验以确认工艺参数,合格后方可正式焊接,焊接中应按规范及设计要求抽样检查;②保温钉、端板、龟甲网的材料及焊材必须有质量证明书并符合设计和规范的要求	B				
1.5 工序交接、验收	1.5.1 检查是否按要求进行了工序交接、验收,各工序间的施工纪录是否齐全有效	①村里施工应执行工序的自检和专职人员检查制度,并应有检查记录;②工程隐蔽应有检查记录;③应保证每种材料有工程试样检测报告,必要时委托检测	A				
2.1 材料	2.1.1 材质及焊材	必须有质量证明书并符合设计和规范的要求	B				
2.2 除锈	2.2.1 锚固钉除锈	设备施焊的表面及保温钉的除锈必须经检验合格,并有检查记录	B				
2.3 焊接	2.3.1 焊接环境	当风速大于8m/s或暴露于风雨环境时,禁止施焊(有防护措施,且满足施焊条件时可以施焊)	B				
	2.3.2 施焊表面清洁度	施焊表面以及周围10mm范围内不得有水、铁锈、油污等杂物	B				
	2.3.3 焊缝	焊缝表面不得有气孔、夹渣和未溶合等缺陷,并不得有残留熔渣和飞溅物	B				
2.4 保温钉与端板安装	2.4.1 布置要求	应按设计图样布置	抽查				

续表

序号	检修项目	质量标准					控制级别	检查结果	检查人	检查时间	备注
	2.4.2 安装允许偏差(mm)	保温钉结构	垂直度	高度	间距	与器壁角焊缝焊脚高					
		柱型	2	±1	±5	≥6					
		Ω型	4	±2	±5	≥6					
		V型	2	±2	±3	≥4					
		S型	2	±2	±3	≥3					
		Y型	2	±2	±3	≥3					
2.4 保温钉与端板安装		单层侧拉环	—	—	±3	≥3					
	2.4.3 焊接质量	①柱型锚固钉应圆周满焊,Y形锚固钉应在宽度两侧满焊,V形锚固钉两侧应在直段两侧施焊,每一侧焊缝长度为25mm,S形锚固钉应在两直段外侧施焊,Ω形锚固钉应在直段两侧满焊,单层锚拉形圆环应在侧拉形圆环外壁每120°焊接一段,每段焊缝长度不应小于20mm					B				
		②打弯90°不断裂					B				
	2.4.4 端板焊接	端板应紧贴锚固的台肩,并垂直于锚固钉且焊接牢固,焊肉应饱满,高出端板表面的焊肉不应小于6mm					B				
	2.5.1 拼接型式	龟甲网拼接型式应符合规范要求					B				
2.5 龟甲网安装	2.5.2 焊接质量	①龟甲网应与端板逐块焊牢,每个焊点的焊缝长度不得小于20mm,其每块锚板焊缝总长度不得小于40mm					B				
		②龟甲网的拼接处必须将每一端头全焊,相邻两张龟甲网纵缝错开300mm以上					B				
		③龟甲网插入件或固定相接处的每一个网边与固定板均匀焊接,焊缝长度不得小于20mm					B				

277

续表

序号	检修项目	质量标准	控制级别	检查结果	检查人	检查时间	备注
2.5 龟甲网安装	2.5.2 焊接质量	④龟甲网直接焊在器壁上时,应与器壁间贴,局部间隙不得大于1mm;其长焊道不应小于15mm,短焊道不应大于15mm	B				
		⑤龟甲网焊完后应清除焊渣,并应将高出龟甲网的焊瘤磨平	B				
	2.5.3 安装允许偏差	①龟甲网安装后,结扣的间隙及错边高度均不得大于0.5mm	B				
		②龟甲网安装后的平面度:筒体部分轴向间隙不得大于2mm,环向间隙不得大于5mm	B				
3.1 材料	3.1.1 衬里材料	①衬里材料应有出厂合格证及质量证明书,其各项性能指标应符合设计及规范的要求	A				
		②材料必须经复验合格,并有复验报告	A				
	3.1.2 材料有效期	衬里材料的储存期不得大于生产厂家提供的有效期	A				
3.2 除锈	3.2.1 除锈质量	设备及其附件的内表面和龟甲网的铁锈、油污及其他附着物必须清理合格,除锈应达到SA1/ST2级标准。并应有施工记录	A				
3.3 质量检查	3.3.1 龟甲网(侧立环)结构隔热层衬里质量	①表面平整,厚度均匀,衬里厚度允许偏差±2mm	B				
		②锚固钉应全部剖出,使衬里表面与端部焊拉型或侧拉型圆环柱型螺栓的台肩平齐,衬里表面宜为麻面	B				
		③与锚固钉先焊端板处的衬里应密实,不得有空洞	B				

续表

序号	检修项目	质量标准	控制级别	检查结果	检查人	检查时间	备注
3.3 质量检查	3.3.2 龟甲网（侧拉环）结构耐磨衬里质量	①衬里应密实，表面与龟甲网平齐，最高突出高度不得大于0.5mm，且衬里表面不得低于龟甲网	B				
		②衬里表面应平整、密实、光滑，不允许有麻面，与龟甲网接合处不得有裂纹等缺陷	B				
		③用0.5kg手锤轻轻敲击检查，其声音应锤实、清脆，无松动，无空鼓声	B				
	3.3.3 无龟甲网结构衬里质量	①衬里表面应平整、密实，无疏松和蜂窝麻面等缺陷，衬里厚度允许偏差±5mm	B				
		②用0.5kg手锤轻轻敲击检查，其声音应锤实、清脆，无松动，无空鼓声	B				
		③烘炉后衬里表面裂纹宽度不得大于3mm，且不应有贯穿性裂纹	B				
3.4 缺陷修补	3.4.1 衬里修补材料	补衬和修衬衬里所用用的原材料、配合比、养护方法宜与原衬里施工时相同或采用性能不低于原衬里材料的快干修补料	A				
	3.4.2 衬里缺陷的修补应符合标准要求	1. 隔热层及无龟甲网单层、双层衬里，每个修补处至少凿露出三个以上相邻面的龟甲网，修补断面宜凿成内八字（燕尾式）	B				
		2. 龟甲网结构的耐磨层衬里修补处，应露出三个以上相邻的龟甲网孔	B				
		3. 修补处应将松动、薄弱的衬里清理干净，耐磨层衬里施工前应将隔热层表面进行湿润后，方可进行修补	B				

279

续表

序号		检修项目	质量标准	控制级别	检查结果	检查人	检查时间	备注
3.5 衬里烘炉		3.5.1 衬里烘炉制度	衬里烘炉制度应符合规范的要求	A				
		3.5.2 衬里烘炉曲线	衬里烘炉时应做好记录,并绘制烘炉曲线,降温时严禁强制冷却	B				
		3.5.3 衬里烘炉制度调整	衬里烘炉制度可根据设备及工艺管道衬里具体条件进行调整,控制升、降温速度和时间,使每台设备衬里烘炉制度均能符合规范的要求	B				
3.6 施工记录		3.6.1 施工技术文件的完整性	隔热耐磨衬里交工验收时,应按《石油化工建设工程项目交工技术文件规定》(SH/T 3503)的标准提交技术文件	B				

注: "A"级为施工单位、运行部、机动处共同验收, "B"级为施工单位、运行部自行验收, "C"级为施工单位自行验收。

附件 1.35　检修改造文明施工管理要求

现场文明施工情况是承包商项目管理水平高低的直接体现,也是施工安全、质量、进度的重要保证。为进一步强化装置停工检修改造项目的文明施工管理,规范承包商的文明施工作业行为,确保工程现场面貌,按照公司内控制度要求和相关管理规定,结合施工现场实际,制定承包商现场文明施工管理要求。

1."七牌一图"

"七牌一图"是指检修改造概况、项目组织机构及各责任人员联系方式、HSE 管理体系及方针目标、质量管理体系及方针目标、本单位现场文明施工规定及措施、安全生产禁令和防火防爆十大禁令、现场总平面图。具体内容可根据实际情况和要求适当增减。

"七牌一图"应设置在检修现场主出入口明显位置,但不得阻碍主出入口人员、车辆、货物的正常通行,不得设置在消防通道上。

"七牌一图"的制作应美观,版面设计应与检修现场的其他宣传标识牌相统一。架体材质宜选用铁质桁架或钢管构架,版面部分宜选用户外写真覆 KT 板或细木工板。

2.现场临设标准化

检修改造现场的仓库、堆场等临时设施的标准化管理,是体现施工单位文明施工水平的重要标志,其基本内容有:

2.1　临设平面布置图

平面布置需在项目部统一规划下进行,统筹考虑消防、安全、施工生产、文明施工等要求,各功能区域划分做到合理、实用。

2.2　仓库、露天堆场管理

搭设仓库时,应按平面布置图指定的区域进行搭设。

仓库的外部维护结构要求统一使用蓝色彩钢瓦,基本搭设规格为宽 6m,前高 3.2m,后高 2.5m,搭设长度根据现场情况以及实际需要确定。

露天堆场的搭设同样应在平面布置图指定的区域内进行。

露天堆场须有外部维护结构,外部维护结构要求统一使用蓝色彩钢瓦,彩钢瓦围设高度为 2m。

2.3　临时办公室、休息室管理

临时办公室、休息室的设置应按平面布置图的要求,统一安摆放,整齐划一;摆放时不得损坏绿化以及其他等设施;临时办公室、休息室应按各单位的视觉识别系统要求进行统一布置。

2.4　各类标识、标牌管理

同一种类标识、标牌应统一规格、样式。标识、标牌的放置应本着醒目、安全的原则,对施工作业人员有引导作用。

2.5　临设标化维护

施工单位应及时做好临设标化的日常维护工作,如遇小面积的破损、遗失等应及时整顿、修补,情况严重时应及时进行更换、补充。

3.宣传展板设计

检修改造现场的宣传展板既是展示各施工单位整体风貌的窗口,同时兼具对员工队伍指导、激励、鼓舞等多项作用。

3.1 展板的分类

展板分固定展板为活动展板两种形式。固定展板是指较长时间固定在某处的,活动展板是指用于安全等专项具有时效性的宣传教育类活动展板。

3.2 展板的尺寸设定

展板制作须统一规格、尺寸、色调、标识等要素,展板尺寸长×宽为 1600mm×1200mm (可根据场地变化作相应调整),同一种类、批次的活动展板应统一规格、尺寸、色调、标识等要素。

3.3 展板的摆放

固定展板的摆放应按平面布置图要求进行布置;用于专项教育类的活动展板进场须经归口管理部门审批同意,并按要求在指定的区域摆放。

固定展板应固定在可靠的支撑上,固定时展板下沿离地高 800mm,固定后各展板应有着整齐划一的良好视觉效果。

固定展板支撑用桁架或脚手架钢管搭设,除立杆和扫地杆外,其他所有构件都应隐藏于展板的背面。

要做好展板的保护工作,在使用期内应保持画面清晰、完整。

3.4 宣传条幅

宣传条幅统一要求为红色布幕,白色字体,条幅幅宽为 900mm。

4. 施工工具摆放

4.1 分类

对工具柜进行功能分类,不同类别的工器具分别存放在不同的工具柜中或同一工具柜不同的柜层,如手动工具柜、电动工具柜、量具柜等。

4.2 标识

工具柜应设标识,明确其功能和摆放物品的类别及责任人。

4.3 分区

工具柜内工具应分区定位,工具之间有明显的界限,工具名称、型号标识清楚,目录清单清晰准确。

4.4 摆放

同排摆放工具柜规格、颜色等外形特征应尽量统一、摆放整齐,保持干净,柜顶无垃圾、杂物。

工具柜内工具摆放合理,根据不同工具采取不同的摆放方式,可以横放、竖放、挂放等技巧。

对于小型工具和备件可以采取加层、加格、加杆的方式改造工具柜,提高空间利用率。

5. 物资设备管理

5.1 原材料管理

材料分类摆放整齐、有明显的标识(挂签管理、色标管理)。

物资入库登帐、立卡手续齐全。

库房内安全卫生,防火、防盗、防水、防事故措施到位。

材料堆放处应划分待检区、合格区、不合格区,需检验材料,做好标识堆放检验区或待检区域;不合格材料应堆放不合格区。

露天存放材料应做好上盖下垫的措施,垫高在 200mm 以上,做好防雨、防潮,雨雪天气及时处理表面的积水、积雪。

管材运输、摆放应保证管口密封,保持管内清洁。

特殊材料(有毒性、腐蚀性、易燃性),摆放垫高 200mm,室内保持通风良好,张贴相应标识,落实安全管理责任人,配备消防设施;落实定期巡检记录。

(盒、袋、盘)直至发放完毕,焊接材料库房应通风良好,配有保证温(湿)度的设施及烘干和保温设备。

(盒、袋、盘)(盒、袋、盘)直至发放完毕,焊接材料库房应通风良好,配有保证温(湿)度的设施及烘干和保温设备。

不锈钢材料、预制件堆放时应与碳钢材料采取隔离措施,禁止二者直接接触。

电缆、光缆采取室内存放。

保温、隔热材料堆放应垫高 200mm,保持通风良好,避免受潮。

5.2 预制件管理

管道预制件摆放应垫高 200mm ,管口采取封堵、材料预制及运输过程中保护表面防腐涂层;预制件法兰口密封面采取特殊保护,避免损坏密封面。

预制构件应摆放整齐,标识清楚使用部位、数量;大型构件摆放适当固定。

板材预制件摆放于专用胎具,避免预制件变形。

5.3 配件管理

管配件按照型号、规格、材质分类摆放;按照色标管理规定标识。

特殊材质、非标规格配件按照规范要求单独摆放。

螺栓按照规格、材质分类摆放,按照色标管理规定标识。

法兰面加强保护,以防损坏或锈蚀。

5.4 设备管理

大型设备现场摆放朝天口封堵,避免雨、雪进入设备内部。

机泵类设备采取上盖下垫措施,避免设备进水。

设备运输、安装过程,避免硬金属直接接触设备表面,避免损坏金属表面。

精密电气、仪表设备应摆放于室内货架,保持通风、防潮。

5.5 阀门管理

阀门应按照规格、压力等级分类摆放、打压后及时排净积液。

阀门采取室内存放或室外密封存放。

5.6 拆除后物资管理

检修改造中拆除后报废物资,按照类别设置废料区;残留毒性、腐蚀性废料单独堆放,集中处理;

利旧设备、配件、材料分类摆放,及时进行保养,有效保护;按照位置做好标识;

5.7 其他物资管理

施工设备、机具集中摆放、集中管理,定期进行维护保养。

三气管理严格按照规定,避免烈日直接照射,氧气瓶、乙炔瓶的摆放间距要大于5m。乙炔瓶严禁倒置。

6. 现场垃圾管理

6.1 生活垃圾

施工垃圾、生活垃圾应分类存放,员工休息区应按比例放置适当数量的垃圾回收桶,应指定专车每日进行清理,收集、运输垃圾后,对垃圾收集设施及时清洁、复位。禁止随意倾倒、抛洒或者堆放垃圾,必须堆放到指定地点,禁止在运输过程中沿途丢弃、遗撒垃圾。

6.2 固体废物

现场应划分一块固定区域来存放固体废物,一般工业固体废物(包装用料、边角余料)可采取资源化回收利用或交由环卫处理,并定期进行清理。

6.3 有毒有害

有毒有害危险废物应当单独收集,不得混入生活垃圾。作业结束后,所用废料不得倒入任何地方,要进行单独处理,所用有毒材料进行密封后存入专用库房,并由专人保管。对危险废物的处理,必须交由有环保资质的单位处理。

7. 检修现场保洁

检修改造现场保洁是文明施工的重要手段,其基本途径即为"整理、整顿、清洁、清扫"。

7.1 整理、整顿

现场材料堆放,要按照施工组织设计总平面规定区域范围分类堆放,并挂上标识牌。拆除下来的构件及其他材料当天必须运到业主指定的场所堆放。

临时占用道路必须严格执行有关部门申报审批的规定,在经批准区域范围进行施工。

施工作业时应尽量限制和降低各种噪音,严禁野蛮施工,尘土飞扬。如需夜间施工,要经有关部门批准并严格执行申报审批制度,方可施工。

现场临时设施设置要"适用、整洁、美观",并挂上有关用途、管理制度的标牌,实行管理公开化,互相监督。

7.2 清洁、清扫

每天工作完成后要做到工完,料净,场地清,施工机具要摆放整齐,每天要及时清理施工现场,保持好施工场地环境卫生。工程用料,施工废料,生活拉圾都要适时清理、分开和区分处理。

现场材料转运堆设有专人管理、清扫保持场内整洁。保证施工现场道路畅通、场地平整、地面无积水。

出入施工现场车辆有专人管理,检查车辆轮胎是否带泥,有此现象要及时清理。

严禁在施工现场倾倒废油、废渣,应集中装桶处理,及时清除现场漏油;

施工人员工作和休息活动铁房有专人管理,搞好卫生。

8. 现场危害预防

检修改造环境中的噪音、粉尘、污水、射线等复杂因素,均有可能对施工人员的生命健康带来危害,必须制订各类预防应急预案或措施,确保现场的安全、环保、文明施工。

8.1 气体

要加强对空气的质量监测。须进行可燃气体、有毒气体和氧含量分析。

8.2 车辆

车辆禁止驶进生产装置与贮油罐区,在汽车排气管安装尾气阻火器。

8.3　有毒有害环境

进有毒有害介质的设备、下水井作业,要进行毒物含量监测,选配适用的防毒面具、氧气呼吸器等特殊防护用品。

8.4　噪声

噪声超过国家标准的厂房、泵房以及施工场所,要选用良好的消声设备,必要时个人应戴防噪声耳塞。

8.5　防护用品

定期检查和正确使用防毒面具、氧气呼吸器。按规定佩戴和使用个人劳动防护用品。

9.起重吊装作业

9.1　严禁事项

禁止使用麻绳、铁丝用于直接或间接吊装。

禁止使用倒链链子代替绳扣绑管子、型钢等进行吊装。

不准利用工艺管线、脚手架和劳动保护的钢格板、梯子、栏杆等做承重吊点。

不准夜间进行设备吊装作业,遇特殊情况,确须进行时,应制定可靠的安全技术方案,采取足够的安全管理措施。

9.2　指挥、警戒

起重作业时,必须明确指挥人员,指挥人员应佩戴明显的标志。

吊物在移动过程中,作业人员必须与吊物保持安全距离,避免站在死角处。

凡在吊装作业区域必须设警戒线,并有专人监护。

无法看清场地、吊物情况和指挥信号时,不得进行起重作业。

当起重臂吊钩或吊物下面有人,吊物上有人或浮置物时不得进行起重作业。

9.3　吊车作业

吊车作业前,应对吊车进行全面检查,吊车应处于完好状态。

轮胎式吊车作业前支腿应全部伸出,并在支撑板下垫好方木或钢板;支腿有定位销的还应插好定位销。底盘为悬挂式的吊车,伸出支腿前应收紧稳定器。

作业中严禁扳动支腿操纵阀。若须调整支腿,必须在无载荷情况下进行。并将臂杆转至正前方或正后方。作业中发现支腿下沉、吊车倾斜等不正常现象时,应立即放下重物,停止吊装作业。

吊车作业时,双机抬吊工作,应该用性能相近的吊车。抬吊时应该统一指挥,动作协调一致,载荷分配合理,单机载荷不得超过吊车在该作业工况下额定载荷的80%。

9.4　索机具管理

合成纤维吊装带应该按产品使用说明规定的技术参数使用,吊装带使用前应对外观进行检查,若发现破损不得使用。合成纤维吊装带使用时应避免电火花和火焰灼伤,且不得与工件表面的锐利部分直接接触,必要时应垫以保护物。

卸扣表面应光滑,不得有毛刺、裂纹、变形等缺陷。卸扣不得补焊。卸扣螺杆拧入时,应顺利自如,螺纹必须全部拧入螺口内。

吊装使用的平衡梁等专用吊具应满足其特定的使用要求,设计文件应随吊装技术文件同时审批。

手拉葫芦使用前应进行检查,转动部分必须灵活链条应完好无损。不得有卡链现象,制动器必须有效,销子要牢固。手拉葫芦如须工作暂停或将工件悬吊空中时,应将拉链封好。

9.5 卷扬机作业

卷扬机应固定牢固,受力不得向横向偏移。转动部件应润滑良好、制动可靠。电器设备和导线应绝缘良好、接地(接零)保护可靠。

卷扬机的电动机旋转方向应于操作盘标志一致。

钢丝绳在卷桶中间位置时,应于卷桶轴线成直角。卷桶与第一个导向滑轮的距离应大于卷桶长度的 20 倍,且不得小于 15m。卷桶内的钢丝绳最外一层应低于卷桶两端凸缘高度一个直径。钢丝绳在卷桶上应排列整齐,绳端固定牢靠,工作时卷桶上的预留钢丝绳不得小于 3 圈。

卷扬机操作人员、吊装指挥人员和吊的工件之间,视线不得受阻,如有障碍物,应增设指挥点。作业中,如遇停电,应采取安全保护措施。工件提升后,操作人员不得离开卷扬机,休息时工件应降至地面。

10. 密封及完好保护措施

10.1 紧固件

紧固件应分类进行管理,做好相关标识,并进行有效保护,确保紧固件的螺纹应完整、无划痕、无毛刺等缺陷。

10.2 垫片

金属缠绕垫片应按规格、材质、等级平行摆放或悬挂,严禁竖放,避免垫片松散、翘曲现象。垫片包装层确保完好,避免表面有影响密封性能的伤痕、空隙、凹凸不平及锈斑等缺陷。

非金属平垫片保护采取防潮、防压、防损伤等措施,边缘应切割整齐,表面应平整光滑,不得有气泡、分层、折皱、划痕等缺陷。

10.3 盲板

盲板应按规格、材质、等级分类存放,过程中注意对表面的保护,防止划痕等缺陷产生。

10.4 法兰及连接螺栓

码放法兰之间进行有效隔垫,避免密封面损伤。

法兰密封面进行有效保护,朝天法兰口进行有效封堵,与地面或其他作业面接触的法兰口应用木板、石棉布等进行有效隔垫。

对机泵、容器类法兰密封等,拆除后及时进行封堵,避免杂物进入。

法兰连接装配时,应检查法兰密封面及垫片,不得有影响密封性能的划痕、锈斑等缺陷存在。

连接法兰的螺栓应能在螺栓孔中顺利通过,螺栓与螺母装配时宜涂二硫化钼、石墨机油或石墨粉。紧固后的螺栓与螺母应齐平。

法兰连接螺栓应对称顺序拧紧。设计文件规定有预紧力或力矩的法兰连接螺柱应拧紧到预定值。

11. 保温油漆作业

11.1 材料摆放

拆除的内保温、铝皮及镀锌铁皮等材料,利旧的做好标示统一运至利旧材料摆放处,废弃的统一放入废料堆场,当天拆除的材料必须当天清理出装置区域,并将施工区域清理干净。

所有施工材料都放入指定摆放区域,根据现场施工进度分批进入施工区域,原则上当天的材料当天用完,零碎的保温材料及包装物、衬里材料等做到落手清,并在每天下班前 15min 左右对工机具、边角料等再进行一次集中清理,垃圾运送到指定的废料堆,同时将施工场地清理干净。

11.2　施工防护

在装置内施工时,对于装置内其他保温管道及保温设备等严禁踩踏、或堆放物品,对于不可避免的踩踏部位,应采取临时保护措施。进行涂层施工时采取必要的防护措施,尽可能不破坏及污染其他管道及钢结构表面涂层外观。

隔热层施工完毕并经检查合格后,应及时进行保护层施工。做不到时,应采取临时防雨措施,如加盖防雨蓬布、塑料布、铁皮。雨天施工室外保温工程时,应采取防雨措施。

11.3　高空运输

防腐、保温材料高空输送时,必须用袋、筐或箱装运,不得单用绳索绑吊,不得在高空投掷材料或工具等物。

11.4　环保措施

在脚手架、钢结构或塔平台上加工绝热制品时,应采取避免粉尘飞扬的措施,脚手架、钢结构或塔平台上严禁乱扔乱放废料、余料。

涂层施工时不得在装置内随意乱扔、乱放油漆桶、滚刷、钢丝碗刷、破布等。

12. 脚手架施工

12.1　人员防护

搭拆脚手架人员必须戴安全帽、系双钩五点式安全带、穿防滑鞋。

12.2　现场警戒

搭拆脚手架时,地面应设围栏和警戒标志,并派专人看守,严禁非操作人员入内。

12.3　保护栏杆

脚手架通道和作业平台栏杆应不少于 3 根(1 根挡脚栏杆,2 根护栏),对承重架和高度超过 25m 的脚手架,应采用双立管搭设,作业层上的施工荷载应符合设计要求,不得超载,严禁悬挂起重设备。

12.4　验收挂牌

脚手架搭设完毕后,由施工单位自行检查验收,同时现场挂设验收合格牌,注明验收人、日期、承载重量等,报工程管理部门组织联合检查确认后,方可使用。

12.5　检查维护

做好检查、维护工作,保证脚手架处于稳固状态;不得在施工过程中随意更改脚手架用途和结构,若需变更应提交技术方案并经相关技术负责人确认。

13. 高处作业

13.1　危害识别

进行高处作业前,应针对作业内容进行危害识别,制订和落实相应的作业施工方案、作业程序及安全技术措施。必要时应有应急预案,内容包括:作业人员紧急状况下的逃生路线和救护方法,现场应配备的救生设施和灭火器材等。

13.2　安全带使用

作业人员必须系双钩五点式安全带,严禁用绳子捆在腰部代替安全带。

安全带应系挂在施工作业处上方的牢固构件上,不得系挂在有尖锐棱角的部位。

安全带在使用中应高挂(系)低用,即安全钩应挂在不低于使用者腰带位置;系挂点下方应有足够的净空,使用 3m 以上长带(连接绳)应加缓冲器。

在进行高处移动作业时,应设置便于移动作业人员悬挂安全带的安全绳。

13.3 高空落物

施工作业场所有坠落可能的物件,应一律先行撤除或加以固定。高处作业中所用的物料,均应堆放平稳,不妨碍通行和装卸。工具应随手放入工具袋;作业中的走道、通道板和登高用具,应随时清扫干净;拆卸下的物件及余料和废料均应及时清理运走,不得任意乱放或向下丢弃。传递物件禁止抛掷。

在同一坠落方向上,一般不得进行上下交叉作业。如需进行交叉作业时,中间应设置安全防护层,坠落高度超过 24m 的交叉作业应设双层防护。

14. 临时水电管理

14.1 临时用水

根据水质的不同,按要求排放;含有油污的水必须排入含油污水系统。

对供水系统进行定期检查,及时处理漏点,保证用水系统的完好性

14.2 临时用电

选用规格正确的配电箱,按"三级配电、两级保护"的要求设置,每个配电箱处安装 1 根接地,安装完成后必须进行检查验收,合格后方可投电使用。

所有设备按"一机一闸一保护"设置,不得多接或并接。

电缆过路处必须穿保护管保护,电缆接头处、过路处应有明显警示牌。

15. 换热器清扫

换热器管束清扫应有专用高压水清洗场地,对于需要清扫的管束、封头等,要集中送到专用场地作业,不得在检修改造现场就地清扫。

16. 道路及车辆管理

封闭区域内承包商和属地单位负责设置必要的道路交通标志和隔离设施等。承包商有责任维护检修现场的交通设施,并保证其道路的畅通无阻。

检修车辆进入厂区必须办理《车辆通行证》,并经检修封闭区域授权方可进入检修现场,非检修车辆禁止进入检修现场。

车辆进出现场大门无条件接受门卫和保安的检查;在现场停放或行驶必须服从现场安全管理人员的纠正和指挥。

车辆在检修现场必须按指定地点依次停放,严禁占路堵塞安全通道和消防通道。

车辆和吊车占用道路施工,须事先提出申请,办理手续后按指定的时间、地点方可占用道路施工。

现场道路的破断施工,必须报请相关单位审批同意后,按照事先制定的施工方案,落实安全管理措施。

严禁卡车等施工车辆运送人员;严禁人、货混装和混运。

各种土石方机械施工(如挖掘机、推土机、装载机等)施工车辆倒车、吊车吊装作业,须有专人配穿明显标识的马甲来指挥。

大件运输(40t 以上的),必须提前报请审批,审批后按规定时间、路线,并有专人负责指挥和押运。

　　工件运输、装卸前,须对活动范围内进行危害、危险辨识采取落实控制措施,重点对桥梁、涵洞、管沟、地下管线、地下井等进行核查、核算,确认无误后方可运输装卸作业。

　　运输线路上的动力电线、管线、管架、通讯线路等提前调查清楚,须保持规范规定的安全距离,方可施工作业。

　　所有需要运输的工件,均须封车,封车须牢固可靠,经检查确认合格后,方可运输。

　　工件运输车辆、吊装机械等穿越管架,须有安全专人监护(注意管架的高度和宽度,不得损伤和危及生产设施)。

附件 1.36　修旧利废管理办法

1. 目的

为节约生产成本,降低修理费用支出,规范拆除检维修物资的管理,加大检维修物资修旧利废力度,实现绿色低碳检修,特制定本办法。

2. 原则

各单位应重视检维修物资的修旧利废工作,将其作为降本减费的主要措施。修旧利废工作要本着"经济合理、保证质量、统一管理、优先使用"的原则,并结合日常检维修管理、技术攻关等工作有计划、有针对性、突出重点地开展。

3. 适用范围

本办法适用于针对在用生产装置因检修、更新、改造、报废或其他某种原因拆卸下线的设备备件、管道(件)阀门、电气及仪表元件等不构成独立资产的物资所开展的修复再利用工作。

4. 处置方式

4.1　经过运行部和机动处初步鉴定确定为无法修复或无修复价值(修复不经济)的按照报废物资有关规定进行处置;

4.2　经过运行部和机动处初步鉴定确定为可修复且修复经济的检维修物资,按照以下规定开展工作:

4.2.1　各运行部、机动处、物装中心应建立修旧利废专人负责,按时填写台帐。

4.2.2　被列为修旧利废的物资,需由运行部填写《废旧物资修复申请单》,经设备主管领导审核鉴字,报机动处备案,证实确为废旧品、且有修复使用价值方可进入修旧利废程序。原值 20000 元以上的物资,必须经机动处主管科室领导审批后生效。

4.2.3　按照谁主管、谁检修、谁使用的原则,各运行部要各自组织委托对物资的修复工作。

4.2.4　物资修复主要由建安公司和专业厂家实施。专业厂家由机动处组织每年通过框架招标的形式确定。各运行部根据物资类型自行委托修复单位修复。

4.2.5　物资经修复后,普通物资由各运行部负责质量验收。原值 20000 元以上的物资,由机动处专业人员组织验收。

4.2.6　验收合格后的物资,由各运行部提出申请转入物装库存,并录入备品备件管理系统,以便随时调配使用。各运行部在满足需求的情况下,须遵循优先使用修旧利废后的物资。

4.2.7　机动处要建立修旧利废专项奖励办法,鼓励主动作为的单位。凡自己单位修复的设备,自己也不愿领用的,要对相关单位进行考核。

5. 设备拆除和堆放管理要求

5.1　所有利旧设备拆除前需要做好标记,内容包括(装置名称、设备编号及利旧字样)。

5.2　利旧设备需要拆除平台、保温等附件,割到本体接管第一对法兰外并加盲板,堆放到指定地点。

5.3　管线需要拆除保温,去除弯头,长度控制在 8 ~10m 之间,按规格堆放到指定地点。

5.4　阀门需要拆除外保温,注意保护法兰密封面,按规格堆放到指定地点。

5.5 设备和管线在拆除前必须进行吹扫,经安全确认合格后方可进行拆除工作,不得将未经处理带有介质的设备和管线进入堆场。物品堆放作业应按指定的区域进行堆放,原则上按设备类别进行分类堆放。

6.具体设备修旧利废要求

阀门:对碳钢大于等于 $DN150$ 以上、合金钢及不锈钢等大于等于 $DN100$ 以上的阀门应进行修旧利废。调节阀、特殊部位特殊材质阀门根据维修成本确定阀门口径。修复后的阀门性能等同于新阀门。

滤芯式过滤器和聚结器:在满足装置长周期运行的前提下,对滤芯式过滤器和聚结器滤芯进行修复使用。

特殊材质管束:可根据换热器管束特点,通过更换换热管的方式进行修复使用,特殊材质的管板应考虑利旧使用。

机械密封和干气密封:修复完成后应确保性能和使用寿命不低于原密封。

压缩机气阀:除阀片、弹簧等易损件外,其余部件应根据损坏情况进行修复。

润滑油:润滑油应采用厂内回炼或经专业公司回收再处理的方式进行利用。

附件1.37 企业内部各部门单位检修改造总结主要内容

单位名称	总结涵盖的主要内容
运行部	1. 检修改造概况
	2. 检修准备情况（组织体系、检修计划、检修方案、施工交底、检修材料）
	3. 检修过程管理（HSE管理、质量管理、进度控制、文明施工管理）
	4. 检修计划准确性分析（对检修计划项目变更、材料变更情况进行分析）
	5. 检修施工队伍评述（组织体系、施工力量、人员素质、施工管理、施工机具）
	6. 检修技术分析：上次运行周期出现的问题，本次检修检查情况及采取措施；上次检修遗留问题处理情况；本周期与上周期设备隐蔽检查情况对照；重复发生问题处理方案有效性；装置系统问题；典型案例
	7. 材料供应评述
	8. 设计质量评价
	9. 检修质量评价
	10. 本次检修遗留问题及预案
	11. 存在的不足和下次检修需注意的问题
计划部门	1. 概况
	2. 投资项目立项、审批
	3. 设计图纸审查、设计变更控制
	4. 设计单位评述（设计质量、进度、交底、现场服务）
	5. 本次检修改造设计管理成效经验
	6. 存在问题（如项目立项时间、设计变更等）
生产部门	1. 概况
	2. 停、开工准备
	3. 停、开工实施情况
	4. 停、开工经验教训
安环部门	1. 概况
	2. 停开工过程HSE管理
	3. 检修改造实施过程HSE管理
	4. 本次检修改造HSE管理成效及亮点
	5. 存在问题
	6. 施工单位HSE管理评述
物装采购部门	1. 概况
	2. 采购物资质量控制
	3. 设备监造

单位名称	总结涵盖的主要内容
物装采购部门	4. 现场服务
	5. 本次检修改造物资采购成效及亮点
	6. 存在问题(如电机质量问题)
	7. 主要供应商评述
机动部门	1. 检修概况
	2. 检修准备
	3. 检修过程进度、质量、文明施工管理
	4. 检修计划准确性分析(对检修计划项目变更、材料变更、过剩检修进行分析)
	5. 检修管理成效及亮点(分专业)
	6. 存在问题(分专业)
	7. 承包商评述(应含对分包商的管理)
	8. 下一步改进措施
工程部门	1. 改造概况
	2. 改造准备
	3. 改造过程进度、质量、文明施工管理
	5. 改造项目设计变更情况
	6. 改造管理成效及亮点
	7. 存在问题
	8. 承包商评述(应含对分包商的管理)
后勤管理部门	1. 检修改造就餐、现场饭菜、点心供应、洗澡和幼托等生活服务工作情况
	2. 大修期间检修人员的交通接送工作
	3. 现场医疗点急救和服务工作
	4. 检修改造过程中交通安全、内部治安保卫工作的管理、检查与监督工作
	5. 进出厂物资进行管理工作
施工单位	1. 概况
	2. 检修改造准备
	3. 施工过程 HSE、质量、文明施工管理与控制
	4. 检修改造管理亮点
	5. 存在不足以及对后期检修的启示
	6. 对镇海炼化检修改造管理建议

附件1.38　装置停工检修改造工作总结模版

根据公司《设备检修管理制度》规定,在装置停工检修结束后各相关单位应组织编写装置停工检修工作总结。为此,就进一步做好装置停工检修工作总结提出要求如下:

一、封面:

1.名称:xxx 部 xxx 装置 xxxx 年 xx 月停工检修工作总结

2.编写人:xxx

3.审核人:xxx

4.批准人:xxx(运行部领导)

5.编写单位:中石化 xxx 分公司 xxx 部

6.编写时间:xxxx 年 xx 月

二、正文

(一)装置停工检修过程概述:

装置开、停工、检修过程简述,本周期装置运行起止时间。

本周期装置运行中出现的主要问题。

本次停工检修、改造内容简述,检修项目计划数(包括补充、追加),检修计划完成情况。重点检修项目情况。

开停工、检修网络执行情况。

(二)主要检修内容技术总结

1.反应器部分

2.塔、容器部分

3.加热炉部分

4.冷换设备、空冷器部分

5.阀门部分

6.管道部分

7.压缩机部分

8.泵部分

9.特殊阀门部分

10.输送机械部分

11.压力容器检验(包括缺陷返修处理)

12.压力管道检验(包括缺陷返修处理)

13.安全阀检验

14.其他检修方面

技术分析中要有以下内容:上次运行周期出现的问题,本次检修检查情况及采取措施;上次检修遗留问题处理情况;本周期与上周期设备隐蔽检查情况对照;重复发生问题处理方案有效性;装置系统问题;典型案例。

(三)检修计划准确性分析

(四)检修施工队伍评述

(五)材料供应评述

（六）设计质量评价

（七）检修质量评价

（八）本次检修遗留问题及预案

（九）检修管理亮点、存在的不足和下次检修需注意的问题

（十）附表

表1 设备增加情况表

序号	位号	名称	规格型号	制造厂	数量	备注

表2 设备拆除情况表

序号	原位号	名称	规格型号	制造厂	数量	备注

表3 管线拆除情况表

序号	原编号	名称	规格	长度(m)	备注

表4 设备更换情况表

序号	位号	名称	规格型号		制造厂		数量	备注
			更换前	更换后	更换前	更换后		

表5 冷换设备检修情况表

序号	位号	名称	规格型号	抽芯清洗	试压换垫	堵管根数	管束更换

表6 阀门检修、更换情况表（*DN*50 和 *DN*50 以上）

序号	规格型号	公称直径	检修数量	更换数量

表7 压力容器检验情况表

序号	计划检验台数	增加变更台数	减少变更台数	实际完成台数	缺陷返修台数

表8 压力管道检验情况表

序号	检验计划		增加变更		减少变更		实际完成	
	条数	米数	条数	米数	条数	米数	条数	米数

表9 安全阀门检验情况表

序号	计划检验台数	增加变更台数	减少变更台数	实际完成台数

附件 1.39　电气、仪控专业停工改造检修工作总结模版

根据公司《设备检修管理制度》规定,在装置停工检修结束后各相关单位应组织编写装置停工检修工作总结。为此,就进一步做好装置停工检修工作总结提出要求如下:

一、封面:

1. 名称:xxx 部 xxxx 年 xx 月停工检修工作总结

2. 编写人:xxx

3. 审核人:xxx

4. 批准人:xxx(运行部领导)

5. 编写单位:中石化 xxx 公司 xxx 部

6. 编写时间:xxxx 年 xx 月

二、正文

(一)装置停工检修概述:

装置开、停工、检修过程简述,本周期电气、仪表设备运行起止时间。

本周期电气、仪表运行中出现的主要问题。

本次停工检修、改造内容简述,检修项目计划数(包括补充、追加),检修计划完成情况。重点检修项目情况。

开停工、检修网络执行情况。

(二)主要检修内容技术总结

电气:

1. 电动机检修部分

2. 电气配电系统检修部分

3. 电力系统设备检修部分

4. 电子设备检修部分

5. 电气三次确认工作部分

6. 其他

仪表:

1. 仪表 DCS 检修部分

2. 仪表调节阀检修部分

3. 仪表现场检修部分

4. 仪表三次确认工作部分

5. 其他

技术分析中要有以下内容:上次运行周期出现的问题,本次检修检查情况及采取措施;上次检修遗留问题处理情况;本周期与上周期设备隐蔽检查情况对照;重复发生问题处理方案有效性;装置系统问题;典型案例。

(三)检修计划准确性分析检修管理亮点与存在问题

(四)检修施工队伍评述

(五)材料供应评述

(六)设计质量评价

（七）检修质量评价

（八）本次检修遗留问题及预案

（九）检修管理亮点、存在的不足和下次检修需注意的问题

（十）附表

表1　电气/仪表设备增加情况表

序号	位号	名称	规格型号	制造厂	数量	备注

表2　电气/仪表设备拆除情况表

序号	原位号	名称	规格型号	制造厂	数量	备注

附件 2　隐蔽项目检查表

附件 2.1　动设备

附表 2.1.1　离心泵隐蔽项目检查表

设备位号＿＿＿＿＿　检修时间＿＿＿＿＿　检修人员＿＿＿＿＿　验收人＿＿＿＿＿　作业部验收人＿＿＿＿＿

一、轴径向跳动,旋转方向从对轮端看顺时针

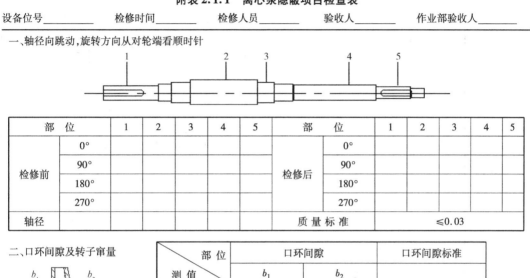

部　位		1	2	3	4	5	部　位		1	2	3	4	5
检修前	0°						检修后	0°					
	90°							90°					
	180°							180°					
	270°							270°					
轴径							质 量 标 准			≤0.03			

二、口环间隙及转子窜量

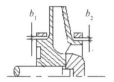

部　位 测　值	口环间隙		口环间隙标准
	b_1	b_2	
检修前			0.40 ~ 0.60mm
检修后			
转子窜量			

三、滚动轴承型号及轴向间隙

径向轴承型号:＿＿＿＿＿　止推轴承型号:＿＿＿＿＿

项目	标准/mm	检修前	检修后
间隙(f)	0.02 ~ 0.06		

四、机封型号及压缩量

1. 机封型号＿＿＿＿＿

2. 机封压缩量＿＿＿＿＿（mm）

五、对中记录

联轴器队中要求表 mm

联轴器形式	径向允差	端面允差
刚性	0.06	0.04
弹性圈柱销式	0.08	0.06
齿式		
叠片式	0.15	0.08

六、联轴检查情况

1. 膜片是否正常（　　）

2. 其他情况:

七、主要备件更换记录

序号	配件名称	型号	数量	备件更换原因

附表 2.1.2 汽轮机、离心压缩机隐蔽项目检查表

汽轮机检修　　　设备位号　　　检修时间　　　检修人员　　　验收人　　　作业部验收人

序号	名称	示意图	序号	名称	示意图
1	前轴须轴瓦间隙		10	后轴瓦间隙	
2	前汽封间隙		11	后汽封间隙	
3	前汽缸猫爪螺钉间隙		12	后汽缸猫爪螺钉间隙	

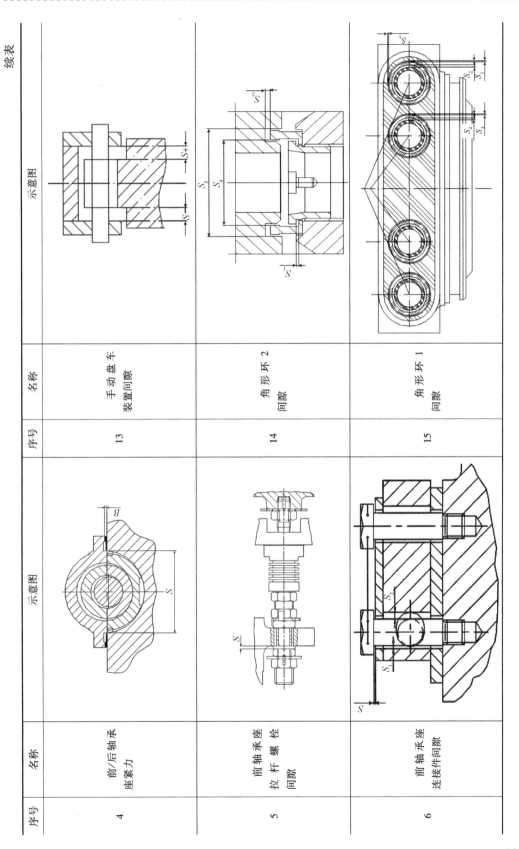

续表

序号	名称	示意图
13	手动盘车装置间隙	
14	角形环2间隙	
15	角形环1间隙	

序号	名称	示意图
4	前/后轴承座紧力	
5	前轴承座拉杆螺栓间隙	
6	前轴承座连接件间隙	

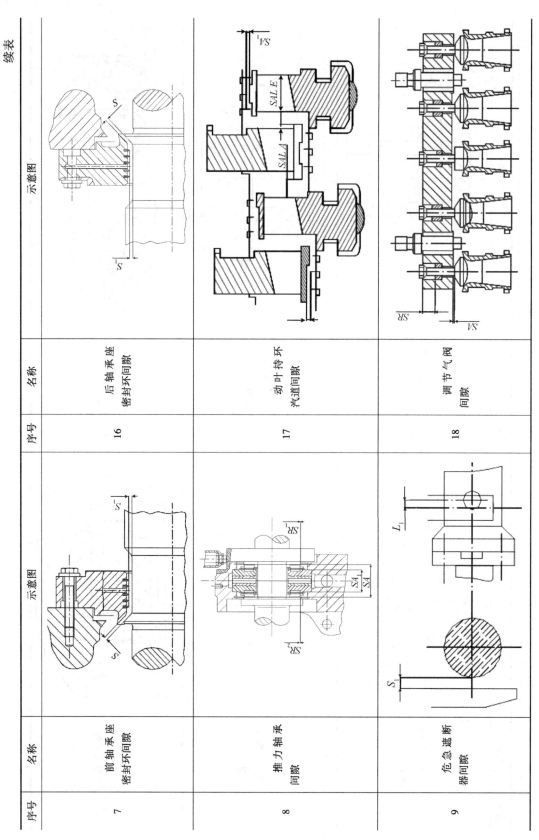

续表

序号	名称	示意图
16	后轴承座密封环间隙	
17	动叶持环汽道间隙	
18	调节气阀间隙	
7	前轴承座密封环间隙	
8	推力轴承间隙	
9	危急遮断器间隙	

续表

序号	名称	示意图
19	汽轮机转子径向、轴向振摆偏差值	

转子示意图

20 油动机静态调试记录、动平衡记录、对中记录、更换备件记录、试运记录等

附表 2.1.3　压缩机检修质量检查表

序号	名称	示意图
1	转子跳动	
2	转子各部间隙	
3	轴瓦间隙	

续表

序号	名称	示意图
4	干气密封	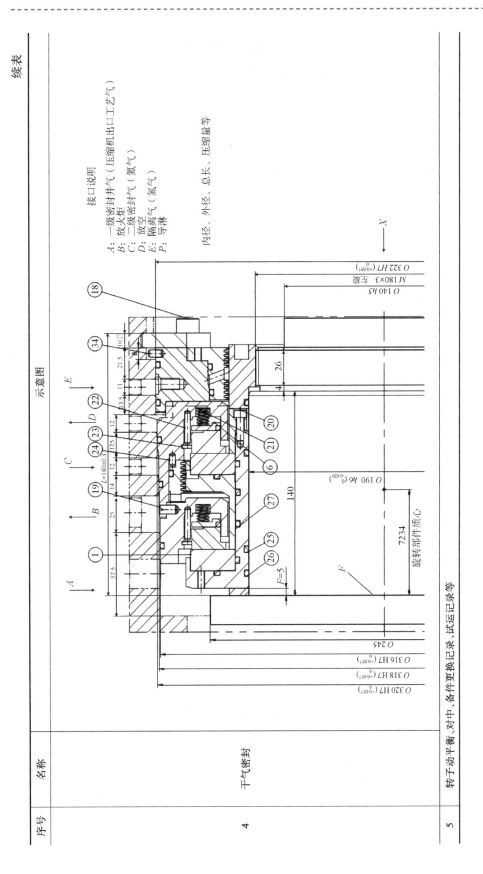
5		转子动平衡、对中、备件更换记录、试运记录等

接口说明

A: 一级密封井封气（压缩机出口工艺气）
B: 放火柜
C: 二级密封气（氮气）
D: 放空气（氮气）
E: 隔离气（氮气）
P: 导淋

内径、外径、总长、压缩量等

附表 2.1.4　往复压缩机隐蔽工程质量检查表

设备位号_____　检修时间_____　检修人员_____　验收人_____　作业部验收人_____

一、活塞杆摆动

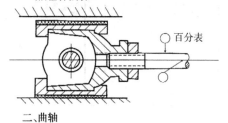

	垂直	水平
第一级		
第二级		
标准		0.1

二、曲轴

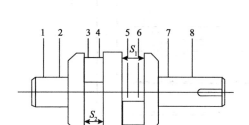

	椭圆值	锥度值
1～2		
3～4		
5～6		
7～8		
S_1		
S_2		
标准	0.02	0.02

三、轴向窜量、主轴承、大头瓦间隙

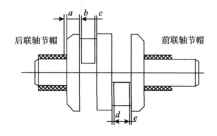

轴向窜量

	T	a	b	c	d	e
标准	0.34～0.76					

主轴承间隙

	前	后
标准	0.176～0.289	

大头瓦间隙

	第一级	第二级
标准	0.136～0.249	

四、十字头、滑道、连杆销、销瓦

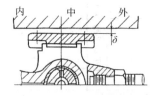

	十字头与滑道间隙	十字头销瓦间隙	小头瓦间隙
第一级			
第二级			
标准	0.210～0.356	0.063～0.138	0.063～0.138

五、活塞杆

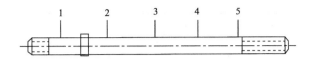

	第一级					第二级				
	1	2	3	4	5	1	2	3	4	5
0°										
90°										
180°										
270°										
标准	0.10mm/m									

六、气缸与活塞

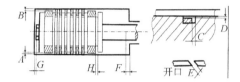

	A	B	C	D	E	F	G	H
第一级								
第二级								
标准	1.26~1.48		0.24~0.39			2.0~3.5	2.4~4.5	0.53~0.74

七、连杆螺栓

	1	2
第一级		
第二级		
标准	1265N·m 拧紧后伸长量 0.20~0.24	

八、对中

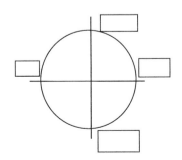

九、备件更换

序号	名称	型号	规格	材质	数量

附件2.2 静设备

附表2.2.1 催化裂化反应器隐蔽项目检查表

项目	检查项目	检查内容	检查出的问题	检查人	检查时间	验收人	验收时间	质量分级
1.沉降器		提升管、集气室、旋风分离器、汽提挡板、二次分布板等母材、焊缝、结焦情况、衬里及相关构件设施						B
1.1 筒体	1. 外观检查	1. 壳体外部检查无热点及变形，内部检查衬里无脱落、鼓包、开裂、松动						B
	2. 焊缝检查	2. 焊缝完整无开裂，压力容器定期检验中理化检验评定达到3级级以上。建议大修时根据检查情况对焊缝进行着色抽检						
	3. 引压点检查	3. 引压管畅通完好						
	4. 热电偶及套管检查	4. 热电偶无磨损及验合格，套管完好，防冲刷耐磨衬里完好						
	5. 松动点检查	5. 引风检查松动无阻，伸进器内管嘴及衬里护管完好，管口内无任何烧结物						
	6. 器内各支撑部件	6. 器内各支撑部件不允许开裂，错位、磨损，限位卡件固定螺母需双螺母锁紧或点焊						
1.2 衬里情况	1. 衬里冲刷脱落及情况。衬里各变径、拐角、衬里接口等处衬里开裂、松动、鼓包和脱落情况	1. 衬里检查标准：双层衬里的龟甲网及侧拉环衬里不允许松动、脱落、翘起、缺损，耐磨层磨损不超过其厚度1/3；双层衬里的隔热层不允许有掏空现象；龟甲网数变形范围小于250×250(mm)可不做整形处理。单层衬里：衬里无脱落，表面应平整(不要求光滑)。衬里裂缝不超标，不能有贯穿性裂纹，非贯穿性裂纹宽度不得大于3mm，深度不得大于衬里厚度的1/3，长度不得大于800mm，反之应进行修补。内衬板不允许严重变形和冲蚀损坏，内衬板底部衬里应紧贴衬里，内衬板必须完好						B

续表

项目	检查项目	检查内容	检查出的问题	检查人	检查时间	验收人	验收时间	质量分级
1.2 村里情况	2. 村里挡板变形、开裂、磨损、脱落情况	2. 村里施工检查标准: 双层村里修补:新旧龟甲网拼接处的每一端头应沿网深全焊,并应将高出龟甲网的焊肉磨平;锚固钉与器壁的角焊缝焊脚高度≥6mm;柱型锚固钉应先与端板焊接,并应采用双面焊(见下图),端板应紧贴锚固钉的台肩,并应垂直于锚固钉。22 龟甲网与端板应逐块焊接,每个焊道的焊缝长度不得小于20mm,且每块端体村里后的弧长不得小于器壁半径的1/4且弦长不得小于300mm的样板沿环向检查,同隙不应大于5mm。 单层村里修补:Ω形锚固钉应垂直于器壁且与器壁的角焊缝焊脚高度≥6mm						B
	3. 村里损坏部位阻气圈、锚固钉、端板、内村板和龟甲网的冲蚀磨损、变形、脱损、腐蚀和开裂情况	3. 村里修复验收标准: 村里修复后设备内表面应有曲率与原曲率保持一致,村里表面应平整,不得有麻点、"机缝"和裂纹,端板下的隔热混凝土应密实,不得有空洞和厚度允许偏差应为0～0.5mm。 村里混凝土的密实度应用0.5 kg手锤,并应以350 mm的间距轻轻敲击检查,声音应继实清脆,无空鼓声;隔热耐磨混凝土厚度允许偏差应为±5 mm。 村里烘炉后,无龟甲网村里裂纹的表面宽度不得大于3mm,且不得有贯穿性裂纹						
1.3 结焦情况	1. 器壁及内件结焦情况	1. 清焦的干净程度						B
	1.1 沉降器顶和室各升气管壁结焦情况,集气室升气管内是否有焦块,顶部焦放空口是否畅通,大油气线结焦情况	1.1 无焦的均匀面积必须超过80%,器壁残留挂焦厚度不超过10mm。顶部放空管清通,消音器畅通干净						

续表

项目	检查项目	检查内容	检查出的问题	检查人	检查时间	验收人	验收时间	质量分级
1.3 结焦情况	1.2 防焦汽管及喷嘴结焦情况	1.2 防焦蒸汽管必须拆下清焦疏通,损坏的喷嘴更换						B
2. 旋风分离器		以外观检查为主,必要时进行探伤、测厚或用小锤敲击检查。筒体、锥体、灰斗、升气管、料腿、翼阀、吊挂件、拉筋、耐磨衬里的损坏及结焦情况						
2.1 筒体	1. 旋分器必须检查垂直度、圆度	1. 更换旋风分离器标准:粗旋快分离器垂直度偏差≤3mm,一、二级或单级旋风分离器垂直度偏差≤5mm。旋风分离器任意截面的圆度公差≤2mm						A
	2. 一、二级或粗旋、单级分离器筒体,出入口及其连接部位的变形、开裂、穿孔、冲蚀程度	2. 母材及焊缝无开裂、穿孔、冲蚀。旋风分离器筒体鼓包变形深度≤±5mm						
	3. 耐磨衬里的磨损、开裂、松动、鼓包和脱落情况	3. 旋风分离器内部龟甲网应均匀平滑,不得有突然改变截面和凹凸不平的现象,不允许有松动、鼓包和脱落情况,角相交处不能出现缝隙						
	4. 结焦情况	4. 旋风分离器升气管、入口连接通道、灰斗与料腿连接等部位焦块清理干净。结焦均匀覆盖原表面不能大于5%,特别注意人口连接处						
	5. 引压管情况	5. 引压管检查标准						
	6. 材质蠕变情况	6. 材质无碳化蠕变现象						
	7. 焊缝情况	7. 外观检查,根据运行和检查情况对焊缝进行着色检查						

炼油企业检修管理指南

续表

项目	检查项目	检查内容	检查出的问题	检查人	检查时间	验收人	验收时间	质量分级
2.2 锥体	1. 变形、开裂、穿孔、冲蚀程度	1.母材及焊缝无开裂、穿孔、冲蚀。旋风分离器筒体鼓包变形深度≤±5mm						B
	2. 耐磨衬里的磨损、开裂、松动、鼓包和脱落情况	2.锥体内部龟甲网应均匀平滑,不得有突然改变截面和凹凸不平的现象,角相交处不能出现缝隙						
	3. 结焦情况	3.锥体内部焦块清理干净。结焦均匀覆盖原表面不能大于5%						
	4. 材质蠕变情况	4.材质无碳化蠕变现象						
2.3 灰斗及耐磨短管	1. 变形、开裂、穿孔、冲蚀程度	1.母材及焊缝无开裂、穿孔、冲蚀。旋风分离器筒体鼓包变形深度≤±5mm						B
	2. 耐磨衬里的磨损、开裂、松动、鼓包和脱落情况	2.锥体内部龟甲网应均匀平滑,不得有突然改变截面和凹凸不平的现象,角相交处不能出现缝隙						
	3. 结焦情况	3.锥体内部焦块清理干净。结焦均匀覆盖原表面不能大于5%						
	4. 材质蠕变情况	4.材质无碳化蠕变现象						
	5. 焊缝情况	5.外观检查,根据运行检查情况对焊缝进行着色检查						
2.4 排气管	1. 变形、开裂、穿孔、冲蚀程度	1.母材及焊缝无开裂、穿孔、冲蚀。旋风分离器筒体鼓包变形深度≤±5mm						B
	2. 耐磨衬里的磨损、开裂、松动、鼓包和脱落情况	2.内部龟甲网均匀平滑过渡,不得有突然改变截面和凹凸不平的现象,角相交处不能出现缝隙						

续表

项目	检查项目	检查内容	检查出的问题	检查人	检查时间	验收人	验收时间	质量分级
2.4 排气管	3. 内外侧结焦情况	3. 排气管内外部焦块清理干净。结焦均匀覆盖原表面不能大于5%，特别注意排气管内外侧不能挂焦						B
	4. 材质蠕变情况	4. 材质无碳化蠕变现象						
	5. 焊缝情况	5. 对排气管与集气室焊缝以及旋风分离器本体与排气管对接焊缝进行重点检查，要求进行着色检查。						
2.5 翼阀	1. 检查翼阀护套及连接件有否损坏	1. 护套完好，连接件磨损影响阀板下移大于5mm。钩环挂板与阀体焊缝不允许有裂纹						B
	2. 阀板的开关灵活性、角度、磨损及接触面严密情况	2. 翼阀阀板应开关灵活，阀板与阀体弯管端面必须贴紧，角度及闭间符合要求，接触面应严密，阀板与阀体斜管中心线应应重合，其允许偏差不得大于5mm，阀板的安装角度按图纸要求，允许偏差为试验角度±0.5°						
	3. 内侧结焦情况	3. 内侧结焦清理干净						
	4. 材质蠕变情况	4. 材质无碳化蠕变现象						
2.6 料腿	1. 变形、开裂、穿孔、冲刷程度	1. 料腿无变形、开裂、穿孔、冲蚀现象						B
	2. 料腿是否畅通	2. 料腿通球检查，球直径不小于料腿内径的1/2。也可用内窥镜检查						
	3. 防冲刷耐磨衬里损坏情况	3. 防冲刷耐磨衬里完好无脱落						
	4. 材质蠕变情况	4. 材质无碳化蠕变现象						
	5. 焊缝情况	5. 外观检查，根据运行和检查情况对焊缝进行着色检查						

续表

项目	检查项目	检查内容	检查出的问题	检查人	检查时间	验收人	验收时间	质量分级
2.7 吊挂件	1. 吊挂件变形情况,旋风分离器的吊杆螺栓,吊挂焊缝,测量吊杆螺母号与支撑面的间隙,测量吊杆中心到旋风分离器本体主轴线距离	1. 吊挂件无变形,吊杆螺栓无松动,吊挂焊缝无裂纹,吊杆中心到旋风分离器本体主轴线距离的偏差不大于3mm						B
	2. 材质蠕变情况	2. 材质无蠕变,表面着色无裂纹						
	3. 焊缝情况	3. 外观检查,根据运行检查情况对焊缝进行着色检查						
2.8 料腿拉筋及限位件	1. 外观检查	1. 拉杆层的间距及位置符合原图要求,无明显冲刷减薄。拉筋热胀不能受阻						B
	2. 焊缝情况	2. 外观检查,根据运行检查情况对焊缝进行着色检查						
3. 提升管出口快(VQS等)	1. 提升管VQS出口油气线承插口,	1. 承插口无变形,开裂及结焦堵塞						B
	2. 快速分离备内构件情况	2. 快速分离设备内构件无结焦,磨损						
	3. VQS出口与顶旋入口连接焊缝情况	3. 外观检查,根据运行检查情况对焊缝进行着色检查						
	4. 耐磨衬里情况	4. 内部龟甲网应均匀平滑过渡,不得有突然改变截面和凹凸不平的现象,不允许有松动、鼓包和冲刷脱落情况,角相交处不能出现缝隙						
	5. 通气管情况	5. 通气畅通						

续表

项目	检查项目	检查内容	检查出的问题	检查人	检查时间	验收人	验收时间	质量分级
4. 反应器分布板	1. 分布板情况	1. 只允许微变形,不允许开裂、冲蚀						
	2. 耐磨短管情况	2. 短管畅通。衬陶瓷短管陶瓷无松动、脱落,无网状裂纹						B
	3. 结焦情况	3. 结焦均匀覆盖表面不能大于5%						
	4. 衬里情况	4. 衬里应均匀覆盖原表面,不得有突然改变截面和凹凸不平的现象,无松动、鼓包和冲刷脱落情况,角相交处不能出现缝隙						
5. 汽提挡板及防焦格栅	1. 挡板外观情况	1. 内人字挡板,环形挡板必须固定,及格栅过原厚度20%厚度不超过原始厚度,无变形。减薄						
	2. 焊缝情况	2. 焊缝完好,无裂纹。对运行时间长,可能存在问题的焊缝应拆除覆盖衬里进行理化检查						B
	3. 结焦情况	3. 结焦均匀覆盖原表面不能大于5%						
	4. 衬里情况	4. 衬里应均匀覆盖原表面,不得有突然改变截面和凹凸不平的现象,无松动、鼓包和冲刷脱落情况,角相交处不能出现缝隙						
6. 汽提蒸汽环管(喷嘴)	1. 分布环管外观检查	1. 分布环管无变形,无磨损						
	2. 喷嘴情况	2. 喷嘴畅通,无明显冲刷损坏,喷嘴的损失厚度不超过原始厚度1/3						B
	3. 固定件情况	3. 支撑固定件完好						
	4. 衬里情况	4. 衬里无松动、鼓包和冲刷脱落						
7. 原料油喷嘴、终止剂喷嘴、提升喷嘴	1. 原料油喷嘴的冲刷磨损、变形、堵塞和损坏情况	1. 喷嘴完好,不允许磨损、变形、堵塞和损坏						B

续表

项目	检查项目	检查内容	检查出的问题	检查人	检查时间	验收人	验收时间	质量分级
7. 原料油喷嘴、终止剂喷嘴、提升喷嘴	2. 终止剂喷嘴冲刷磨损、变形、堵塞和损坏情况	2. 喷嘴安装角度和尺寸满足技术文件要求						B
	3. 提升蒸汽喷嘴冲刷磨损、变形、堵塞和损坏情况	1 喷嘴完好,不允许磨损、变形、堵塞和损坏						
8. 集气室	1. 外观检查	1. 壳体外部检查无热点及变形,内部检查衬里无脱落、鼓包、开裂、松动						B
	2. 衬里情况	2. 衬里应均匀平滑过渡,不得有突然改变截面和凹凸不平的现象,无松动、鼓包和冲刷脱落情况,角相交处不能出现缝隙						
	3. 材质蠕变情况	3. 材质无明显蠕变现象						
	4. 焊缝情况	4. 对集气室与沉降器筒体焊缝以及大油气出口焊缝进行重点检查。根据运行和检查情况对焊缝进行着色检查						
	5. 结焦情况检查。集气室各升气管内是否有焦块、顶部放空口、大油气线结焦情况	5. 无焦的均匀面积必须超过80%,器壁残留挂焦厚度不超过10mm。顶部放空管清通、消音器畅通干净						

316

附表2.2.2 催化裂化再生器隐蔽项目检查表

项目	检查项目	检查内容	检查人	检查时间	验收人	验收时间	质量分级
1.壳体	1.外观检查(检查壳体器壁点腐蚀情况)	1.壳体外部检查无热点,无裂纹及变形,内部检查衬里无脱落、鼓包,开裂,松动					
	2.焊缝检查	2.焊缝完整无开裂,压力容器定期检验中理化检验评定达到3级以上。建议大修时根据检查情况对焊缝进行着色抽检					
	3.引压点检查	3.引压管畅通完好					B
	4.热电偶及套管检查	4.热电偶无磨损且效验合格,套管完好,防冲刷耐磨衬里完好					
	5.松动点检查	5.引风检查松动点畅通无阻,伸进器内管嘴及衬里护板完好,管口内无任何烧结物					
	6.器内各支撑部位开裂、错位、磨损情况	6.器内各支撑部件不允许开裂,错位,磨损,限位卡件固定螺母需双螺母锁紧或点焊					
2.衬里	1.衬里冲刷脱落及鼓包情况,衬里各变径、拐角等处衬里开裂、松动、鼓包和脱落情况	1.衬里检查标准:双层衬里的龟甲网及侧拉环不允许松动、脱落、翘起,耐磨层磨损不超过其厚度1/3;双层衬里的隔热层不允许有淘空现象;龟甲网鼓包变形范围小于250×250(mm)可不做整形处理。单层衬里:衬里无脱落,表面应平整(不要求光滑)。衬里裂缝不超标,不能有贯穿性裂纹,非贯穿性裂纹宽度不大于3mm,深度不得大于衬里厚度的1/3,长度不得大于800mm,反之应进行修补					B
	2.衬里挡板变形,开裂,磨损、脱落情况	2.衬里施工检查标准:双层衬里新旧龟甲网拼接处和每一端头应沿网深全焊,并应将凸出龟甲网的焊肉磨平;锚固钉与器壁的角焊缝焊脚高度≥6mm;柱型锚应紧贴锚固钉的台肩,并应采用双面焊(见下图),端板应先与端板焊接,并应垂直于锚固钉					

续表

项目	检查项目	检查内容	检查出的问题	检查人	检查时间	验收人	验收时间	质量分级
2. 衬里	2. 衬里挡板变形,开裂,磨损、脱落情况	龟甲网与端板应逐块焊接,每个焊道的焊缝长度不得小于20mm,且每块端板上的焊缝总长度不得小于40mm;龟甲网表面应用弧长等于筒体衬里后的半径长的样板沿环向检查,间隙不应大于5mm。 单层衬里修补:Ω形锚固钉应垂直于器壁且与器壁的角焊缝焊脚高度≥6mm						B
	3. 衬里损坏部位阻气圈、锚固钉、端板、内衬板和龟甲网的冲蚀和磨损、变形、脱碳、腐蚀和开裂情况	3. 衬里修复验收标准: 衬里修复后设备内表面曲率应与原有曲率保持一致,衬里表面应平整,不得有麻点、"扒缝"和裂纹,端板下的隔热混凝土应密实,不得有空洞厚度允许偏差应为0~0.5mm。 衬里混凝土的密实度应用0.5 kg手锤,并应以350 mm的间距轻轻敲击检查,声音应该实清脆,无空鼓声;隔热耐磨混凝土厚度允许偏差应为±5 mm。 衬里烘炉后,无龟甲网衬里裂纹的表面宽度不得大于3mm,且不得有贯穿性裂纹						
3. 旋分器	1. 旋分器必须检查垂直度、圆度	以外观检查为主,必要时进行探伤,测厚或用小锤敲击检查。筒体、锥体、灰斗、升气管、料腿、翼阀、吊挂件、拉筋、耐磨衬里的损坏情况						
	2. 一、二级粗旋、单级旋分离器筒体、出入口及其连接部位的变形、开裂、穿孔、冲蚀程度	1. 更换的旋风分离器标准,粗旋快垂直度偏差≤3mm,一、二级或单级旋风分离器垂直度偏差≤5mm。旋风分离器任意截面间的圆度公差≤2mm。同一级任意两个旋风分离器总长之差不得超过6mm						
3.1 筒体		2. 母材及焊缝无开裂、穿孔、冲蚀。旋风分离器筒体鼓变形包变形深度≤±5mm						A

续表

项目	检查项目	检查内容	检查出的问题	检查人	检查时间	验收人	验收时间	质量分级
3.1 筒体	3. 耐磨衬里的磨损、开裂、松动、鼓包和脱落情况	3.旋风分离器内部龟甲网应均匀平滑,不得有突然改变截面和凹凸不平的现象,不允许有松动、鼓包和脱落情况,角相交处不能出现缝隙						A
	4. 引压管情况	4.引压管检查标准						
	5. 材质鳝变情况,顶板及其防裂局部变形开裂情况	5.材质无明显鳝变现象						
	6. 焊缝情况	6.外观检查,焊缝无拉裂,理化性能满足要求						
3.2 锥体	1. 变形、开裂、穿孔、冲蚀程度	1.母材及焊缝无开裂、穿孔、冲蚀。旋风分离器筒体鼓包变形深度≤±5mm						B
	2. 耐磨衬里的磨损、开裂、松动、鼓包和脱落情况	2.锥体内部龟甲网应均匀平滑,不得有突然改变截面和凹凸不平的现象,不允许有松动、鼓包和脱落情况						
	3. 材质鳝变情况	3.材质无明显鳝变现象						
3.3 灰斗及耐磨短管	1. 变形、开裂、穿孔、冲蚀程度	1.母材及焊缝无开裂、穿孔、冲蚀。旋风分离器筒体鼓包变形深度≤±5mm						B
	2. 耐磨衬里的磨损、开裂、松动、鼓包和脱落情况	2.锥体内部龟甲网应均匀平滑,不得有突然改变截面和凹凸不平的现象,不允许有松动、鼓包和脱落出现缝隙						
	3. 材质鳝变情况	3.材质无明显鳝变现象						

续表

项目	检查项目	检查内容	检查出的问题	检查人	检查时间	验收人	验收时间	质量分级
3.3 灰斗及耐磨短管	4.焊缝情况	4.外观检查,根据运行和检查情况对焊外观检查,焊缝无拉裂,耐磨化性能满足要求						B
3.4 排气管	1.变形、开裂、穿孔,冲蚀程度	1.母材及焊缝无开裂、穿孔,冲蚀。旋风分离器筒体鼓包变形深度≤±5mm						
	2.耐磨材里的磨损,开裂、松动、鼓包和脱落情况	2.内部龟甲网应均匀平滑过渡,不得有突然改变截面和凹凸不平的现象,不允许有松动,鼓包和脱落和脱落出现缝隙						B
	3.材质蠕变情况	3.材质无明显蠕变现象						
	4.焊缝情况	4.对排气管与集气室焊缝以及旋风分离器本体与排气管对接焊缝进行重点检查,要求进行着色检查						
3.5 翼阀	1.检查翼阀护套及连接件有否损坏	1.护套完好,连接件有磨损影响阀板下移不大于5mm。钩环挂板与阀体焊缝不允许有裂纹						
	2.阀板的开关方位、角度及方位、磨损及接触面严密情况	2.翼阀阀板应开关灵活,阀板与斜管口接触面应严密。阀安装方位符合图纸要求。阀板的启闭和安装角度符合设计要求,允许偏差为试验角度±0.5°。阀板与阀体斜管面长轴中心线应重合,其允许偏差不得大于5mm						B
	3.材质蠕变情况	3.材质无明显蠕变现象						
3.6 重锤逆止阀	1.检查重锤活动连接件有否损坏	1.拱杆无变形,支耳焊口无裂纹,所有构件无明显冲刷						B

续表

项目	检查项目	检查内容	检查出的问题	检查人	检查时间	验收人	验收时间	质量分级
3.6 重锤逆止阀	2. 焊缝	2. 阀体焊缝及阀体与料腿焊缝不允许有裂纹						B
	3. 阀板的开关灵活性、磨损及接触面严密情况	3. 翼阀折翼板应开关灵活,阀板与阀体端面必须均匀贴紧,接触面应严密,阀板耐磨衬里无明显磨损						
	4. 阀板水平度	4. 阀板水平度要求控制在 ± 0.1°						
	5. 材质蠕变情况	5. 材质无碳化蠕变现象						
3.7 防倒锥	1. 防倒锥底面安装水平度	1. 允许偏为 4mm/m						B
	2. 防倒锥完好情况	2. 无缺损,无凸起或凹陷变形。耐磨衬里完好						
3.8 料腿	1. 变形、开裂、穿孔,冲刷程度	1. 料腿无变形,开裂,穿孔、冲蚀现象。料腿下端与分布管(板)垂直距离允许值偏差为 ±20mm						B
	2. 料腿是否畅通	2. 料腿通球检查,球直径不小于料腿内径的 1/2。也可用内窥镜检查						
	3. 防冲刷耐磨衬里损坏情况	3. 防冲刷耐磨衬里完好无脱落						
	4. 材质蠕变情况	4. 材质无明显蠕变现象						
	5. 焊缝情况	5. 外观检查,根据运行和检查情况对焊缝进行着色检查						
3.9 吊挂件	1. 吊挂件变形情况,旋风分离器的吊杆螺栓,吊挂焊缝,测量吊杆螺母与支撑面之间旋风分离器本体主轴线距离	1. 吊挂件无变形,吊杆螺栓无松动,吊挂焊缝无裂纹,吊杆中心到旋风分离器本体主轴线距离的偏差不大于 3mm						A

续表

项目	检查项目	检查内容	检查出的问题	检查人	检查时间	验收人	验收时间	质量分级
3.9 吊挂件	2. 材质鳞变情况	2. 材质无明显鳞变,表面着色无裂纹						A
	3. 焊缝情况	3. 外观检查,根据运行和检查情况对焊缝进行着色检查						
3.10 料腿拉筋及限位件	1. 外观检查	1. 拉杆层的间距及位置符合原图要求,无明显冲刷减薄。拉筋热胀不能受阻						B
	2. 焊缝情况	2. 外观检查,根据运行和检查情况对焊缝进行着色检查						
	3. 检修平台情况	3. 检修平台完好,螺母无松动、缺失						
4. 主风分布管	1. 外观检查:主管、支管及分支管的外形、磨损,冲刷情况,安装尺寸,支撑铰链,端头堵板或关头封固定情况	1. 分布管无变形,无磨损,焊缝无开裂。分布管平度偏差不大于设计角度3°,分布管标高偏差及水平度偏差无开裂。更换时,分布管铰链必须严格按设计角度安装,偏差不得超过±3°,安装后灵活转动,内、外分布环应同心,中心距偏差不大于10mm。所有管喷嘴应严格按照型号就位,其间距偏差应为±2mm,偏角和斜角应为±1°,斜角偏差为±1°						A
	2. 喷嘴情况	2. 喷嘴畅通,无明显冲刷损坏,喷嘴的损失厚度不超过原始厚度1/3						
	3. 固定情况	3. 支撑固定件完好						
	4. 衬里情况	4. 衬里无松动、鼓包和冲刷脱落						
5. 外取热器	1. 壳体检查	1. 外部无热点,衬里完好						B
	2. 检查外取热器取热的防冲板或衬里磨损或冲刷变形、开裂情况	2. 防冲板至少应覆盖1/2取热管周长,无缺损,无严重减薄						

续表

项目	检查项目	检查内容	检查出的问题	检查人	检查时间	验收人	验收时间	质量分级
5. 外取热器	3. 检查取热管导向架尺寸、磨损、变形、松散情况。导向架连接螺栓磨损、断裂情况	3. 检查取热管导向架无变形、松散,取热管可自由膨胀,无弯曲变形。连接螺栓完好无松动						B
	4. 对封头形式及下封头的壁厚度,肋片变形、冲刷情况	4. 取热管弯头及下封头损失厚度不超过原始厚度1/3						
	5. 对集箱形式检查上下集箱与取热管之间的焊缝情况	5. 焊缝完好,无裂纹						
	6. 流化风分布管	6. 流化风分布管						
	6.1 外观检查:主管、支管及分支管的外形、磨损、冲刷情况,安装尺寸,端头堵板或封头固定情况	6.1 无变形,无磨损,焊缝无开裂。分布管高偏差及水平度偏差不大于设计技术要求偏差						

续表

项目	检查项目	检查内容	检查出的问题	检查人	检查时间	验收人	验收时间	质量分级
5. 外取热器	6.2 喷嘴情况	6.2 喷嘴畅通，无明显冲刷损坏，喷嘴的损失厚度不超过原始厚度1/3						B
	6.3 固定件情况	6.3 支撑固定件完好						
	6.4 衬里情况	6.4 衬里无松动、鼓包和冲刷脱落						
6. 辅助燃烧室	1. 炉体部分检查看火窗，内壁冲刷情况，焊缝情况	1. 炉体焊缝无裂纹、泄漏。内部衬里完好平整，无裂纹。看火孔畅通清晰可视						C
	2. 燃烧器情况	2. 油、瓦斯、风管线畅通。油枪配件齐全、完好。检查点火器接电正确，点火设备完好						
	3. 一、二次风阀	3. 检查一、二次风阀灵活好用，开度核对。检查一、二次风阀密封性能						

A 级 机动部、作业部共同检查
B 级 作业部、施工单位共同检查
C 级 作业部检查

附表 2.2.3　蒸馏常压炉隐蔽项目检查表

项目	序号	检查内容	检查出的问题	检查人	检查时间	验收人	验收时间	质量分级
新材料备件检查	1	新对流炉管、弯管及炉内铸件 100% 外观检查,炉管、弯管等材料复验、硬度和化学成分 100% 检验,并进行强度试压检查。内衬隔热材料、高铝陶纤材质复验验合格						A
	2	零、配件及材料有生产厂的出厂合格证						B
炉外部检查	1	用经纬仪测量如下关键部位的垂直情况,偏移误差不超过 1/1000;炉出口上方的对流和烟筒的垂直度;柱子的垂直度;炉墙的变形情况;梁的不直度						B
	2	对加热炉的钢结构、壁板检查合格						B
	3	检查炉外各物料管线及吊架检查合格						B
	4	检查燃烧器的空气调节门应控制灵活;燃烧器安装完好,长明喷嘴应正常						B
	5	检查烟风道支承及保温是否正常;烟筒支承结构、防雷接地及外壁腐蚀情况						B
炉内部检查	1	加热炉辐射炉管、对流炉管检查合格。 A. 测厚:每路一点合格。 B. 炉管外观、蠕变检查:每路炉管蠕胀抽查 1 处合格。 C. 硬度检查:每路炉管硬度抽查 1 处合格。 D. 覆膜金相:金相检查 1 处完成。 E. 超声波探伤:5% 抽查。 F. 着色检查:急弯管 100% 着色检查,热电偶贴焊部位 100% 着色检查 G. 射线探伤:抽查 20 道						A
	2	炉管及支吊架检查合格						A
	3	检查燃烧器喷头是否结焦、过热损坏,检测喷枪与火道同心度垂直度						A

续表

项目	序号	检查内容	检查出的问题	检查人	检查时间	验收人	验收时间	质量分级
炉内部检查	4	内衬高铝陶纤、耐火砖、浇注料合格						A
	5	检查烟道及烟筒衬里应无脱落及严重粉化；烟道挡板应无变形和卡死						A
	6	检查空气预热器受热面腐蚀和积灰情况						A
中间施工质量检查验收	1	炉管、弯管更换质量验收合格，理化检验验收合格						A
	2	炉管内清焦及附件安装外清灰验收合格						B
	3	燃烧器安装及附件安装验收合格						A
	4	耐火砖、耐火衬里的安装及验收合格						B
	5	空气预热器清洗质量合格						A
	6	"三门一板""氧化镁"灵活好用，开度0~100开度正常且与仪表联校合格						A
	7	鼓风机、引风机检修完成，质量合格						B
人孔复位检查验收	1	法兰密封面是否清理干净						B
	2	垫片螺栓检验规格准确						B

A级 机动部、作业部共同检查
B级 作业部、施工单位共同检查
C级 作业部检查

附表 2.2.4 蒸馏常压塔隐蔽项目检查表

项目	序号	检查内容	检查出的问题	检查人	检查时间	验收人	验收时间	质量分级
新材料备件检查	1	检查新塔盘板及附件的数量和材质是否与随机资料一致,是否和图纸一致						B
	2	塔板安装前,先分层预组装,检查塔盘板排列,开孔方向和开孔率,塔盘板和塔内构件之间连接方式,尺寸等应符合图纸规定						B
塔体及附件检查	1	塔区消防线,放空线等安全设施齐全畅通,照明设施齐全完好,防雷接地完好						C
	2	梯子、平台、栏杆完整、牢固,保温、油漆完整美观						C
	3	基础、钢结构构座牢固,无沉沉下沉;各部紧固件齐整牢固						C
	4	安全阀和各种指示仪表应有校验记录;压力表、温度计、液位计表面应用红线标出上、下限,附属阀门灵活好用						C
	5	与塔相连管线阀门灵活好用,法兰齐全且紧固,管线焊缝整片齐全且紧固,垫片齐全,管线焊缝(特别是转油线入塔壁的焊缝)着色检查无明显缺陷						C
塔内件检查	1	检查塔内污垢情况和塔板各部件的污垢情况、堵塞情况						C
	2	塔内各构件表面清洁无杂物;各出入口、降液管无堵塞						C
	3	塔内管线无明显腐蚀、变形、裂纹等缺陷						C
	4	塔内液体收集器(#55上)无明显腐蚀、结垢、破损、堵塞等缺陷						C
	5	25#,41#集油箱(包括升气筒,抽出斗)无腐蚀、结垢、破损、堵塞等缺陷						C
	6	20#,36#集油箱(包括导流槽,受液盘)无腐蚀、结垢、破损、堵塞等缺陷						C
	7	抽检塔体无明显腐蚀、变形、裂纹等缺陷;用测厚仪检查塔壁厚度;着色抽检塔体焊缝有无缺陷						C

续表

项目	序号	检查内容	检查出的问题	检查人	检查时间	验收人	验收时间	质量分级
	8	简体内衬里表面平整,肉眼观察无明显鼓泡、开裂和焊缝轴缺陷;用测厚仪检查内衬厚度;着色抽检内衬焊缝有无缺陷						C
	9	塔内构件和塔盘等必须坚固牢靠。敲击过程无松动现象						C
	10	用测厚仪测量塔盘和塔内构件的厚度,其剩余厚度应保证至少能使用到下个检修周期						C
	11	浮阀应开启灵活开度一致,无卡涩和脱落;塔盘上阀孔直径冲蚀后,其孔径增大值不大于2mm						C
	12	支承圈上表面应平整,(用水平仪测量)整个支承圈水平度允差为8mm						C
塔内件检查	13	支承梁上表面应平直,其直线度公差为1‰L(L为支承梁长度),且不大于5mm;支撑梁上表面应在同一水平面上,(用水平仪测量)水平度允差为8mm						C
	14	受液盘上表面应平整,(用水平仪测量)整个受液盘上表面的水平度允差为6.8mm(塔器公称直径6800mm,水平度为1‰L,且不大于7mm)						C
	15	(用直尺测量)降液板底端与受液盘之间的垂直距离K(mm)的允差为K±3mm,降液板与受液盘之间的水平距离B的允差为B$^{+5}_{-3}$mm						C
	16	固定在降液板上的塔盘支承件,其上表面应在同一水平面上,(用水平仪测量)允许偏差在-0.5mm~1mm之间						C
	17	(用直尺测量)溢流堰顶直线度公差值为6mm,堰高允差为±3mm						C
	18	塔盘板应平整,(用水平仪测量)整个塔盘的水平度允差为3mm;塔盘面水平度在整个塔盘上的公差值为12mm						C

续表

项目	序号	检查内容	检查出的问题	检查人	检查时间	验收人	验收时间	质量分级
中间施工质量检查验收	1	塔盘通道复位过程中间质量抽查验收至少3次,检查塔盘复位方向是否正确,浮阀是否有卡涩或损坏,塔盘紧固螺栓无松动						B
	2	塔内隐蔽项目检查发现的缺陷项目已全部整改完毕						B
人孔复位检查验收	1	确认塔内所有检修项目都已完成						A
	2	各层塔内杂物、工机具清理干净						A
	3	塔底清理干净,不堵塞塔底抽出口						A
	4	与仪表人员共同确认仪表项目也已完工						A

A 级 机动部、作业部共同检查
B 级 作业部、施工单位共同检查
C 级 作业部检查

329

附表 2.2.5　蒸馏减压塔隐蔽项目检查表

项目	序号	检查内容	检查出的问题	检查人	检查时间	验收人	验收时间	质量分级
新材料备件检查	1	检查新填料的规格尺寸，材质是否与符合图纸要求，数量是否足够						B
	2	检查垫片，螺栓等紧固件是否符合要求						B
塔体及附件检查	1	塔区消防线，放空线等安全设施齐全完好，照明设施齐全畅通，防雷接地完好						C
	2	梯子，平台，栏杆完整，牢固，保温，油漆完整美观						C
	3	基础，钢结构构耕座牢固，无不均匀下沉；各部紧固件齐整牢固						B
	4	安全阀和各种指示表应有校验记录，压力表，温度计，液位计表面应用红线标出上，下限，附属阀门灵活好用						C
	5	与塔相连管线阀门灵活好用，法兰螺栓，垫片齐全紧固，管线焊缝（特别是转油线入塔塞的焊缝）着色检查无明显缺陷						B
塔内件检查	1	检查塔塔污垢情况和塔板各部件的污垢，堵塞情况						B
	2	塔内各构件表面清洁无杂物；各出入口等无堵塞						B
	3	塔内管线无明显腐蚀，变形，裂纹等缺陷						B
	4	抽检塔体无明显腐蚀，变形，裂纹等缺陷；用测厚仪检查塔壁厚度；着色抽检塔体焊缝有无缺陷						B
	5	简体内衬表面平整，肉眼观察无明显鼓泡，开裂和焊缝缺陷，用测厚仪检查内衬厚度；着色抽检塔内衬焊缝有无缺陷						B
	6	塔内构件和塔盘等必须安全固定牢靠。敲击过程无松动现象						B
	7	用测厚仪测量塔盘和塔内构件的厚度，其剩余厚度应保证至少能使用到下个检修周期						B
	8	支承圈上表面应平整，（用水平仪测量）整个支承圈水平度允差为 8mm						B

续表

项目	序号	检查内容	检查出的问题	检查人	检查时间	验收人	验收时间	质量分级
塔内件检查	9	支承梁上表面应平直,其直线度公差为1‰L(L为支承梁长度),且不大于5mm;支撑梁上表面应与支承圈上表面在同一水平面上,(用水平仪测量)水平度允差为8mm						B
	10	塔盘板应平整,(用水平仪测量)整个塔盘板的水平度允差值为3mm;塔盘面水平度在整个平面上的公差值为12mm						B
	11	塔盘分布管有无松动,分布孔是否能偏流						B
	12	检查转油线内部的腐蚀情况						B
中间施工质量检查验收	1	旧填料卸除后,检查填料支架是否松动、脱落						B
	2	在安装填料的过程中,逐层验收不同填料规格装填顺序无误,检查填料安装水平度以及紧密有序						A
	3	填料装好后,压盖是否装好						B
	4	其他局部修复过的地方检查验收						B
人孔复位检查验收	1	确认塔内所有检修项目都已完成						A
	2	各层塔内杂物、工机具清理干净						A
	3	塔底清理干净,不堵塞塔底抽出口						A
	4	与仪表人员共同确认仪表项目也已完工						A

A级　机动部、作业部共同检查
B级　作业部、施工单位共同检查
C级　作业部检查

附表 2.2.6 重整反应器项目检查表

项目	规格或要求	检查出的问题			检查人	检查时间	验收人	验收时间	质量分级
		一反	二反	三反					
一、扇形筒									
扇形筒剖面的焊缝	光滑，无尖锐边缘，无裂纹								
扇形筒支撑环的水平度									
扇形筒膨胀环筋板间的间距相等									
扇形筒不接触膨胀环筋板									
扇形筒要紧靠反应器壳体	从反应器壁到扇形筒的拐弯半径与背板圆弧的切点之间的距离不得大于13mm（整个长度上的垂直度）								
扇形筒要干净，无残屑									
二、膨胀环									
剖面无扭曲变形									
无焊缝裂纹									
外部螺母点焊，内部螺母拧紧	将外部螺母点焊到膨胀环								
膨胀环与扇形筒的间隙（如有可能，尽量使扇形筒抵住反应器）	膨胀环与扇形筒外表面不能贴紧，反应器最底部膨胀圈为5～10mm，其他部位2～5mm								
三、扇形筒盖板，提升管（升气筒）及密封板									
提升管与扇形筒盖板的间隙，与扇形筒之间无结合									

续表

项目	规格或要求	检查出的问题			查人	检查时间	验收人	验收时间	质量分级
		一反	二反	三反					
扇形筒密封板无扭曲,平整地放置在扇形筒盖板上	扇形筒盖与盖板的最大间隙为1mm								
将扇形筒密封板点焊到盖板的4个点上	点焊长度:正面6mm/侧面3mm								
扇形筒密封板与扇形筒中心管的间隙	误差+0.10mm								
四、中心支撑									
中心管支撑——内部封头垫片									
中心管支撑法兰螺母/螺栓									
底座中心支撑——中间封头垫片									
中心管支撑与中心管之间的间隙	无缝隙(用最小的塞尺检验)								
径向支撑板和催化剂收集器径	无金属对金属的接触								
向导叶叶的开口上下对齐于同一平面(只用于底部反应器)									
五、中心管									
中心管金属材质									
围网无扭曲或裂痕									
无筛孔堵塞,在围网与内部圆筒间无残渣									
六、膨胀节,膨胀节护罩及出口弯头									
膨胀节入口法兰螺栓/螺母	上部螺帽点焊至膨胀节入口法兰,共3处								

333

续表

项目	规格或要求	检查出的问题 一反	二反	三反	查人	检查时间	验收人	验收时间	质量分级
膨胀节入口法兰内部套管各端垫片									
膨胀节出口法兰螺栓/螺帽	下部螺帽点焊至膨胀节出口法兰,共3处								
膨胀节出口法兰的垫片									
虾米腰弯头的垫片									
虾米腰出口法兰螺栓/螺帽									
膨胀节护罩金属材质									
膨胀节与膨胀节护罩法兰螺栓/螺帽									
七、膨胀节、膨胀节护罩及出口弯头									
膨胀节与膨胀节护罩法兰螺栓/螺帽	底部点焊螺帽,顶部双螺帽膨胀节—膨胀节护罩法兰垫片								
通风筛网高度									
通风筛网的筛孔开口									
通风筛网无残留物或筛孔无堵塞									
检查所有螺栓及所有垫片座片的紧固度	用最小的塞尺								
用于装运的膨胀节固定螺栓应于安装后全部卸除									
八、反应器内部催化剂输送管									
松套法兰上的3mm直径通风孔									
通过盖板孔道及出口套管,无粘结									

续表

项目	规格或要求	检查出的问题 一反	二反	三反	查人	检查时间	验收人	验收时间	质量分级
*安装前测量									
九、盖板平台									
搜销情况									
盖板平台间隙	<1mm								
催化剂床层无开口线									
十、所有反应器内构件安装完毕,关闭人孔之前进行中间检查									
移除扇形筒盖板									
无工具和残留物遗留在内部(在盖板顶部,出口弯管,进口或悬挂在法兰处)									
所有的催化剂输送管销垂测量									
清洁									
十一、进行干燥和催化剂装填之前并于关闭人孔前的最终检查									
移除扇形筒盖板									
无工具和残留物遗留在内部(在盖板顶部,出口弯管,进口或悬挂在法兰处)									
清洁									

附件3 典型做法

附件3.1 镇海炼化分公司设计审查、购置导则(离心压缩机组)

1 目的

为参与公司离心压缩机组设计审查和购置技术谈判工作的人员提供技术指导。

2 适用范围

本导则指出了在设计审查、设备购置技术谈判时必须审查和查验的主要内容。

本导则适用于离心压缩机组设计审查和购置技术谈判的审查过程。

3 总则

3.1 引用标准

对照技术协议、有关会议纪要内容和 API 及其他相关标准,对施工图偏离标准的情况进行审查。原则上,下列最新标准在离心压缩机组设计、制造、检验、安装、试运中应当被参照执行。

离心压缩机标准

API 617	石油、化学和气体工业用轴流、离心压缩机及膨胀机—压缩机
JB/T 6443	石油、化学和气体工业用离心压缩机
SY/T 6651	石油、化学和气体工业用轴流和离心压缩机及膨胀机—压缩机

新比隆标准及其他厂标

汽轮机标准

API 612	石油、化学和燃气工业装置用特种用途汽轮机
JB/T 6765	特殊用途工业汽轮机技术条件
ASME PTC-6	汽轮机试验规程
NEMA SM-23	机械驱动用汽轮机

性能试验标准

ASME PTC-10 CLASS-(3)	压缩机和排气机性能试验规程
JB/T 3165	离心和轴流式鼓风机和压缩机热力性能试验

油系统标准

API 614	石油、化工和气体工业用润滑、轴密封和控制油系统及辅助设备

振动、轴位移和轴承监测系统

API 670	振动、轴位移和轴承温度监控系统
API 613	炼油厂用特殊用途齿轮箱

联轴器标准

API 671	炼油厂特殊用途联轴器

噪声标准

SY 8001	炼油厂环境保护设计技术规定
API 615	炼油厂用机械设备噪声控制

法兰标准

SH 3406	石油化工钢制管法兰

ASME B16.5　　　管法兰和法兰管件

机组设计范围内所有管路法兰应可能遵循采用与装置整体设计相同标准的原则。尽可能避免使用不常用的管子标准(如 DN32、DN65 等),不得采用石棉垫。

在执行上述标准过程中,当不同的标准有不同的要求时,应采用有利于提高工程质量和使用性能的标准。

附属机泵、电动机及电气设备、压力容器详见相关设计审查、购置导则。

3.2　机组的设计依据、设计原则必须符合工艺专业委托以及有关会议纪要内容。工艺条件应符合工艺要求,如介质(组成成分、相对分子质量、比热容)等,并注意某些参数(如排气量、排气压力等)不允许有负偏差,但也不能任意放大,避免设备投用时增加能耗和物耗,一般应为正常运行能力的110%～115%。

3.3　机组设计、应用和运行应满足所在地各专业要求和使用场所的实际要求,包括防爆级别要求、循环(软化)水进(回)水压力、氮气(仪表风)压力、管路系统连接法兰标准等。

3.4　机组设计应满足有利于改进能源利用和降低运行费用的要求。

3.5　机组设计应满足职业安全和环境管理体系规范标准。

3.6　机组设计应尽可能采用先进且成熟的方案。

3.7　选用质量可靠、信誉好,且在我公司使用情况良好的厂家的产品。

3.8　标准化要求

3.8.1　压缩机用干气密封应与公司现有干气密封结构尺寸一致,实现通用、互换;

3.8.2　压缩机采用径向轴承采用偏支点可倾瓦、推力轴承采用进口偏支点金丝伯雷轴承;

3.8.3　汽轮机采用径向轴承采用偏支点可倾瓦、推力轴承采用米契尔轴承;

3.8.4　轴承监测系统采用最新的 Bently 3500 的系统;

3.8.5　机组应设置有键相监测探头;

3.8.6　每个径向轴承设有 2 支热电阻、每侧推力轴承设有 2 支热电阻。

4　审查内容

4.1　公用工程条件及现场条件的审查

审查下列设计内容是否与机组所在区域的实际条件相符,审核中注意公司的共有特性与实际区域的专有特性。

4.1.1　冷却水(软化水)循环水(包括进水压力、温度,回水压力、温度,水污垢系数等)。

4.1.2　电源类别(6000V、380V、220V,50Hz)。

4.1.3　仪表信号和动力风压(气信号、电信号、动力风压等)。

4.1.4　氮气(压力、温度)。

4.1.5　蒸汽(压力、温度、流量)。

4.1.6　现场气候和环境条件(大气最高(最低)温度、湿度、大气压力、尘土等)。

4.1.7　防爆区域划分、防爆等级。

4.1.8　压缩机安装位置(室内(外)有无顶棚、布置层数、操作层标高)。

4.1.9　机组维修所需的起重、照明、维修空间等配置能力要求。

4.2　机组本体结构和技术特性的审查

此条目为机组设计审查的重点,审查者应按 3.1 总则要求和 3.1 条中所列的各项标准对有关图纸、资料、数据表进行审查。

4.2.1　机组总体布置:包括压缩机、驱动机以及全套辅助设备。机组旋转方向、轴中心线位置、单机外形尺寸、连接尺寸、维修和拆卸空间所需尺寸、各单机质量、各单机最大检修件名称、质量(为机组检修安装所配的起重机械应与之相一致)以及外形尺寸等,审查主机和辅助设备的基础外形图和载荷数据;审查用户接管管口方位图,审查是否与订货合同书/技术协议/询价书、数据表一致,审查界区管路是否符合要求。

4.2.2　压缩机采用的结构型式,段的布置和压缩级的数量、压缩比的分配;明确残余推力在启机、正常运行时的方向;机组中压缩机和汽轮机共用一个钢制联合底座时,地脚螺栓应采用基础贯穿式。

4.2.3　性能保证。压缩机及辅助设备应有设计寿命,机组连续运行时间不小于 6 年,出厂前应进行实际特性曲线的测试,并应规定与设计特性曲线的偏离允许范围,应有噪声控制(最大工况)泄漏、振动、轴承温度等指标,符合标准要求;

4.2.4　易损件寿命要求:一般对下列零部件应有设计寿命要求:轴承、密封、叶轮、级间密封等;

4.2.5　需采用第三方产品时,主机制造厂应与供货方签订技术附件。

4.3　主要技术及结构数据审查

4.3.1　技术参数:包括各段的流量、进气压力、排气压力、进气温度、排气温度,级数、段数、缸数,轴功率,一阶临界转速、二阶临界转速、额定转速,压缩比、效率,叶轮直径、轴头尺寸、转子重量等。

4.3.2　部分零部件要求。

所有转子的主要部件如叶轮、轴、联轴器、平衡盘等都应分别单独进行动平衡,装配后应进行高速动平衡,并应有明确的考核指标。

叶轮优选三元流叶轮。

叶轮与轴的连接应采取过盈配合。

离心机与原动机的连接优选保安型膜片联轴器。

两端轴封优选采用干气密封。

当介质中含硫化氢时,应考虑下列各项内容:轴端气封材料建议为钢背巴氏合金,主轴材料应考虑采用 34CrMoS。

干气密封应配置前置缓冲气。烃类、氢气类工艺介质用干气密封不选择无级间迷宫密封的串联式干气密封。

压缩机本体的全部螺栓宜采用公制螺纹。

4.4　润滑油系统审查

4.4.1　润滑油系统应设置油箱静止部位最低点脱水,在脱水点处设有方便采样点,采样管线应足够小不造成润滑油压力波动;油箱内油的加热方式建议采用恒温控制的电加热方式,并设置油温高报警自动停运联锁。

4.4.2　油过滤器、油冷却器的切换阀组建议用各自独立的球阀组成阀组,如采用使用组合式的 2 位 3 通阀组,阀门密封垫片特别是 O 形密封圈应设置有凹凸限位;油过滤器、油冷却器应设置充油阀、高点排气阀,排气管线回油箱应设视镜,方便观察。

4.4.3　油泵的联轴节形式采用叠片式。

4.4.4　油冷器水走管程。建议使用管壳式换热器,并应留有足够的抽芯空间;禁用板式换热器。

4.4.5　高位油罐的设置高度:压机中心线到高位油箱正常操作液柱高度大于 10m。

4.4.6　润滑油系统设备、管道和管件应为不锈钢材料,阀门至少阀芯应采用不锈钢材质;润滑油管线的配管应有利于排气和顺畅的原则,对润滑油泵的入口管线,应从泵开始,向吸入口有一向上的仰度,以使备泵管道中的聚集气能向油箱逸出;排油管应顺流有向下的倾度。

4.4.7　润滑油管路不允许使用承插焊管件,管接头应是法兰连接;垫片应使用带内外环聚四氟乙烯缠绕垫,不允许使用石棉垫、纯四氟垫、无内外环的垫片。

4.4.8　对润滑油系统流程中的压力、温度、管道等进行审查,应符合配对管路设计的标准要求。

4.4.9　润滑油泵自身设置有调压阀,润滑油系统建议不设置安全阀,避免安全阀起跳造成机组停机。

4.4.10　润滑油系统、控制油系统应设置各自的蓄能器,蓄能器应设置连通阀、充油阀、卸油阀,并设置压力表,在蓄能器充压压力检查时方便检查。

4.4.11　为避免润滑油系统法兰的漏点,建议润滑油系统法兰选择 300LB 或 5.0MPa压力等级,以增加法兰螺栓孔的数量或增大螺栓的规格。

4.4.12　润滑油系统控制阀门应优先采用气动式调节阀,禁用自力式调节阀。

4.4.13　润滑油泵出口单向阀前增加返回油箱跨线,返回油箱跨线采用双阀门流程,方便油泵检修后的试运及切换。

4.4.14　油路系统回油视镜的视窗采用螺纹加密封垫片式,防漏效果较好,与管路的连接采用标准法兰;

4.4.15　蓄能器流程应完善含连通大阀、充油小阀、压力表、卸油阀,控制油路蓄能器应在 40L 以上。

4.4.16　润滑油系统引压阀应采用焊接结构,不允许使用卡套结构,应采用螺纹加垫片结构。

4.5　密封系统的审查

4.5.1　一般情况下,机组的密封系统优选干气密封系统。

4.5.2　密封控制柜至机体之间的管线在最低点应设排凝阀,系统应对火炬系统的压力有明确的要求。压缩机本体上的密封气进气槽的最底部应设有排凝口。

4.5.3　密封厂商在设计时应对干气气源进行露点温度计算,并明确干气进密封前的温度操作范围,确保端面运行条件在露点温度 +25℃ 以上。建议在干气控制系统设置除湿装置。对加氢装置循环氢压缩机建议采用新氢作干气气源,同时增设干气除油过滤器,提高干气气源的洁净度。干气密封一次气在征求密封厂家意见后如可投用伴热设施建议增加。

4.5.4　机组运行参数在 100bar 以上时,(根据我公司氮气供应现状)干气控制系统应设置增压泵,为干气密封在启停机时提供正向密封气源。

4.5.5　干气密封及控制系统一般应进行下列试验(包括试验后的拆检):超速试验、静态试验、动态试验、密封动平衡试验。

4.5.6 干气密封在数据表规定的各个操作工况下,在准确安装、运行和维护的基础上应确保产品连续安全运行3年以上。

4.5.7 干气密封管线要求使用不锈钢材料,并采用全氩弧焊接。

4.5.8 干气密封应配置前置缓冲气、中间隔离气。烃类、氢气类工艺介质用干气密封不选择无级间迷宫密封的串联式干气密封。

4.5.9 串联结构干气密封放火炬线设置双阀加导淋结构,便于检修安全隔离及安装后的静试工作。

4.5.10 对于一次气采用工艺气的密封配管应避免U形液袋。

4.6 机组工艺管道及控制系统审查。

4.6.1 机组流程应考虑防倒转的快速切断阀门及单向阀。各段防喘振阀、总出口应分别在截止阀前设置有单向阀门。

4.6.2 机组转速控制、反喘振控制方系统选择优选TRICONEX、CCC等操作控制系统,不建议选择505控制。

4.6.3 机组应设置反喘振控制系统,特别是工艺操作工况较多的机组,如空压机、焦化富气压缩机等。

4.6.4 机组采用先进的控制系统,实现机组的自动控制、性能调节和防喘振保护,对于机组功率大、负荷波动频繁、节能要求高、性能控制要求严格、防喘振要求高的机组,优先考虑能够实测喘振、性能控制自动化程度高的机组控制系统。

4.7 其他辅助系统审查。

4.7.1 测量控制项目审查,本条目主要包括机组气路、油路、水路等系统的压力、温度、液位、振动等就地显示(设置数目)中控显示和报警的设置,需注意以下方面:

4.7.1.1 机组的报警联锁方式一般来说,应该设计油压、超速、振动、轴位移、干气密封放火炬压力高联锁,联锁采用3取2或单取方式,轴承温度建议仅报警不设联锁。

4.7.1.2 润滑油泵和封油泵建议采用互为备用的双电泵设计方式,并设置备泵启动电联锁。

4.8.1.3 润滑油泵应设置干气密封隔离气压力启动条件,在润滑油泵正常运行时隔离气压力低则仅报警而不停运润滑油泵;两台润滑油泵电机动力电线应不属于同一条母线。

4.7.1.4 温度测量控制项目:包括进气温度、排气温度、压缩机径向轴承和推力轴承温度、电动机轴承温度、电动机定子温度、润滑油总管温度、机身润滑油油箱温度、封油温度、循环水总管温度等。

4.7.1.5 其他如平衡管压力检测,现场干气密封泄漏显示。

4.8 汽轮机

4.8.1 汽轮机控制油路设置有在线清洗错油门、油动机的油路切断阀;

4.8.2 汽轮机控制油路二次油压设置有压力变送器;

4.8.3 转速含控制(3支)联锁(3取2)现场显示(1支)分别设置的测速探头;

4.8.4 汽轮机停机电磁阀应设置双路,应考虑能够在线试验;

4.8.5 控制油路应设置双过滤器系统,控制油路采用热油方式;

4.8.6 汽轮机盘车系统应设置液压冲击式盘车装置(含手动功能)。

4.9 控制和仪表审查(略)。

4.10　对其他项目的审查。

审查者还应对下列资料重点进行审查。

4.10.1　基础图中地脚螺栓孔位置及尺寸。

4.10.2　工艺系统和机组设计界限双方交接处管路尺寸规格,包括放空、排凝、润滑油、导线管和仪表在内的全部连接部件的规格、型号、位置;PID 图上应提供各控制点的操作参数(含正常、报警、联锁值),标明管线及管件的规格。

4.10.3　二年操作备品备件清单。

4.10.4　开车用随机备品备件清单:至少应包括轴承、密封等易损件。

4.10.5　专用工具图纸和清单。

4.10.6　分供应商清单。

附件 3.2 广州分公司高温临氢法兰及高危险法兰安装指导书

1. 编制目的

为了减少高温临氢设备法兰、高危险法兰密封面发生泄漏着火事件,降低装置运行的风险,减少着火事故的发生,制定本工作指导书。本文件为指导性操作文件。

2. 适应范围

高温临氢设备法兰、高危险法兰(包括换热器管箱壳体大法兰、反应器头盖人孔大法兰等),具体见各装置高温临氢设备、高危险法兰档案清单

3. 安装人员的培训

施工单位必须对施工操作人员及施工技术员进行培训。培训的内容主要是熟悉高温临氢法兰及高危险法兰安装指导的内容,包括熟悉规定的工具(主要是气动扭矩板手的使用等)、法兰安装程序和螺栓尺寸范围等。经理论和实操考核合格后准予施工,培训情况建立档案,考试的方法及合格的标准参照 ASME PCC-1-2010 的要求进行。

4. 法兰密封面的清理和检查

4.1. 法兰密封面的清理

使用批准的溶剂和/或软钢丝刷清理掉密封面上旧垫片留下的痕迹。防止密封面表面受到污染不要在不锈钢法兰上使用碳钢刷,同时避免损坏密封面表面光洁度。清理时力度要均匀细致,清理完后用丙酮清洗。

4.2 法兰密封面的检查

检查法兰密封面表面光洁度是否受损,例如划痕、刻痕、凿沟和毛刺等。对于密封面表面有划痕、刻痕、凿沟和毛刺等缺陷严重的要进行评估后决定是否处理;对于径向穿过密封面表面的损伤,其连续长度超过密封面宽度的 1/2 时,该缺陷必须处理;当有泄漏历史或怀疑有制造问题的大直径法兰,用直尺或测隙规从径向和环向两个方向检查相对应的两片法兰的垫片接触面是否平整。对于凹槽密封面可用红丹检查。

5. 螺栓和螺母的检查及清洗

拆卸法兰螺栓时,要求将拆下的每根螺栓及对应的螺母联结在一起,妥善放置保管,以备检查。

5.1 螺栓和螺母的检查

检查螺栓和螺母的螺纹及螺母的垫圈端面是否损坏,例如生锈、腐蚀和毛刺;更换/修复损坏的零件。合格标准:用手将螺母自由地转动到紧固后停止的地方,否则更换(包括螺丝孔的螺纹)。

如果发现任何尺寸的螺栓在以前装配过程中被滥用或未加润滑,则需充分考虑将其更换(包括长短粗细不一的螺栓)。如果更换了一个法兰的一个螺栓,建议更换所有螺栓。如果不能更换所有螺栓,要求更换一个以上的螺栓;沿着螺栓圆周对称布置,安装在旧的紧固件周围。

检查法兰的螺母承受面是否有涂层、刻痕、毛刺及明显的损坏,如有进行处理。

5.2 螺栓和螺母的清洗

检查合格的螺栓及螺母必须用煤油或柴油浸泡,用刷子等清除干净螺牙上的铁锈等脏物,然后将每根螺栓及对应的螺母联结在一起,妥善放置保管,以备使用。

6. 法兰的找正

安装垫片之前,必须对法兰进行找正,消除法兰中心不对位或法兰过大的张口,以避免法兰复位后压坏垫片。

6.1　法兰中心线高/低的找正:对管道或容器法兰进行找正,使法兰外径匹配或符合接触面最大量的要求。合格标准:在一个法兰的外径上放置一根直尺,并将它延伸到对接法兰或超出对接法兰,以此来测量公差。进行测量时,在法兰周围选四个点,相互之间大约间隔 90 度。任何一点的公差均小于 1.5mm(1/16in),见附图 3.2.1。

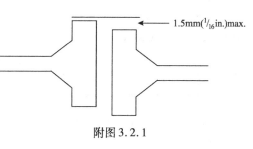

附图 3.2.1

6.2　法兰平行度的找正:找正管道或容器法兰,使接头圆周周围各个点的法兰面之间的间距相等,从而使法兰面之间相互平行。合格标准:通过测量和比较法兰间的最小/最大间距来确定公差不超过 0.8mm(1/32in);而且使用不超过最大扭矩 10% 或任意螺栓扭矩 10% 的力调整,见附图 3.2.2。

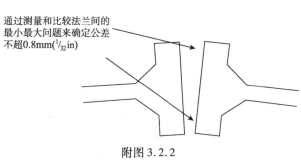

附图 3.2.2

6.3　法兰螺栓孔的找正:找正管道或容器法兰,使螺栓孔相互对准,以便螺栓垂直穿过法兰。合格标准:螺栓精确穿过法兰或按照 90° 的角度测量公差,孔处于 3mm(1/8in) 的精确对准范围内,见附图 3.2.3。

6.4　两片法兰间隔或间隙的调整:合格标准是当法兰处于静止状态时,两个法兰之间的间距超过垫片厚度的两倍,见附图 3.2.4。

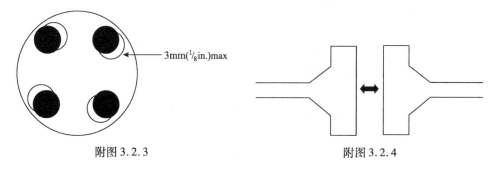

附图 3.2.3　　　　　　　　　附图 3.2.4

注:当不使用找正工具时,采用小于 10% 的总螺栓载荷,使法兰在整个法兰面上与未压缩的垫片均匀接触。找正法兰时,单个螺栓的紧固度不超过单个螺栓最大扭矩的 20%。

当使用外部找正装置时,可以用总螺栓载荷 20% 以下的载荷,使法兰与压缩垫片在整个法兰面上均匀接触。

如果需要更大的力才能使法兰间隙达到要求,需要业主同意。

7. 安装垫片

一般不建议重复使用垫片。安装相关要求如下:

a)确认垫片符合尺寸(外径、内径、厚度)和材料规格。

b)将垫片定位在与法兰内径同心的位置;在定位过程中采取适当的措施,确保对垫片进行适当的支承。垫片的任何部分不得伸入流道内。

c)安装接头时须将垫片保持到位;可以在垫片上(不是法兰)施加一薄层喷胶。需要特别注意的是,避免使用与工艺介质不兼容或可能造成应力腐蚀开裂或法兰面点蚀的粘合剂。切勿在垫片上径向使用胶带条将其保持到位,也不得使用润滑脂。更不要在垫片或垫片接触面上施加批准的润滑剂或未批准的化合物;防止在这些表面上意外涂覆。

8.法兰螺栓及螺母涂润滑剂

螺栓安装时每个螺栓及螺母上和螺母与法兰接触面上涂铜基或镍基抗高温咬合剂作为润滑剂。

a)在对螺栓和螺母施加润滑剂之前,螺母应能自由地转动。否则,应查找原因并进行必要的整改/更换。

b)对于非涂覆螺栓,在螺母接触面和螺栓两端螺纹上充分地涂抹润滑剂,直到紧固后螺母停止的地方。应当在螺栓穿过法兰螺栓孔后涂抹润滑剂,避免固体颗粒受污染并产生不必要的反作用扭矩。

9.螺栓的安装

安装螺栓和螺母,用手拧紧,使螺栓和螺母的标记端位于法兰同一侧并且面朝外,以便于检查;然后缓慢地紧固约到15N·m(10英尺-磅),再到30N·m(20英尺-磅),但不要超过目标扭矩的20%。如果不能用手拧紧螺母,则需检查原因,并进行必要的修正。

9.1 螺栓/螺母的规格

确认符合螺栓和螺母的规格,包括材料、直径、螺栓长度、螺距和螺母厚度等于公称螺栓直径。

9.2 螺栓长度

检查螺栓的长度是否足够。要求保证螺母的整个深度应与螺纹啮合。为了将来法兰螺栓容易拆卸,要求将一端的螺母完全啮合(螺栓未伸出螺母,即螺杆端部与螺母端部平齐),这样便可以使所有多余的螺纹集中在另一端;多余的螺纹伸出螺母外不得超过13毫米。

10.螺栓的编号

螺栓紧固前要求给每个螺栓编号。方法是按顺时针在法兰上依次编号,每个螺栓的位置从1开始连续编号直到N(N表示接头上螺栓的总数)。

11.螺栓的紧固

对于高温临氢及高危险法兰螺栓的紧固要求用定扭矩的方法分步上紧。具体方法如附表3.2.1所示。

附表3.2.1

步骤	加载
安装	用手拧紧,然后"缓缓紧固"到15N·m(10英尺-磅),再到30N·m(20英尺·磅)(不要超过目标扭矩的20%)。 检查法兰的圆周间隙是否均匀;如果不均匀,则通过选择性紧固进行适当的调整,然后再继续下一步。 对于大法兰该步也可采用大锤选上下左右对称的四个螺栓进行法兰定位。定位后检查法兰圆周间隙是否均匀,合格后其它螺栓用板手拧紧

续表

步骤	加载
第 1 圈	紧固到目标扭矩的 20%～30% 检查法兰圆周间隙是否均匀;如果不均匀,则通过选择性紧固/松懈进行适当的调整,然后再继续下一步
第 2 圈	紧固到目标扭矩的 50%～70% 检查法兰圆周间隙是否均匀;如果不均匀,则通过选择性紧固/松懈进行适当的调整,然后再继续下一步
第 3 圈	紧固到目标扭矩的 100% 检查法兰圆周间隙是否均匀;如果不均匀,则通过选择性紧固/松懈进行适当的调整,然后再继续下一步
第 4 圈	以顺时针循环模式继续紧固螺栓,直到第 3 圈目标扭矩值下螺母不再转动为止。对于指示器的螺栓连接,将螺栓紧固到所有螺栓的指示器标杆收缩读数处于规定范围为止
第 5 圈	如果时间允许的话,至少等待 4 小时,然后重复第 4 圈;这样可以恢复短期蠕变松弛/埋置损失。如果法兰随后的测试压力高于额定值,则可能需要在测试结束后重复这一圈的工作。

11.1　附图 3.2.5、附图 3.2.6 推荐了两种具有 24 个螺栓的法兰紧固螺栓的顺序方法如下,附图 3.2.5 为传统方法;附图 3.2.6 为替代方法,施工时任选一种。

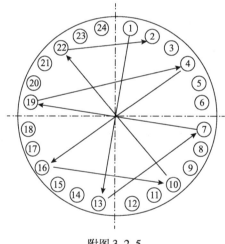

附图 3.2.5

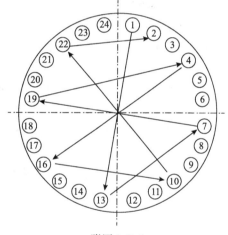

附图 3.2.6

通用注释:

a)步骤#1—目标扭矩的 20%～30%;1,13,7,19—4,16,10,22—2,14,8,20—5,17,11,23—3,15,9,21—6,18,12,24。

b)步骤#2—目标扭矩的 50%～70%;与步骤#1 的方式相同。

c)步骤#3—100% 的目标扭矩;与步骤#1 的方式相同。

d)步骤#4—100% 的目标扭矩,采用环绕圆周方式,直到螺母不再转动为止。1,2,3,4,5,6,7,8,9,10,11,12,13,14,15,16,17,18,19,20,21,22,23,24,－1,2,3 等

e)步骤#5(可选—100% 目标扭矩(步骤#4 结束后 4h 开始),采用环绕圆周方式,直到螺母不再转动为止。

通用注释:以下是方式#1 中 24 个螺栓的紧固顺序实例:

a)步骤#1a—目标扭矩的 20%～30%;1,13,7,19。

b)步骤#1b—目标扭矩的 50%～70%;4,16,10,22。

c)步骤#1c—100% 的目标扭矩;2,14,8,20—5,17,11,23—3,15,9,21—6,18,12,24。

d)步骤#2(如果规定了第二个方式步骤)—100% 的目标扭矩;1,13,7,19—4,16,10,22—2,14,8,20—5,17,11,23—3,15,9,21—6,18,12,24。

e)步骤 3 向前—100% 的目标扭矩,采用环绕圆周方式,直到螺栓不再转动为止;1,2,3,4,5,6,7,8,9,10,11,12,13,14,15,16,17,18,19,20,21,22,23,24,－1,2,3 等。

11.2 其它螺栓个数的法兰紧固螺栓的顺序方法参考上面两种方法,由施工单位确定。

11.3 间隙的测量

除了最后两道紧固步骤外(即上表的第4,第5圈),应测量圆周周围螺栓之间的间隙,确认法兰被均匀地组装到一起。使用游指示杆或游标卡尺,按八个等间隔位置测量法兰之间的间隙。松开低读数附近的螺栓(法兰之间的最小间隙),直到间隙一致处于0.25mm(0.010in)范围内为止。可以根据需要紧固最高读数(法兰之间的最大间隙)位置的螺栓。如果保持一致的间隙需要的扭矩差大于50%,则拆卸接头,并查找问题的根源。

11.4 目标扭矩的确定

目标扭矩由业主根据选用工具和螺栓的情况确定并提供。

12. 记录

施工单位对每个安装的高温临氢及高危险法兰建立一份安装施工记录;作为故障排除或装配工作的有效资源。这种记录可能包括但不限于下列信息:

a)装配日期;

b)法兰组件的名称;

c)用户检验师或负责人的姓名;

d)法兰的位置或标识;

e)法兰的等级和尺寸;

f)拆卸方法;

g)不利的拆卸条件,例如螺母卡死,或螺栓出现磨损;

h)泄漏的历史记录;

i)所使用的法兰、垫片、螺栓、螺母和垫圈的规格和状态;

j)平面度测量;

k)所采用的装配程序和紧固方法,包括按照给出的紧固方法形成的相关目标预应力值;

l)工具资料,例如类型、型号、尺寸、校准和条件;

m)未预见的问题及其解决方案,有关以后装配程序的建议。